세상을 바꾼 발명과 혁신

피라미드에서 인공지능까지

송성수 지음

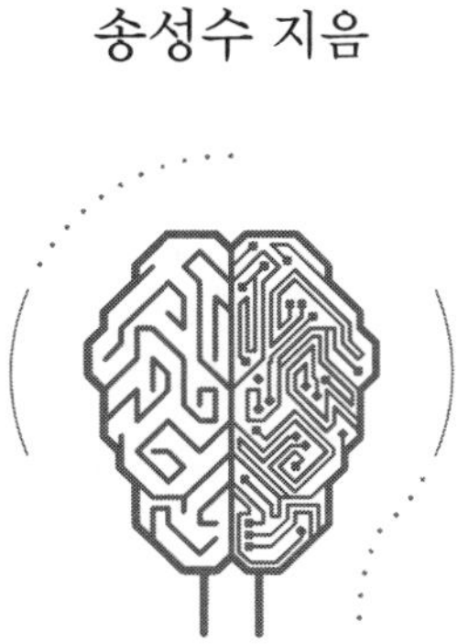

북스힐

머리말

최근 몇 년 동안 우리 사회에는 어떤 일이 있었는가? 2016년에는 알파고와 이세돌 9단의 대국이 있었고, 2017년에는 신고리 원전 5·6호기 공론화위원회가 가동되었다. 2018년 여름에는 기록적인 폭염을 맞이했으며, 2019년에는 일본의 수출 규제로 소재, 부품, 장비의 국산화가 도마에 올랐다. 2020년부터는 '코로나'라는 긴 터널에 진입했고, 이제야 그 끝이 희미하게 보이고 있다. 이와 같은 굵직굵직한 사건에 어떤 공통적인 요소가 있을까? 바로 기술이다. 해당 사건의 원인이나 대책을 따져보면 인공지능, 원자력, 반도체, 기후변화, 백신 등이 떠오른다. 이제 기술은 우리 사회의 핵심 이슈와 맞닿아 있을 정도로 대단한 위력을 발휘하고 있다.

기술에 대한 의존도는 아주 사소한 일상에서도 확인할 수 있다. 가령 엄마가 두 살배기 아이에게 줄 빵을 어떻게 확보하는지 생각해 보자. 대충 다음과 같은 경로를 생각할 수 있다. 먼저 농부가 농기계와 화학비료를 써서 밀을 재배한다. 그 후 수확된 밀은 창고로 운송되고 제분회사가 그것을 구입해 거대한 롤러를 사용하여 가루로 빻을 것이다. 밀가루는 다시 제빵공장으로 보내져 다양한 기계에 의해 빵으로 만들어진다. 빵이 슈퍼나 마트에 배달되면 거기서 비로소 엄마가 빵을 살 수 있게 된다. 빵을 사러 갈 때 자동차가 필요한 경우도 있다. 이처럼 엄마가 아이에게 줄 빵을 구하는 과정에는 수많은 기술이 매개된다.

따지고 보면, 기술은 매우 오랫동안 인간과 함께 해 왔다. 인류의 탄생과 함께 기술이 시작되었다는 견해가 있을 정도이다. 기술은 도구에서 출발한 후 기계로 나아갔고, 기계는 점점 더 복잡한 시스템이 되었다. 기술은 우리의 삶을 편리하게도 하지만 위협하기도 한다. 지배적 권력에 봉사하는 기술도 있고 민주주의의 향상에 기여하는 기술도 있다. 인간이 다루기 쉬운 기술이 있는 반면 인간의 통제를 벗어난 것처럼 보이는 기술도 있다. 세상만사가 복잡하게 얽혀 있듯 기술도 매우 다채로운 모습을 가지고 있는 것이다. 기술이 세상을 닮아간다는 생각도 들고 기술과 사회가 하나의 복합체를 구성하고 있다는 생각도 든다.

이 책은 필자가 2016~2018년에 네이버 지식백과를 통해 연재한 내용에 입각하고 있다. <세상을 바꾼 발명과 혁신>이란 코너에 60편의 글을 썼는데, 그 중 27편은 『발명과 혁신으로 읽는 하루 10분 세계사: 종이에서 로봇까지』란 책으로 발간된 바 있다. 이번에는 나머지 33편에다 인공지능을 추가하여 『세상을 바꾼 발명과 혁신: 피라미드에서 인공지능까지』로 출간하게 되었다. 책을 준비하는 과정에는 기존 원고를 부분적으로 수정하고 보완하는 작업이 이루어졌다. 또한 주제별로 3개 정도의 주석을 달아 해당 기술의 성격에 대해 생각할 거리를 제공했다. 글을 쓸 때 종종 느끼는 일이지만 항상 수정할 것과 모르는 것이 생긴다. 아무쪼록 이 책이 기술을 가지고도 교양이나 문화를 논할 수 있는 매개로 작용하기를 기대한다.

책이 세상의 빛을 보는 데는 많은 분들의 도움이 있었다. 요즘 출판계의 사정이 매우 어려운데도 불구하고 출판의 기회를 주시고 편집을 담당해

주신 북스힐 관계자 분들께 고개를 숙인다. 적지 않은 세월 동안 기술사를 함께 하고 있는 홍성욱 교수님과 김명진 선생님께는 특별한 감사를 드리고 싶다. 항상 필자를 응원해 주고 있는 가족, 마님 이윤주와 청년 송영은도 빼놓을 수 없다. 끝으로 위키피디아(Wikipedia)를 통해 훌륭한 글과 그림을 공개한 익명의 지성들과 필자가 개설한 수업인 <인물로 보는 기술의 역사>에 참여해 준 학생들께 인사를 전한다.

2022년이 더 나은 세상의 계기가 되기를 바라면서
송성수

차례

01 피라미드
가장 오래된 불가사의 건축물

세계 7대 불가사의(Seven Wonders of the World)에는 여러 버전이 있다. 가장 자주 거론되는 것은 기원전 2세기 비잔틴의 과학자 필론(Philon)의 저서로 알려진 ≪세계의 7개 경관(De Septem Orbis Spectaculis)≫에 실린 목록이다. 여기에는 이집트 기자에 있는 쿠푸 왕의 대(大)피라미드, 바빌론의 공중정원, 로도스 섬의 크로이소스 거상, 올림피아의 제우스 신상, 에페수스의 아르테미스 신전, 핼리카르낫소스의 마우솔루스 왕 능묘, 알렉산드리아의 파로스 등대 등이 포함된다. 그중에서 현재까지 남아 있는 것은 쿠푸 왕의 피라미드뿐이다.

피라미드의 기원, 마스타바

원래 이집트는 나일 강 상류에 있던 상(上)이집트와 하류에 위치한 하(下)이집트로 나누어져 있었다. 두 지역은 오랫동안 적대적인 관계를 형성해 오다가 기원전 3,200년경에 상이집트의 메네스 왕에 의해 통일되었다.

▸ 하늘에서 본 기자 피라미드 단지. 왼쪽으로부터 쿠푸 왕의 피라미드, 카프레 왕의 피라미드, 멘카우레 왕의 피라미드. 멘카우레 왕의 피라미드 앞에는 왕비 혹은 왕족의 것으로 추정되는 작은 규모의 피라미드들이 있다.

그 후 이집트 제국 자체는 보존되고 왕조만 바뀌게 되는데, 기원전 322년에 알렉산드로스 대왕에 의해 점령되기 전까지 고대 이집트에서는 모두 31개의 왕조가 이어졌다.

고대 이집트의 왕은 파라오(pharaoh)로 불렸다. 그것은 커다란 집을 뜻하는 이집트어인 페르아아(per-aa)에서 파생된 용어이다. 파라오는 이집트 신화에 나오는 호루스 신의 화신(化身)이자, 태양신이며 창조신인 라의 아들로 신의 세계와 인간의 세계를 연결하는 존재였다. 그래서 파라오가 죽으면 그의 영혼이 무사히 신의 세계에 도달할 수 있도록 특별한 조치가 취해졌다. 파라오의 무덤은 커다란 궁전처럼 조성되었고, 그 안에는 파라오가 죽은 뒤에도 사용할 수 있도록 온갖 물건이 갖추어졌다.

초창기 파라오의 무덤은 외형이 직사각형으로 되어 있었으며, 아랍어로 직사각형의 벤치를 의미하는 마스타바(mastaba)로 불렸다. 이와 같은 마스타바에서 기원한 것이 바로 피라미드(pyramid)이다. 현재 이집트에 남아

▸ 파라오는 다양한 상징물을 치장하고 있다. 이 그림의 경우에 갈고리 모양의 지팡이는 신의 힘을, T자 혹은 십자 모양의 매듭은 영원한 생명을 상징한다.

있는 피라미드는 보고된 것만 80기가 넘으며, 학자에 따라서는 110~130기로 추산하기도 한다. 피라미드라는 용어의 어원은 분명하지 않다. 높이를 의미하는 이집트어인 페레무스(peremus)와 삼각형 모양의 과자를 뜻하는 그리스어인 피라미스(pyramis)가 유력한 후보로 거론되고 있다.

계단식 피라미드에서 사각뿔 피라미드로

최초의 피라미드로는 기원전 2630년경에 축조된 조세르 왕의 계단식 피라미드가 꼽히는데, 그것은 마스타바를 6단으로 쌓아 올린 것에 해당한다. 제3왕조의 2대 파라오인 조세르는 기술에 뛰어난 재상인 임호테프(Imhotep)로 하여금 자신의 무덤을 만들게 했다. 임호테프는 먼저 윗면이 평평한 대형 묘실을 지은 후, 위로 올라갈수록 조금씩 작아지는 여섯 개의 정사각형 단을 쌓아 독특한 계단식 모양을 만들어냈다. 이러한 모양은 죽은 왕이 하늘로 올라가는 계단을 상징적으로 표현한 것으로 풀이되고 있다. 각 층의 높이는 7~12미터였으며, 피라미드 전체의 높이는 62미터에 달했다.[1]

우리에게 익숙한 사각뿔 피라미드는 제4왕조기에 모습을 드러내기 시작했다. 1대 파라오 스네페루의 재위 기간인 기원전 2613년부터 기원전 2598년 사이에는 3개의 피라미드가 만들어졌다. 메이둠(Meidum) 프라미드, 굽은(Bent) 피라미드, 붉은(Red) 피라미드가 그것이다. 메이둠 프라미드는 원래 8단의 계단식 피라미드를 만든 후 그 주위를 돌로 덮어 4각뿔 형태로 완성시킨 것이었다. 그러나 경사각을 54도로 과도하게 잡아 표면을 덮은 돌들이 무너지는 바람에 현재는 2단의 탑 모양으로 남아있다.

굽은 피라미드는 높이가 102미터인데, 하단은 경사각이 54도인 반면 상단은 43도로 굽어 있는 특징을 가지고 있다. 당시의 기술자들은 메이둠 피라미드의 붕괴에서 교훈을 얻어 굽은 피라미드 상단의 경사각을 줄였던 것이다. 붉은 피라미드는 붉은 색을 띤 화강암으로 건축되었으며, 세계 최초로 완전히 매끈한 경사를 이루고 있는 피라미드에 해당한다. 붉은 피라미드의 높이는 105미터이며, 경사각은 43도이다. 이후에 건축된 피라미드의 경사각은 50도 이상으로 증가했는데, 그것은 내부 버팀목 기술이

1) 임호테프는 기록에 남아 있는 최초의 기술자에 해당한다. 그는 조세르 왕이 매우 친애했던 재상으로서 조세르의 피라미드를 설계했을 뿐만 아니라 나일강 상류의 에드푸에 신전을 건립했으며, 365일을 1년으로 삼은 달력을 만들기도 했다. 이러한 업적에 대해 이집트 사람들은 임호테프를 기술자의 신인 프타의 아들로 여기면서 숭배했다. 임호테프는 조세르 왕의 시의이기도 했으며, 치료와 마술의 달인으로도 추앙받았다. 당시의 이집트 사람들은 임호테프와 같은 전문가가 적절한 의식을 수행하는 가운데 약물을 조제하고 복용하는 경우에만 치료의 효과가 발휘될 수 있다고 믿었다.

▸ 조세르 왕의 계단식 피라미드(위)와 세계 최초의 건축가로 평가되는 임호테프 (아래)

발달되었기 때문으로 풀이되고 있다.

이집트 기자의 피라미드 단지에는 3개의 대형 피라미드가 존재한다. 2대 파라오 쿠푸(기원전 2589년~기원전 2566년 재위)의 피라미드, 4대

▸ 스네페루 왕 시절에 만들어진 메이둠 프라미드(왼쪽), 굽은 피라미드(가운데), 붉은 피라미드(오른쪽)

▸ 카프레 왕의 피라미드와 그것을 배경으로 하고 있는 스핑크스

파라오 카프레(기원전 2558년~기원전 2532년 재위)의 피라미드, 5대 파라오 멘카우레(기원전 2532년~기원전 2504년 재위)의 피라미드가 그것인데, 각각 대(大)피라미드 혹은 제1피라미드, 제2피라미드, 제3피라미드로 불리기도 한다. 쿠푸 왕의 피라미드는 높이가 148미터로 기원후 13세기 영국에서 링컨 대성당이 세워지기까지 세계에서 가장 높은 건축물로 남아

있었다. 카프레 왕의 피라미드는 높이가 136미터이며 그 앞에 사람의 머리와 사자의 동체를 가진 스핑크스(Sphinx)가 축조되어 있다. 이후에 피라미드의 높이는 60~80미터로 낮아지는 경향을 보이고 있는데, 멘카우레 왕의 피라미드는 65미터의 높이를 가지고 있다.

피라미드의 비밀을 찾아서

기원전 5세기에 살았던 그리스의 저명한 역사가 헤로도토스(Herodotos)는 ≪히스토리아(Historia)≫에서 쿠푸 왕의 피라미드에 대해 다음과 같이 썼다. "케옵스(쿠푸의 그리스 이름)는 … 모든 이집트인을 강요하여 자신을 위해 공사하도록 했다. 어떤 사람에게는 아라비아 산지에 있는 채석장에서 돌을 끌어다가 배를 이용하여 나일 강 건너편으로 나르도록 했으며, 배로 강을 건너서 돌을 날라 오면 다른 사람들은 그 돌을 받아 다시 리비콘이라는 산으로 끌고 가는 책임을 졌다. 10만 명이 무리를 이루면서 일했는데, 각 무리는 3개월씩 일했다. 10년 동안 사람들은 돌을 끌고 갈 도로를 만드는 일 때문에 괴로움을 당했다. … 피라미드 자체는 만드는 데에 20년이 걸렸다. 밑변은 장방형이고 각 변은 8플레트라(1플레트라는 약 33미터)이며 높이도 같다. 모든 부분은 다듬은 돌로 이루어졌으며 무엇보다 정확하게 들어맞는다. … 이 피라미드를 위해 노동자들이 먹을 무와 양파와 마늘을 구입하는 데 얼마나 많은 돈이 들어갔는가에 관해서는 이집트 문자로 된 기록이 있다. 그리고 내가 기억하는 한, 통역자가 내게 글을 읽어 주면서 은 600탈란톤(34.27킬로그램)을 지불했다고 말했다."[2)]

---

2) 1978년에 오바야시구미(大林組)라는 일본의 건설회사가 계산한 바에 따르면, 현대의 기술을 활용하더라도 쿠푸 왕의 피라미드를 건설하기 위해서는 약 3,500명의 인력, 5년의 공사기간, 1,250억 엔(약 1조 2,500억 원)이 필요하다고 한다. 구체적인 내역은 ① 주거지 건설공사(노

이후의 학자들은 헤로도토스의 기록, 이집트의 역사에 관한 지식, 현지 탐사 등을 통해 바탕으로 쿠푸 왕의 피라미드가 가진 비밀을 밝히려고 노력했다. 우선, 피라미드 건설에 동원된 사람들은 노예가 아닌 일반 자유민이었던 것으로 평가되고 있다. 나일 강이 범람하는 3개월 동안 농사를 지을 수 없었던 농부들이 피라미드 건설의 주역이었다는 것이다. 그들은 농한기에만 나와서 일을 했으며, 국가로부터 식량도 지원 받았다. 피라미드 공사장의 인부들이 보수를 제때에 받지 못했다는 이유로 파업을 했다는 기록도 남아 있다고 한다. 이러한 점들을 고려한다면, 피라미드 건설 사업은 일종의 영세민 취로 사업에 해당한다고 풀이할 수 있다.

피라미드를 건조할 때 사용된 도구에 대해서도 활발한 논의가 있었다. 암산에서 적당한 돌을 끊어오는 데에는 곡괭이, 망치, 쐐기, 톱, 칼, 끌 등 당시에 확보할 수 있는 모든 수단이 동원되었을 것이다. 이렇게 잘라낸 석재는 둥근 나무토막으로 만든 굴림대를 이용해 공사장으로 옮겨졌을 것으로 추정되고 있다. 피라미드를 건조할 때 가장 어려운 점은 무거운 석재를 필요한 높이까지 운반하는 일이었다. 당시에 어떠한 방법으로 석재를 운반했는지는 정확히 알려져 있지 않으나, 많은 학자들은 피라미드 측면에 경사로를 만들어 석재를 운반했을 것으로 간주하고 있다.

동자가 거주할 마을 조성) 1,400억 원, ② 전반적인 가설비 공사(전력설비, 수리공장, 관리시설) 670억 원, ③ 경사로 구축 철거공사(운반 경사로) 680억 원, ④ 본체석 적출 공사 2,040억 원, ⑤ 표면석 가공 제작 공사 390억 원, ⑥ 기초공사(지반 굴착, 초석 쌓기) 420억 원, ⑦ 본체석 운반 공사(표석 포함) 1,160억 원, ⑧ 본체석 운반 공사(표석 포함) 1,470억 원, ⑨ 현실(玄室) 축조 공사(거석 운반 설치 포함) 300억 원, ⑩ 부대설비 공사(회랑, 왕비의 방, 통기공) 100억 원, ⑪ 기계 운반비(통관료 등) 1,850억 원, ⑫ 현장경비(현지인 인건비 포함) 700억 원, ⑬ 일반관리비(조사 설계비 포함) 1,320억 원 등이다.

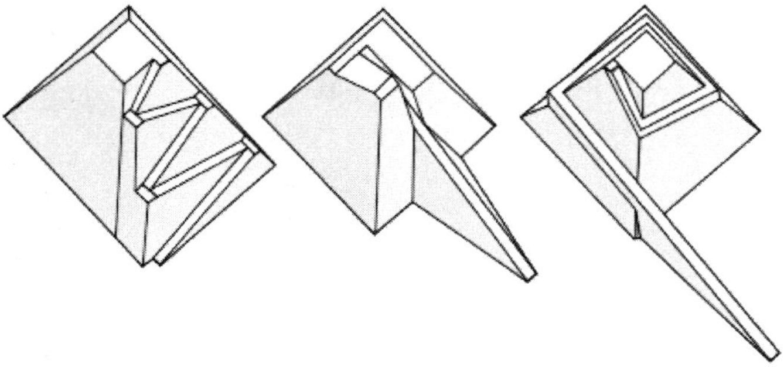

▶ 피라미드를 만들 때 사용된 것으로 추정되는 경사로의 다양한 유형

왜 피라미드를 만들었을까?

피라미드의 비밀에 관한 가장 어려운 문제는 피라미드를 만든 이유라 할 수 있다. 피라미드의 기능이 파라오의 무덤이라는 것에 대해서는 별다른 이견이 없다. 또한 피라미드가 파라오의 위엄과 권력을 상징한다거나 이집트 사람들의 사후 세계에 대한 염원을 보여준다는 점에 대해서도 별다른 이의가 제기되지 않는다. 그럼에도 불구하고 왜 피라미드에 매우 정교한 수학적 질서가 담겨 있는지, 그리고 왜 그렇게 큰 규모의 피라미드를 지속적으로 건축했는지 등은 아직도 풀리지 않는 의문으로 남아있다.

쿠푸 왕의 피라미드는 네 개의 측면이 각각 정확하게 동서남북을 바라보고 있으며 그 표면은 면도날조차 들어갈 수 없을 정도로 정확하게 들어맞고 있다. 더구나 피라미드 둘레의 총 길이를 높이의 두 배로 나누면 원주율(π)에 거의 일치하는 숫자가 되고, 밑면의 대각선을 북동과 북서로 연장하면 두 개의 직선이 나일 강 델타 지대를 포괄하며, 피라미드의 둘레를 피라미드 인치(피라미드 건설에 사용했다고 추정되는 측정 단위)로 나타내면 태양년의 일수 365.2의 천 배와 일치한다. 이러한 사항은 피라미드를 매우 신비한

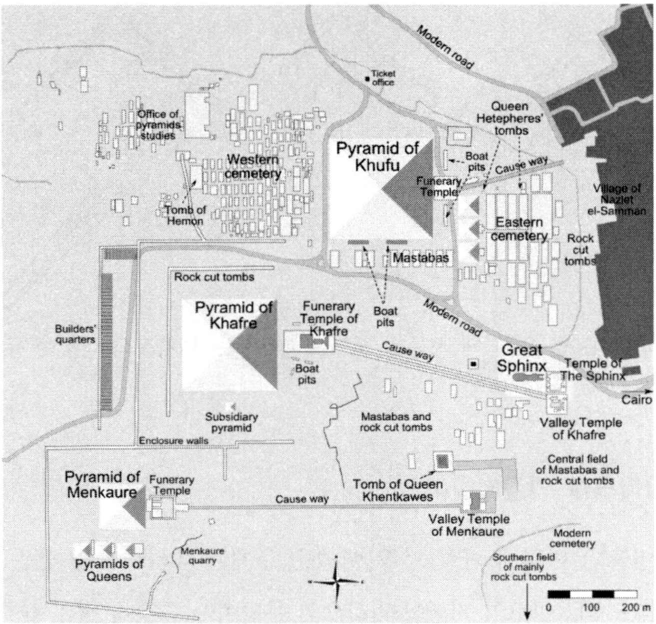

▶ 기자 피라미드 단지의 지도

존재로 만들고 있으며, 어떤 사람들은 피라미드를 단순한 파라오의 무덤이 아니라 지식의 보존 창고로 간주하기도 한다.

매클렐란 3세(James E. McClellan III)와 도른(Harold Dorn)은 2000년에 세계역사학회의 최고도서상을 수상한 ≪과학과 기술로 보는 세계사 강의≫에서 피라미드에 대한 또 다른 흥미로운 해석을 제안하고 있다. 저자들은 피라미드의 건축이 국가적 차원에서 기술을 훈련시키기 위한 활동이었다고 주장하면서 다음과 같이 서술하고 있다. "초기 피라미드들은 농한기에 군중을 동원하여 국가가 존재한다는 생각을 강화하기 위해 벌인 거대 건축사업의 결과물이었다. 하나 이상의 피라미드가 동시에 건축된 이유는 노동력이 점차 증가하여 남아돌았고, 또 피라미드의 구조상 꼭대기로 갈수록 노동력 수요가 적어지므로 잉여 노동력을 새로운 건설에 투입할 수 있었기 때문이었다. 그러므로 이 기념비적인 건축은 초기 이집트 국가의 제도적인 근육 운동이라 할 수 있다. 마치 오늘날의 무기 산업처럼 말이다."[3]

3) 피라미드와 같이 오래된 인공물에 대한 기록은 매우 빈곤하기 때문에 잠정적인 해석이 다각도로 제기될 수밖에 없다. ≪과학과 기술로 보는 세계사 강의≫에서 제시된 해석이 수긍이 가는 이유는 피라미드 건축이 주로 농한기에 이루어졌다는 점과 복수의 피라미드가 동시에 건축되었다는 점을 포괄적으로 설명할 수 있기 때문이다. 또한 그 해석은 피라미드의 건설이 절정에 이른 시기가 이집트 고왕국의 중앙집권화가 강화된 시기와 거의 일치한다는 역사적 사실과 부합하고 있다. 이상의 사항을 감안한다면, 저자들이 지적했듯이, 피라미드의 건설은 단순한 상징적인 의례가 아니라 그 자체를 일종의 국가 건설로 볼 수 있다.

02 시계
정밀한 시간 측정을 향한 긴 여정

시계(時計, clock)는 시간을 재거나 시각을 나타내는 장치를 의미한다. "시계는 언제 시작되었는가?"라는 질문도 자세히 보면 복잡하다. 시계의 어떤 측면에 주목하느냐에 따라 그 답이 달라질 수 있기 때문이다. 인류가 시간을 측정하기 위해 처음 사용한 도구에 주목하면, 역사상 최초의 시계는 해시계나 물시계가 된다. 시계를 기계적 수단을 통해 시간을 일정한 간격으로 나타낸 장치로 정의하면, 시계가 출현한 시기는 13세기 후반으로 잡을 수 있다. 과학적 이론을 바탕으로 만들어진 시간측정 장치를 진정한 시계로 본다면, 시계는 17세기 이후에야 시작되었다. 그중 많은 기술사학자들이 주목하고 있는 것은 탈진기(escapement, 밸런스 스프링(balance spring) 혹은 헤어스프링(hairspring)으로 불리기도 한다)를 장착한 기계식 시계이다. 탈진기는 동력을 전달하고 시간을 표시하는 톱니바퀴(wheel)와 시계가 작동하는 속도를 조절하는 진동자(oscillator)를 연결해주는 장치로 '시계의 심장'에 비유되고 있다.

저명한 역사학자이자 문명비평가인 루이스 멈퍼드(Lewis Mumford)는

▸ 체코의 프라하에 있는 기계식 천문시계로 1462년에 처음 제작되었다.

≪기술과 문명(Technics and Civilization)≫에서 다음과 같이 썼다. "[14세기에 들어와] 사람들은 항상 정해진 시간에 울려 퍼지는 시계 종소리를 들을 수 있게 됐다. 시계는 수도원의 벽을 넘어 도시로 퍼져 나가 노동자와 상인의 삶에 새로운 규칙성을 부여했다. 이제 시계탑의 종소리가 모든 도시 생활을 규제하게 됐다. 시간 준수는 시간 절약, 시간 계산, 시간 배분으로 거듭 확대됐다. 인간 행동의 척도이자 근간이었던 영원성은 시계의 출현으로 점차 힘을 잃어갔다. 이런 점에서 근대적 산업 시대를 추동한 핵심 기계는 증기기관이 아니라 바로 시계라고 말할 수 있다."

시계의 기원, 해시계와 물시계

인류는 처음에 자연의 흐름을 활용하여 시간을 측정하고자 했다. 해시계와 물시계는 그 대표적인 예이다. 해시계와 물시계가 언제 처음 출현했는지는 정확히 알 수 없지만, 늦어도 기원전 1500년경부터 이집트에서 사용된

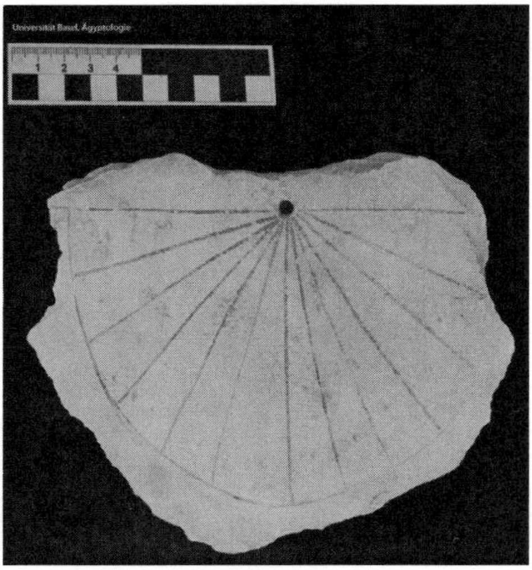

▸ 현존하는 가장 오래된 해시계로 이집트에 있는 왕가의 계곡(Valley of the Kings)에서 출토되었다. 최초의 해시계는 눈금이 새겨진 돌멩이를 막대에 박아 놓은 정도에 불과했다.

것으로 전해진다.

해시계는 태양빛에 의해 생기는 그림자를 이용하여 시각을 표시하는 장치이다. 평평한 땅에 막대를 수직으로 꽂은 후 그 막대가 표시하는 그림자의 길이나 방향을 측정하여 시각을 알아낼 수 있었던 것이다. 해시계로 사용된 막대는 '노몬(gnomon)'으로 불렸는데, 나중에는 바늘 형태로 진화했다. 그림자의 양상은 각 지역의 위도에 따라 달라지기 때문에 해시계는 지역에 따라 매우 다양한 형태로 발전해 왔다. 시계바늘이 오른쪽으로 도는 것도 북반구에서 해시계의 그림자가 오른쪽으로 움직인 데서 유래했다.

동양에서는 기원전 7세기부터 기원후 18세기까지 매우 오랫동안 해시계가 사용되었다. 12세기 송나라의 대유학자인 주희(朱熹)가 쓴 <권학문(勸學文)>이란 글에도 해시계에 관한 흔적이 나타나 있다. 여기서 주희는 일촌광음불가경(一寸光陰不可輕)이란 표현을 썼는데, 이 때 '광음'은 햇빛의 그림자를 뜻한다. 우리나라의 해시계로는 1434년(세종 16년)에 제작된 앙부일구(仰釜日晷)가 유명하다. 앙부일구는 글자 그대로 풀이하면 '솥뚜껑을 뒤집어 놓은 모습을 한 해시계'에 해당한다.

해시계는 날씨가 좋지 않은 경우나 야간에 사용할 수 없다는 한계를 가지고 있다. 이러한 점을 보완하기 위하여 고안된 것이 바로 물시계이다. 초기의 물시계는 바닥에 작은 구멍을 뚫은 그릇을 물통에 올려놓은 것이었다. 그릇에 물을 채우면 구멍을 통해 물이 새어 나오면서 수면이 내려가는데, 이 때 그릇 안쪽에 새겨놓은 눈금으로 시간의 변화를 측정했던 것이다. 고대 그리스 사람들은 물시계를 '클렙시드라(clepsydra)'로 불렀는데, 그것은 그리스어로 물 도둑(water thief)을 뜻한다.

서양의 유명한 물시계로는 기원전 3세기에 이집트 알렉산드리아의 크테시비우스(Ctesibius)가 고안한 클렙시드라를 들 수 있다. 커다란 원통 용기 위에서 일정한 속도로 물이 들어가게 되어 있었고, 그 용기 속의 상부에는 인형을 올려놓은 대가 설치되어 있었다. 물이 불어나면 인형이 상승하면서 인형이 가지고 있는 지시봉으로 원통에 새겨진 눈금을 가리켜 시간을 알게 했던 것이다. 동양의 경우에는 1090년에 송나라의 소송(蘇頌)이 물레바퀴로 돌아가는 자동 물시계를 완성했고, 1434년에는 조선의 장영실(蔣英實)이 '스스로 시간을 알려주는 물시계'라는 뜻의 자격루(自擊漏, jagyeongnu)를 제작했다.[4]

---

4) 장영실이 만든 물시계는 적어도 세 가지나 된다. 첫 번째 물시계는 1424년에 제작된 경점지기(更点之器)로 이전부터 사용되어 왔던 간단한 물시계라 할 수 있다. 두 번째 물시계인 자격루는 시각에 따라 종, 징, 북이 울리면서 인형이 나타나 몇 시인지를 알려주는 교묘한 장치였다. 세 번째 물시계인 옥루(玉漏)는 1438년에 제작되었으며, 시각을 알려주는 물시계와 천체의 변화를 보여주는 천문시계를 결합한 것에 해당한다.

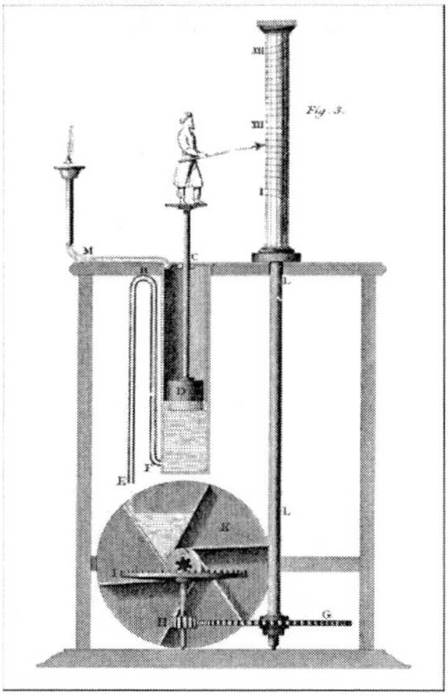

▸ 기원전 3세기에 크테시비우스가 만든 클렙시드라에 대한 설계도. 그것은 기계식 시계가 등장하기 전까지 서구에서 가장 정확한 시간측정 장치로 평가받고 있다.

서양식 기계시계의 탄생

기계식 시계의 출현은 자연이 제공하는 주기에서 벗어나 인위적인 주기로 시간 단위가 변화하는 계기를 제공했다. 기계시계의 주요 부품으로는 크라운 톱니바퀴(crown wheel), 수직굴대(verge), 바퀴멈추개(pallets), 수평막대(foliot) 등을 들 수 있다. 수직굴대가 회전하여 맞물려 있던 바퀴멈추개가 풀리면 크라운 톱니바퀴가 회전하게 되고, 맞물려 있지 않던 바퀴멈추개는 회전을 방해하면서 톱니를 맞물게 하는 식으로 작동한다. 여기에 수평막대를 연결하면 그것이 일정한 박자로 왕복하여 움직이면서 시간의 흐름을 나타내게 된다. 이러한 기계시계는 '버지 폴리옷 시계(verge and foliot

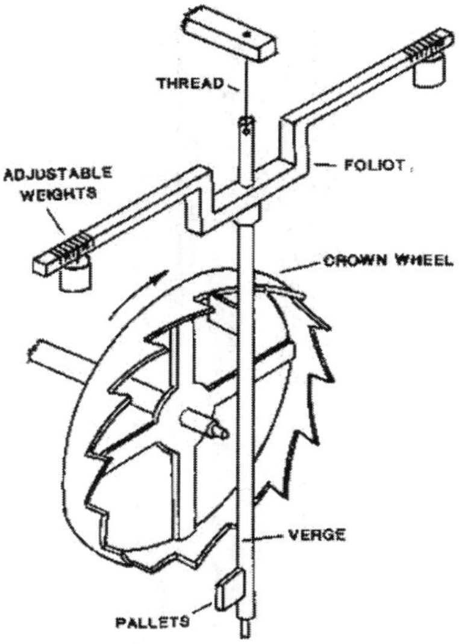

▸ 최초의 서양식 기계시계인 버지 폴리옷 시계의 개요도

clocks)'로 불리기도 한다.

서양식 기계시계를 누가 언제 처음으로 발명했는지는 분명하지 않다. 이탈리아의 시인인 단테(Dante Alighieri)는 1320년에 완성한 ≪신곡(La Divina commedia)≫에서 기계식 시계에 대해 언급했으며, 파도바 대학의 천문학 교수인 지오반니(Giovanni da Dondi)는 1364년에 기계식 시계에 대한 저술을 남겼다. 이러한 문헌적 자료와 함께 당시의 사회적 맥락을 감안하여 다수의 역사가들은 13세기 후반에 어느 수도원에서 기계식 시계가 처음 등장한 후 14세기를 통해 유럽 전역에 확산된 것으로 평가하고 있다.

14세기에 들어와 기계시계는 유럽의 주요 도시에 설치되어 해당 도시의 번영을 상징하는 존재로 자리 잡았다. 그 예로는 밀란(1335년), 파도바(1344년), 제노바(1353년), 스트라스부르(1354년), 볼로냐(1356년), 파리

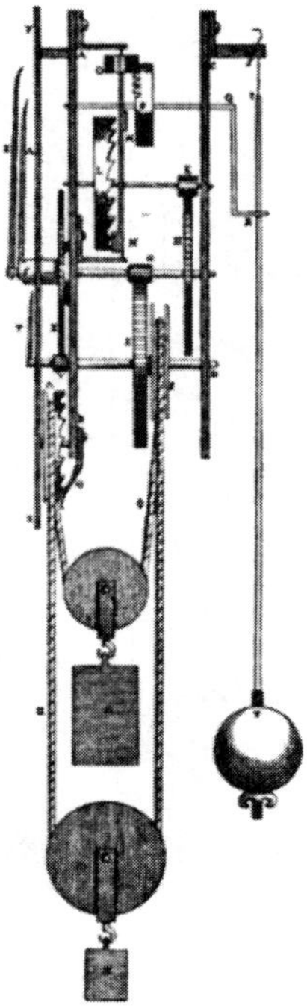

▸ 하위헌스가 1656년에 발명한 진자시계의 개요도

(1370년), 룬드(1380년), 루앙(1389년) 등이 꼽힌다. 파리의 경우에는 샤를 5세가 왕궁의 탑에 시계를 처음 설치했는데, 시계 소리가 주민 모두에게 들리지 않을까봐 왕궁의 시계가 정시를 알릴 때마다 파리의 모든 성당이 시계 소리에 맞추어 종을 울리도록 명령했다고 한다. 서양의 기계시계는 16세기에 중국으로 전래되면서 '스스로 울리는 종'이란 뜻의 자명종(自鳴鐘)으로 불리기도 했다.

시계의 과학적 원리는 17세기에 규명되기 시작했다. 갈릴레오(Galileo Galilei)가 진자(振子, pendulum)의 주기는 진폭과 관계없이 일정하다는 진자의 등시성(等時性, isochronism)을 발견했던 것이다. 갈릴레오가 1583년에 피사의 로마네스크 성당에서 흔들리는 샹들리에를 보고 맥박으로 시간을 재어 진자의 등시성을 발견했다는 일화도 전해지지만, 그것은 신빙성이 떨어지는 것으로 평가되고 있다. 갈릴레오는 1602년경에 진자의 등시성에 대해 본격적으로 탐구했으며, 그것이 시계를 규칙적으로 움직이게 하는 데 사용될 수 있다고 생각했다.

진자의 등시성을 기계식 시계에 처음 적용한 사람은 네덜란드 과학자인 하위헌스(Christiaan Huygens)였다. 그는 1656년에 진자를 탈진기로 삼은 시계를 제작한 후 이듬해에 특허를 받았다. 하위헌스의 진자시계는 하루에 10초밖에 오차가 나지 않았는데, 이에 반해 이전의 시계는 하루에 15분 이상의 오차를 보였다. 17세기 말에 진자시계는 유럽 전역의 광장, 작업장, 부유한 집 등에서 흔히 접할 수 있는 물건이 되었다.

경도법과 해상시계의 발명

당시에 시계에 대한 수요가 많았던 분야로는 항해를 들 수 있다. 망망대해에서 배의 위치를 가늠하기 위해서는 정밀한 시간 측정이 요구되었던 것이다. 바다 위에서 배의 위치를 파악할 때 남북의 위도는 태양과 별의 위치를 보고 계산할 수 있었지만, 동서의 경도는 출발지와 현 위치에서 태양이 자오선을 지나는 시간의 차를 측정해야 알 수 있었다. 지구가 24시간 동안 1회 회전하므로 출발지와의 시차가 1시간이라면 경도는 360도의 1/24, 즉 15도가 달라지는 것이다.

그러던 중 1707년 10월 22일 밤에는 영국 최서단의 실리 제도에서 짙은 안개로 인해 전함 4척이 파손되고 해군 1,647명이 수장되는 참사가 발생했다. 이 사건을 계기로 영국 의회는 경도의 문제에 관심을 갖게 되었고, 1714년 7월 8일에는 엔 여왕의 칙령으로 경도법(經度法)이 통과되었다. 핵심적인 문제는 바다에서도 정확하게 작동하는 시계를 만드는 데 있었다. 흔들리는 배 위에서는 진자의 진동 속도가 달라지기 십상이어서 기존의 진자시계를 활용하기 어려웠던 것이다.

경도법에 의거하여 영국 의회에는 '경도심사국'으로 불린 심사위원회가 설치되었다. 위원회는 당대 최고의 과학자인 뉴턴(Isaac Newton)과 핼리(Edmund Halley)의 자문을 받았으며, 경도 측정법에 대한 기준과 상금도 마련했다. 2분의 1도 이내로 경도를 정확하게 측정할 수 있는 방법에는 2만 파운드, 3분의 2도 이내의 경우에는 1만 5천 파운드, 1도 이내의 경우에는 1만 파운드를 수여한다는 것이었다. 경도 1도와 0.5도를 측정하기 위해서는 각각 하루의 오차가 6초와 3초에 해당하는 시계가 요구되었다.

경도법이 발표된 직후에 '경도인(longitudinarian)'으로 불린 수많은 사람들이 다양한 아이디어를 내놓았다. 가장 우수한 것은 대커(Jeremy Thacker)가 제안한 크로노미터(chronometer)였다. 그것은 두 개의 태엽 감는 장치를 갖춘 정교한 시계였지만, 하루 6초 이하라는 장벽을 넘어서지는 못했다. 결국 많은 사람들이 불가능하다고 생각했던 해상시계는 외로운 천재 시계공인 해리슨(John Harrison)에 의해 개발될 수 있었다. 그는 1735년에 크로노미터 제1호를 설계한 후 지속적인 개선 작업을 추진했으며, 1761년에 제작한 크로노미터 제4호는 81일의 항해에서 5초의 오차를 기록하기에 이르렀다. 이를 통해 해리슨은 해상시계의 시대를 열었으며, 약간의 우여곡절을 거친 후 1773년에 소정의 상금을 받을 수 있었다.[5)]

---

5) 해리슨은 크로노미터 제1호(H1)로도 상당한 찬사를 받았지만 보다 정교한 시계를 만들기 위해 26년이란 긴 세월 동안 연구에 몰두했다. 그는 H3을 만든 직후에 다음과 같이 말했다. "세 번째 기계를 만들면서 여러 가지 경험을 쌓았다. … 대단히 중요한 사실을 깨닫고 매우 유용한 발견을 할 수 있었다. … 나의 신기한 세 번째 기계에 바친 돈과

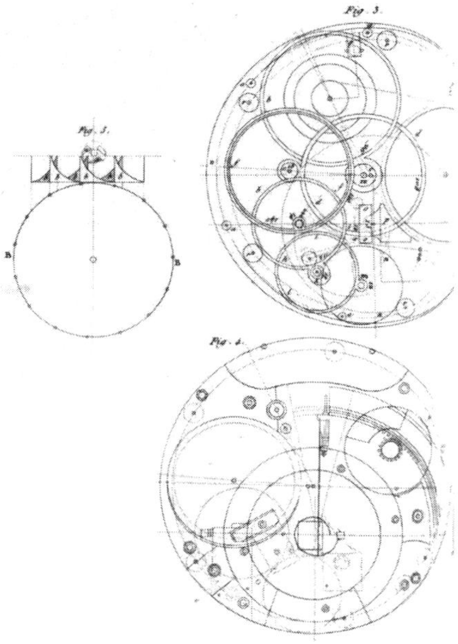

▸ 1761년에 해리슨이 제작한 H4 크로노미터에 대한 설계도

계속되는 시계의 진화

시계의 대중화에는 회중시계나 손목시계와 같은 휴대용 시계(watch)가 크게 기여했다. 회중시계는 16세기 초에 처음 발명된 후 18세기부터 전 세계로 확산되었고, 손목시계는 19세기 초에 등장한 후 20세기에 가장 널리 사용되는 시계가 되었다. 18세기 이후에 시계는 대량생산의 단계에 진입했으며, 런던과 제네바가 시계 제조의 중심지로 부상했다. 오늘날 명품 시계를 제조하는 업체로 유명한 오메가는 1848년에, 롤렉스는

시간은 그만큼 값어치를 하고도 남는다." H4을 개발한 다음에야 해리슨은 비로소 자신의 시계에 대한 만족감을 당당히 표현했다. "감히 말하건대, 이 세상의 수많은 기계와 정밀한 기구 중에서 나의 이 경도시계에 필적할 만큼 아름답고 절묘한 것은 없다고 생각한다."

▸ 시계 제조공이 선반을 이용해 시계의 부품을 가공하는 모습

1905년에 설립되었다.

시계가 노동규율을 확립하기 위한 수단이 되었다는 점도 주목할 만하다. 공장에 시계가 도입되면서 작업은 생체 리듬이 아니라 시계의 시간에 맞추어 진행되었다. 처음에는 공장주가 시계를 독점하고 시간을 속여서 작업을 많이 하도록 만드는 경우도 종종 있었다. 그러나 노동자들이 정확한 시간의 중요성을 체득한 다음에는 초과 노동시간에 대하여 수당을 요구하게 되었다. 이제 시간이 때우는 것에서 사고파는 것으로 변했다. 시간의 관념이 중요해지면서 공장에는 작업시간과 작업량을 체크하는 표가 도입되었고 그것은 다시 시간의 관념을 더욱 강화시켰다.[6]

시계의 진화는 계속되었다. 1840년에 스코틀랜드의 베인(Alexander Bain)은 진자의 진동을 유도하기 위해 전자기적 방법을 사용했고, 1918년에

6) 산업혁명을 통해 부각된 중요한 문제 중의 하나는 노동의 규율을 정립하는 데 있었다. 그동안 장인이나 숙련공은 자신이 원하던 식으로 일을 해 왔고, 단순 노동자는 자연적인 리듬에 맞춰 일을 해 왔기 때문에 규칙적인 공장 노동이라는 새로운 환경에 잘 적응하지 못했다. 특히 노동자들은 매일 정해진 시간 동안 일하는 방식이 아니라 며칠 동안 열심히 일하고 며칠 동안 푹 쉬는 데 익숙해져 있었다. 수요일부터 토요일까지 일하고 일, 월, 화요일을 내리 쉬는 것도 흔한 일이었다. 자본가나 공장주가 '시간 엄수'로 상징되는 새로운 규율을 공장에 도입하는 과정에서 노동자들과 심각한 갈등을 겪었던 것은 당연한 수순이었다.

▸ 일본의 세이코가 1969년에 개발한 수정 손목시계

미국의 워렌(Henry Warren)은 교류 전기를 이용한 최초의 전기시계를 만들었다. 이어 1927년에는 미국 벨연구소의 매리슨(Warren Marrison)이 수정에 전압을 걸어주면 발진한다는 원리를 이용하여 하루에 1000분의 1초의 오차밖에 나지 않는 수정시계를 제작했다. 그로부터 42년이 지난 후에 일본의 세이코는 수정을 활용한 손목시계를 개발하여 시계 시장의 약 90%를 석권하게 되었다.

1913년에 덴마크의 물리학자 보어(Niels Bohr)는 원자가 특정한 주파수에서만 에너지를 흡수하거나 방출한다는 점을 알아냈고, 제2차 세계대전 이후에는 이를 활용하여 원자시계를 만드는 작업이 경쟁적으로 추진되었다. 1949년에 미국의 표준국은 암모니아를 기반으로 한 원자시계의 시제품을 내놓았고, 1955년에 영국의 국립물리연구소는 세슘을 활용하여 보다 정확한 원자시계를 제작했다. 결국 1967년에 국제도량형총회는 1초를 "바닥상태에 있는 세슘 133 원자에서 두 초미세 준위 사이의 전이에 해당하는 복사선 주기가 91억 9,263만 1,770번 진동하는 데 걸리는 시간"으로 정의하기에 이르렀다.

03 인쇄술
동양과 서양의 인쇄술을 보는 시각

인쇄술은 목판 인쇄술(woodblock printing)과 활판 인쇄술(typographic printing)로 나뉜다. 목판 인쇄술은 글자를 나무판 표면에 새긴 후 잉크를 묻혀 찍어내는 기술에 해당한다. 그것은 많은 수의 복사본을 만들 수는 있지만, 모든 글자를 일일이 새겨야 한다는 단점을 가지고 있다. 활판 인쇄술에서는 활자를 먼저 제작한 후 그것을

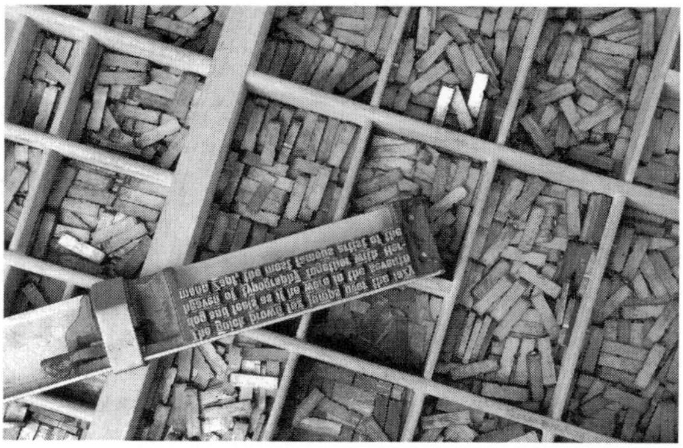

▸ 오늘날 사용되고 있는 금속활자와 식자용 스틱(composing stick)의 모습

조합하여 원하는 문서를 만든다. 활판 인쇄술은 목판 인쇄술에 비해 글자판을 제작하는 것이 용이하며, 활자를 해체하여 다시 사용할 수 있는 장점도 가지고 있다.

동양에서 시작된 인쇄술

목판 인쇄술과 활판 인쇄술은 모두 동양에서 시작되었다. 목판 인쇄술은 늦어도 8세기부터 사용되기 시작했다. 현존하는 세계 최초의 목판 인쇄물은 ≪무구정광대다라니경(無垢淨光大陀羅尼經)≫이다. 그것은 705년경에 제작된 것으로 평가되고 있으며, 1966년에 불국사 석가탑 사리함 속에서 발견되었다. 중국에 현존하는 가장 오래된 목판 인쇄물은 868년에 인쇄된 ≪금강반야바라밀경(金剛般若波羅蜜經)≫이다.

활판 인쇄술은 11세기에 중국의 필승(畢昇)이 처음 발명한 것으로 알려져 있다. 그는 점토를 구워 활자를 만들고 왁스로 판을 짜서 인쇄하는

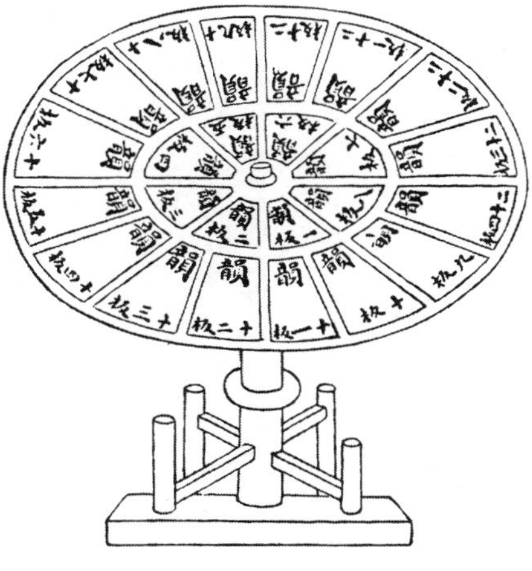

▸ 14세기 초에 왕정이 발명한 회전자판법의 개요도

기술을 고안했다. 그러나 필승의 진흙활자는 서적을 손쉽게 간행할 정도의 유용성을 가지지 못했다. 이후 중국에서는 나무활자와 주석활자가 고안되기도 했지만, 이 역시 기술 부족으로 실용화되지 못했다. 14세기 초에는 왕정(王禎)이 운(韻)에 따라 목판활자를 체계적으로 배열해 필요한 활자를 편리하게 찾아낼 수 있게 한 '회전자판법'을 발명하기도 했다.

금속활자에 입각한 활판 인쇄술은 우리나라에서 처음으로 시작되었다. 우리나라에서는 이미 12세기경에 놋쇠로 금속활자를 만들어 사용했는데, 그것은 현재 국립중앙박물관에 보관되어 있는 '복(䪘)'자 활자로 입증되고 있다. 금속활자로 만든 문헌으로는 1232년 이전에 찍은 ≪남명천화상송증도가(南明泉和尙頌證道歌)≫와 1234년경에 발간된 ≪고금상정예문(古今詳定禮文)≫이 꼽히고 있다.

현존하는 세계 최초의 금속활자 인쇄본은 1377년에 간행된 ≪백운화상초록불조직지심체요절(白雲和尙抄錄佛祖直指心體要節)≫이다. 1877년에 서울에 체류하던 프랑스 외교관이 구입했던 이 책의 하권은 프랑스 국립도

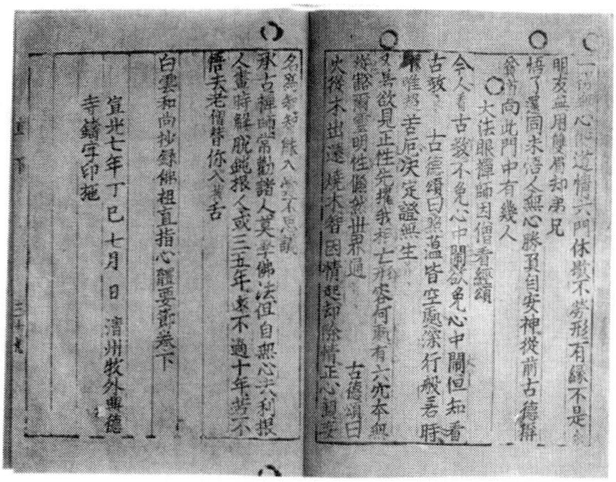

▸ 현존하는 세계 최초의 금속활자 인쇄본인 ≪직지심체요절≫

서관에 방치되어 있었다. 그러던 중 프랑스에 유학을 간 한국인 여성 사학자 박병선(朴炳善, 1928～2011)의 집요한 노력 덕분에 다시 세상의 빛을 볼 수 있었다. ≪직지심체요절≫은 1972년에 세계 최초의 금속활자 인쇄본으로 인정되었고, 2001년에 유네스코 세계기록유산으로 등재되었다.

구텐베르크는 무엇을 발명했는가?

서양에서는 독일의 기술자인 요하네스 구텐베르크(Johannes Gutenberg)가 1440년대에 활판 인쇄술을 처음 발명했다.[7)] 그의 발명은 활자의 모양을 뜨는 방법에서 시작되었다. 우선, 금속 펀치를 사용하여 구리로 만든 막대기에 활자를 새겨 모형(母型, matrix)을 만든다. 모형은 어머니를 뜻하는 라틴어인 'mater'에 활용형 어미를 붙여 만들어진 용어이다. 이어 모형을 수동 주조기 밑에 놓고 납, 주석, 안티몬을 섞어 녹인 금속을 붓는다. 이때 녹인 금속의 온도는 327℃에 이르는데, 그것이 식어서 굳으면 모형을 들어내고 활자를 떼어낸다. 이런 식으로 구텐베르크는 펀치, 모형, 수동 주조기 등을 이용하여 동일한 금속활자를 여러 개 만들 수 있었다. 특히 그가 납, 주석, 안티몬을 혼합하여 내구성 있는 활자를 제작한 것은 매우 중요한 업적에 해당한다.

그 다음에 필요한 것은 인쇄할 수 있는 장치, 즉 인쇄기이다. 흥미롭게도

---

7) 구텐베르크는 1400년경에 독일의 마인츠에서 태어났다. 그가 언제 태어났는지에 대한 정확한 기록은 없다. 구텐베르크의 출생 연도로는 1397년, 1398년, 1400년 등이 거론되어 왔다. 그러던 중 1900년에 마인츠 시가 축제를 열면서 1400년 6월 24일을 구텐베르크의 탄생일로 잡았다. 그의 출생 연도를 1400년으로 하면 1900년이 구텐베르크 탄생 500주년이 된다는 것이었다. 생일은 '요하네스'라는 이름을 감안하여 세례자 요한의 축일인 6월 24일로 정했다. 사실상 구텐베르크는 그의 가문이 대대로 살아온 저택의 이름이며, 그의 원래 성(姓)은 겐스플라이슈(Gensfleisch)이다. 구텐베르크에 대한 정확한 명칭은 '요하네스 겐스플라이슈 줌 구텐베르크(Johannes Gensfleisch zum Gutenberg)'인 셈이다.

▸ 구텐베르크의 인쇄기를 재현한 모습

구텐베르크는 포도주나 올리브유를 만들 때 사용하는 압착기를 떠올렸다. 압착기로 포도에서 즙을 짜는 원리를 적용하여 균일한 인쇄를 가능하게 했던 것이다. 오늘날 인쇄기를 가리키는 단어인 '프레스(press)'도 원래는 압착기를 의미하는 것이었다. 구텐베르크의 인쇄기에서는 다음의 네 가지 순서로 작업이 이루어진다. 첫째, 활자들을 배열한 금속 인쇄판을 놓고 손잡이가 달린 가죽 인주로 잉크를 바른다. 둘째, 종이를 인쇄판 위에 놓고 덮개를 닫은 다음, 인쇄기 밑에 놓는다. 셋째, 중앙의 나사를 돌리면 활자들이 압착되면서 종이에 글자가 인쇄된다. 넷째, 인쇄기를 들어 올리고 인쇄판을 꺼내서 인쇄된 종이를 떼어낸다.

이와 함께 구텐베르크는 램프 그을음과 아마 씨 기름을 혼합하여 새로운 잉크를 개발했고, 인쇄기의 압력에 잘 견디면서 잉크를 적당하게 먹는 이탈리아산 종이도 확보했다. 그밖에 그는 활자의 배열, 행간의 조절, 용지의 두께, 잉크의 농도 등에도 세심한 주의를 기울였다. 사실상 활자, 잉크, 종이, 인쇄기 등의 상호작용으로 인해 실험을 할 때마다 새로운 문제들이 생겨났고, 구텐베르크는 이를 해결하는 데 수많은 노력을 기울였다. 이처럼 그가 발명한 것은 하나의 기술이 아니라 여러 가지 기술이 결합된 일종의 시스템이었다. 역사상 성공한 대부분의 기술이 그렇듯이, 구텐베르크의 발명도 서적을 인쇄하는 데 필요한 시스템 전체를 구축하는 성격을 띠고 있었던 것이다.

구텐베르크의 작업장에서 처음 생산된 책은 ≪도나투스(Donatus)≫로 알려져 있다. 그 책은 라틴어 표준 문법서로 1450년경에 제작되었다. 우리에게 익숙한 ≪구텐베르크 성서≫ 혹은 ≪42줄 성서≫는 늦어도 1455년에 완성되었다. 그것은 1,286페이지에 달하는 라틴어 성서를 1페이지 당 42줄로 인쇄한 작품에 해당한다. 1458년경에 제작된 ≪36줄 성서≫와 1460년에 발간된 ≪가톨리콘(Catholicon)≫도 구텐베르크에 의해 인쇄되었을 가능성이 많은 것으로 평가되고 있다.

인쇄술이 서양 사회에 미친 영향

구텐베르크의 인쇄술 덕분에 유럽 사회는 '매체의 대폭발' 혹은 '정보의 대폭발'을 경험했다. 이전에는 대략 2개월 만에 1권의 책이 필사될 수 있었지만, 구텐베르크 이후에는 1주일 만에 5백 권이 넘는 책이 인쇄될 수 있었다. 1450년부터 1500년까지 반세기에 걸쳐 유럽 사회에는 8백만 권에 달하는 서적이 쏟아졌다. 1500년 이전에는 2천만 권의 책이 인쇄되었고, 다음 100년 동안은 1억 4천만 권이 넘는 책이 인쇄되었다는 통계도 있다. 1500년까지 인쇄된 서적은 '인큐내뷸러(incunabula)'로 불리는데, 인큐내뷸러는 요람 혹은 유아기를 뜻하는 라틴어이다.

독일을 비롯한 유럽 곳곳에는 인쇄소가 속속 설립되었다. 1500년 독일에는 약 60개의 도시에 300개가량의 인쇄소가 있었다. 유럽 전체로는 1천 개의 인쇄소에 1~2만 명의 인쇄공이 고용된 것으로 추정된다. 당시에 서적 유통의 중심지로 부상한 곳은 프랑크푸르트였다. 프랑크푸르트에서는 12세기부터 견본시(trade fair, 상품의 거래를 촉진하기 위해 견본을 진열하여 선전하는 시장)가 열렸는데, 1480년부터 서적이 공식 상품으로 지정되면서 수많은 서적 판매원들이 몰려들었다. 오늘날의 프랑크푸르트 도서전은 이와 같은 견본시의 직계 후손에 해당한다.

인쇄술을 매개로 보다 많은 사람들이 책을 접할 수 있게 됨에 따라 폭넓은 식자층의 시대가 열렸다. 이러한 경향은 근대 국가의 성립을 배경으로 모국어(vernacular language)를 사용하는 전통이 생겨남에 따라 더욱 촉진되었다. 사람들은 더 이상 정보를 통치자나 교회에 의존하지 않아도 되었으며, 스스로 정보를 해석하면서 기존의 견해에 도전하기 시작했다. 서양 사회가 중세에서 근대로 이행하는 계기로 작용한 르네상스, 종교개혁, 과학혁명도 인쇄술이 없었더라면 거의 불가능했을 것이다.[8)]

인쇄술과 종교개혁은 서로가 서로를 강화하는 관계였다. 종교개혁이 인쇄된 문건의 확산에 의해 지원 세력을 얻었다면, 종교개혁가의 신념은 인쇄술의 확산을 촉진하는 데 크게 기여했다. 프로테스탄티즘은 각 개인이 스스로 성서를 공부해 그 메시지를 해석하는 것을 중요한 교의로 삼고 있었다. 인쇄된 성서의 보급은 신의 말씀을 신자들에게 직접 전해 주었고

---

8) 어빙 팽(Irving Fang)은 1997년에 발간한 ≪매스커뮤니케이션의 역사≫에서 여섯 단계의 정보혁명에 주목했다. ① 문자의 발명, ② 인쇄의 발명, ③ 신문과 잡지로 시작된 대량전달 매체, ④ 영화와 음반으로 대표되는 오락산업, ⑤ 전화와 텔레비전을 포함한 가정에서의 커뮤니케이션, ⑥ 인터넷으로 상징되는 정보고속도로가 그것이다. 그중 인쇄혁명에 대해 팽은 다음과 같이 썼다. "전 세계로의 인쇄의 파급은 힘을 가진 엘리트 계층들의 제재가 없는 지역에서 훨씬 더 다양한 정보를 전달하고 많은 정보전달자들을 평등하게 하는 효과를 가져왔다. 간략히 말해서 인쇄의 보급은 권위와 영향력의 탈집중화를 가져왔다. 다양한 배경과 관점을 도입한 학자들과 다른 저자들이 제한되고 경직된 세계관에 도전한 것은 20세기 후반에 포스트모더니즘이라고 불리는 것의 초기 모습이었다."

▸ '구텐베르크 혁명'을 상징하는 아이콘이 된 ≪구텐베르크 성서≫. 2001년에 ≪직지심체요절≫과 함께 유네스코 세계기록유산으로 등재되었다. 원래 180부 정도가 인쇄되었지만, 현재 48부가 남아있다. 그림은 1847년에 미국으로 처음 전래된 ≪구텐베르크 성서≫인데, 현재 뉴욕 공립도서관이 소장하고 있다.

다양한 팸플릿은 종교개혁가의 메시지를 세계 곳곳에 전파시켰다. 마틴 루터(Martin Luther)는 인쇄술을 가리켜 "복음의 전도를 가능케 해준, 신이 내린 가장 고귀하고 끝이 없는 자비의 표식"이라고 찬양하기도 했다.

동양에서 목판 인쇄술이 계속 사용된 까닭은?

동양에서는 19세기 중엽까지 계속해서 목판 인쇄술이 사용되었다. 왜 그랬을까? 이에 대해서는 소극적 이유와 적극적 이유를 들 수 있다. 소극적 이유로는 인쇄술의 목적과 기술적 여건이 거론되고 있다. 우리나라를 포함한 동양에서는 책을 널리 보급하려는 것보다는 중요한 문서를 정성껏 오랫동안 보관하는 것을 인쇄술의 목적으로 삼고 있었다. 또한 서양과 달리 동양에서는 활판을 조여 주는 장치, 즉 압축 인쇄기가 발달하지 않았고, 이에 따라 한번에 20장 이상을 인쇄하는 것은 거의 불가능했다.

▸ 서양에서 목판 인쇄술로 작업하는 광경(1568년)

이러한 점에서 동양의 활판 인쇄술은 금속활자를 제외하면 기술적 완성도가 떨어진 것으로 평가되기도 한다.

동양에서 목판 인쇄술이 선호된 적극적 이유는 무엇일까? 한 마디로 표현하자면, 동양에서는 목판 인쇄술이 더욱 실용적이었다. 활판 인쇄술에 젖어 있는 우리에게 목판 인쇄술의 실용성이라는 개념은 매우 낯설게 느껴진다. 그러나 영어의 알파벳은 26자인 반면 한자는 수천 개에 이른다는 점을 상기해 보자. 서구 사회에서는 활판 인쇄를 위해서 수십 개의 활자 주형을 만들면 그만이겠지만, 동양 사회에서는 활판 인쇄용 활자를 수천 개나 만들어야 한다는 결론이 나온다. 더구나 전서, 예서, 해서, 행서, 초서 등과 같은 한자의 다양한 글씨체까지 고려한다면, 동양 사회에서는 목판 인쇄술이 활판 인쇄술보다 실용적이었다는 점에 수긍이 갈 것이다.

실용성에는 또 다른 문제가 남아 있다. 그것은 목판 인쇄용 판을 새기는 데 엄청난 시간과 노력이 소요된다는 점이다. 그러나 동양에서는 목판 인쇄술에 숙달되어 있는 기술자 집단이 충분히 형성되어 있었기 때문에 목판 인쇄판을 새기는 데 많은 시간이 걸리지 않았다. 이와 관련하여 16세기에 중국을 방문했던 이탈리아 선교사 마테오리치(Matteo Ricci)는 유럽의 조판공이 2절 크기의 페이지를 금속활자로 짜는 데 걸리는 시간과 중국의 기술자가 비슷한 크기의 목판을 새기는 데 소요되는 시간이 비슷했다고 기록한 바 있다.

이상의 논의에 비추어 볼 때 동양에서는 오랫동안 목판 인쇄술이 우수한 기술로 자리 잡았으며 활판 인쇄술의 사용에 대한 동기부여는 거의 없었다고 볼 수 있다. 따라서 "중국에서는 왜 인쇄술이 발전하지 못했는가?"라는 질문에는 상당한 문제점이 존재한다. 이 질문은 기술이 각 사회의 구체적인 맥락과 무관하게 동일한 의미를 가진다는 잘못된 가정에 입각하고 있다. 더 나아가 이러한 질문은 서구의 기술 유형이 모든 기술의 보편적인 잣대로 기능한다는 서구중심적인 발상에 지나지 않는다. 또한 그것은 오늘날 사용되고 있는 기술이 과거에도 지배적인 영향력을 행사했을 것이라는 현재중심적 역사해석과 무관하지 않다.[9]

9) 15세기에 들어서는 우리나라의 활판인쇄술도 상당한 발전을 경험했다. 조선 정부는 주자소(鑄字所)를 설치해 1403년 계미자(癸未字), 1420년 경자자(庚子字), 1434년 갑인자(甲寅字)를 잇달아 제작했던 것이다. 경자자에서는 밀랍을 이용해 활자를 고착시키던 방식에서 벗어나 균일하게 주조된 활자들을 얇은 대나무 조각을 이용해 고정시키는 방식이 채택되었다. 갑인자의 경우에는 밀랍을 사용하지 않는 조립식 조판법이 완성되었을 뿐만 아니라 우수한 먹물의 개발, 질 좋은 종이의 제작, 정교한 활자의 주조 등이 어우러져 최고급 수준의 활판인쇄술이 확보되었다. 갑인자는 20여 만 자로 구성되어 있었으며 이를 활용하면 하루에 40여 장을 인쇄할 수 있었다. 갑인자는 조선 말기까지 여섯 차례에 걸쳐 새로 주조되어 서적 인쇄에 쓰였다. 물론 15세기 조선의 활판인쇄술이 목판인쇄술을 대체하지는 못했지만, 적어도 서울 중앙에서는 금속활자를 이용해 서적을 간행하는 것이 주류로 자리 잡았다.

04 방적기
영국의 산업혁명을 일구다

인류의 문명은 세 차례의 급격한 변화를 겪어온 것으로 평가된다. 이러한 변화를 토플러(Alvin Toffler)는 제1물결, 제2물결, 제3물결로, 벨(Daniel Bell)은 농업사회, 산업사회, 탈(脫)산업사회로 개념화했다. 여기서 제2물결 혹은 산업사회로의 진입을 촉발한 사건이 바로 산업혁명(The Industrial Revolution)이다. 산업혁명이란 용어는 1884년에 아놀드 토인비(Arnold Toynbee)의 유고 ≪18세기 영국 산업혁명 강의≫가 발간되면서 널리 사용되기 시작했다. 그는 19세기 후반 영국의 경제학자이자 사회개혁가로 산업혁명의 본질을 자유경쟁, 공장제, 부의 급속한 증가, 분배의 불평등 등으로 요약했다.[10)]

10) 그 후 일군의 학자들에 의해 '제2차 산업혁명(The Second Industrial Revolution)'이 식별되면서 영국의 산업혁명은 '제1차 산업혁명(The First Industrial Revolution)'으로 다시 정의되었다. 산업혁명이 고유명사에서 일반명사로 변경된 셈이다. 그리고 최근에는 '제3차 산업혁명'이나 '제4차 산업혁명'과 같은 용어도 등장하고 있다. 토머스 쿤(Thomas Kuhn)이 ≪과학혁명의 구조(The Structure of Scientific Revolutions, 1962)≫를 발간했듯이, 이제는 산업혁명의 구조를 해명하는 과제가 부상하고 있다.

▸ 산업혁명의 중심에 놓인 기계, 수력 방적기

기술의 균형을 찾아서

산업혁명은 18세기 중엽부터 19세기 중엽에 이르는 약 100년 동안 영국을 중심으로 발생했던 기술적·조직적·경제적·사회적 변화를 지칭한다. 기술적 측면에서는 도구가 기계로 본격적으로 대체되었고, 조직적 측면에서는 기존의 가내수공업을 대신하여 공장제도가 정착되었다. 경제적 측면에서는 국내 시장과 해외 식민지를 바탕으로 광범위한 자본축적이 이루어졌으며, 사회적 측면에서는 산업자본가와 임금노동자를 중심으로 한 계급사회가 형성되었다. 산업혁명을 통하여 인류사회는 자본주의의 발전에 필요한 토대를 구축하게 되었던 것이다.

산업혁명 하면 많은 사람들은 증기기관을 떠올리지만, 사실상 산업혁명을 선도한 영역은 면공업이었다. 면공업의 주요 공정은 목화에서 추출한 애벌 실로 방사를 만드는 방적(紡績, spinning) 부문과 방사를 사용하여 직물을 만드는 방직(紡織, weaving) 부문으로 구분된다. 면공업의 기술혁신은 1733년에 케이(John Kay)가 자동 북(flying shuttle, '나는 북' 혹은 '비사(飛梭)'로 번역되기도 한다)이라는 방직기를 발명함으로써 시작되었다. 그것은 한 손으로 끈을 잡아당겼다 놓기만 하면 북(직물을 짤 때 사용되는 배 모양의 나무통)이 홈통을 따라 자동으로 미끄러질 수 있도록 설계되었다. 자동 북 덕분에 혼자서도 폭이 넓은 천을 짤 수 있게 됨에 따라 방직 부문의 생산성이 급속히 증가했다. 급기야 방적 부문이 방직 부문을 받쳐주지 못하는 상황이 발생했고, 직물을 생산하는 데 필요한 실을 확보하는 것이 중요한 과제로 떠올랐다.

이에 부응하여 하그리브스(James Hargreaves)는 1765년에 제니(jenny) 방적기를 발명했고, 아크라이트(Richard Arkwright)는 1769년에 수력 방적기(water frame)를 개발했다. 제니 방적기가 생산한 실은 가늘기는 했지만 쉽게 끊어졌고, 수력 방적기가 생산한 실은 튼튼하기는 했지만 거칠었다. 이에 크롬프턴(Samuel Crompton)은 두 방적기의 장점만을 조합하여 1779년에 뮬(mule) 방적기를 발명했다. 뮬 방적기 덕분에 비로소 튼튼하면서도 가는 실이 생산될 수 있었다.

제니 방적기, 수력 방적기, 뮬 방적기가 잇달아 개발되면서 면공업의 상황은 역전되었다. 1760년 무렵에는 우수한 방적기가 없어서 문제였지만 1780년경에는 방사가 과잉으로 생산되어 이를 처리하는 것이 중요한 과제가 되었다. 그것은 1785년에 카트라이트(Edmund Cartwright)가 역직기(power loom)를 발명함으로써 돌파되기 시작했다. 이처럼 산업혁명 시기의 면공업 발전에는 기술적 불균형(technological imbalance)을 시정하려는 수많은 사람들의 노력이 배어 있었다.

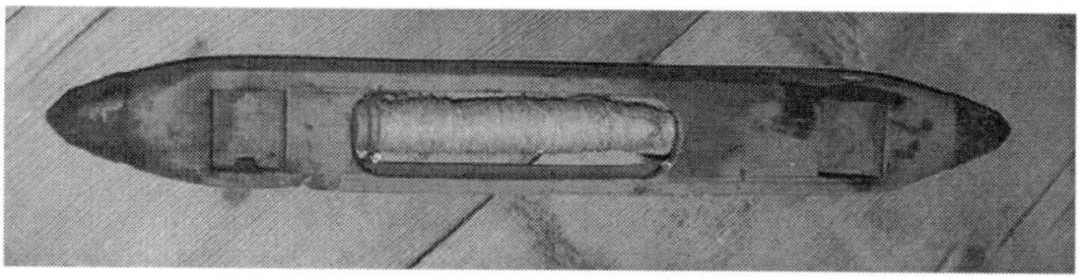

▸ 면공업 혁신의 신호탄이 된 자동 북

가발에서 방적기로

이 중에서 아크라이트는 당시의 일반적인 기술자와는 달리 발명을 사업으로 승화시킨 최초의 인물에 해당한다. 그는 젊은 시절에 이발과 가발에 대해 배운 후 1750년에 자신의 가게를 열었다. 이발사 일을 하면서 손님이 없을 때에는 가발을 만들어 파는 식이었다. 이어 아크라이트는 처녀들의 모발을 사서 가발사에게 판매하는 모발 중개업으로 많은 돈을 벌었다. 그는 영국 전역을 여행하는 동안 면공업의 수익성을 높이기 위해 새로운 기계를

▸ 발명을 사업으로 승화시킨 리처드 아크라이트

발명하려는 열기가 뜨겁다는 사실을 알았다.

그러던 중 1760년에 기예공업장려협회(Society for the Encouragement of Arts and Manufactures)는 효율적인 방적기를 개발한 사람에게 50파운드의 상금을 주겠다고 공언했다. 이러한 제안에 적극 화답한 인물 중에는 케이(John Kay, 자동 북을 발명한 케이와 동명이인이다)와 하이스(Thoams Highs)가 있었다. 당시에 두 사람은 새로운 방적기의 기본 골격을 마련했지만, 그것을 실현할 자금이 부족했다. 이러한 점을 알아챈 아크라이트는 케이를 고용하고 연구비를 대는 식으로 방적기 개발에 참여했다.

아크라이트는 케이의 도움으로 수력 방적기라는 새로운 기계를 개발할 수 있었다. 그것은 하나의 바퀴가 4쌍의 롤러를 작동시키고 실이 롤러를 통과하면서 방추에 감기는 구조를 가지고 있었다. 뒤에 있는 롤러를 앞에 있는 롤러보다 더 빨리 돌림으로써 실을 잣기 전에 충분히 팽팽하게 당길 수 있었다. 더구나 아크라이트의 방적기는 수력을 사용함으로써 제니 방적기보다 빠른 속도로 작업을 수행할 수 있었다. 사실상 제니 방적기는 가내수공업에 많이 사용되었던 반면, 수력 방적기는 공장제도가 확산되는 데 크게 기여했다.

세상을 바꾼 특허 신청서

아크라이트는 1769년 7월 15일에 수력 방적기에 대한 특허를 신청했다. 유럽 문화예술계의 거장인 멜빈 브래그(Melvyn Bragg)는 셰익스피어의 ≪제1 작품집≫, 뉴턴의 ≪프린키피아≫, 스미스의 ≪국부론≫, 다윈의 ≪종의 기원≫ 등과 함께 아크라이트의 방적기 특허 신청서를 “세상을 바꾼 12권의 책”으로 거론한 바 있다.

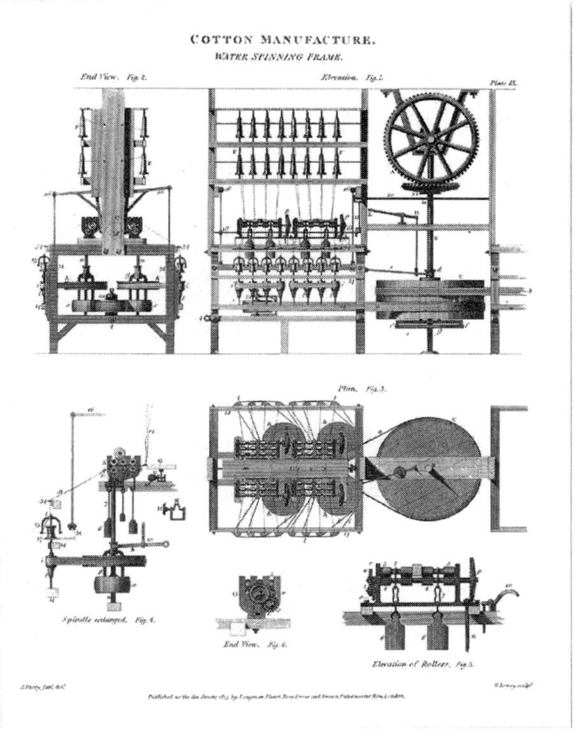

▸ 아크라이트의 수력 방적기에 관한 특허 신청서(1769년)

"나, 리처드 아크라이트는 고된 연구와 오랜 시험을 거쳐 새로운 기계를 발명했음을 이 신청서를 통해 지엄한 영국 국왕 조지 3세께 공손히 알리는 바이다. 목화, 아마(亞麻), 양모로부터 방적사를 생산하는 이 기계는 이제껏 알려졌거나 사용된 적이 없는 장치이며, 가난한 노동자들을 대규모로 고용해 이 기계를 운용하면, 국왕 폐하의 왕국에 존재하는 수많은 제조업자들에게 크나큰 도움이 될 것이다. … 나, 리처드 아크라이트에게는 이 발명품으로 인해 시시때때로 발생하고 늘어나는 모든 이익, 혜택, 편리를 특허 기간 동안 누릴 합법적인 권리가 있다."

이와 같은 특허 신청서를 보면, 아크라이트가 방적기의 어마어마한 상업적 잠재력을 간파하고 있었고 값싼 비숙련 노동력을 고용하여 방적기를 활용하려는 생각을 가지고 있었다는 점을 알 수 있다. 이와 함께 그는 자신이 새로운 방적기를 개발했다는 점을 명시했으며, 이에 대한 자신의 권리를 확실히 확보하고자 했다. 아크라이트는 특허 신청을 전후하여 대규모 사업에 필요한 자금을 조달하기 위해 투자자들을 끌어 모았다. 그는 자신의 방적기로 대규모 사업을 직접 추진한다는 원대한 그림을 그리고 있었던 것이다.

수수께끼 발명가

아크라이트는 1771년에 더웬트 강을 끼고 있는 더비셔 지역의 크롬포드(Cromford)에 대형 공장을 설립했다. 크롬포드 공장에서는 수력 방적기를 비롯한 근대적 기계 시스템 덕분에 양질의 방적사가 매우 저렴한 가격으로 생산되었다. 아크라이트의 사업은 더욱 번창했다. 1776년에는 크롬포드에 7층 높이의 두 번째 공장이 건설되었으며, 1782년경에는 종업원 수가 5천 명에 이르렀다. 크롬포드 공장은 이후에 산업혁명을 상징하는 공간으로 간주되었고, 2001년에 유네스코는 더웬트 계곡 일대를 세계유산으로 지정했다.

1783년 이후에는 아크라이트의 특허가 도마에 올랐다. 사실상 그에게는 "다른 사람의 발명품을 가로챘다"는 비판이 계속해서 제기되어 왔다. 결국 1785년에는 아크라이트의 특허가 무효 판결을 받고 말았다. 여기에는 케이의 증언이 결정적인 역할을 담당했다. 당시의 특허 재판에서 케이는 "아크라이트가 방적기 개발에 지적으로 기여한 바가 없다"고 증언했던 것이다.

▸ 최초의 방적공장으로 평가되는 크롬포드 공장

그러나 특허 무효 판결은 아크라이트에게 약간의 타격만을 입혔을 뿐이었다. 그는 이미 수력 방적기로 많은 돈을 벌었던 것이다. 다른 각도에서 보면, 아크라이트에게 발명의 독창성은 그다지 중요한 문제가 아니었다고 볼 수 있다. 그의 공헌은 기술의 변혁기에 여기저기 널려진 발명을 사용하여 하나의 기계로 통합했다는 점에서 찾을 수 있을 것이다. 아크라이트는 1786년에 영국의 번영에 기여한 공로로 기사 작위를 받았고, 1792년에 50만 파운드의 유산을 남기며 세상을 떠났다.[11)]

11) 19세기 영국의 비평가이자 역사가인 칼라일(Thomas Carlyle)은 아크라이트를 다음과 같이 묘사했다. "무례하다 싶을 정도로 솔직한 성격에 뚱뚱한 뺨과 불룩한 배, 강한 인내심, 수많은 발명 … 아이디어가 혁명을 만든다고들 말하는데 이는 사실이다. 사상은 물론이거니와 기계 아이디어도 마찬가지다. 세계에서 칼춤이 부딪히는 소리가 창창 울리고, 유럽 세계가 마지막 반세기를 위해 약동하는 상황에서 볼테르는 한 명의 코라구스(choragus, 축제의 지휘자)였고, 리처드 아크라이트는 또 다른 코라구스였다." 여기서 아크라이트는 산업혁명, 볼테르는 프랑스혁명을 선도한 인물에 해당하는데, 유명한 역사가 홉스봄(Eric Hobsbawm)은 이를 '이중혁명(dual revolution)'으로 개념화한 바 있다. 18세기 후반을 계기로 오늘날 세계가 작동하는 두 가지 원리인 경제적 자본주의와 정치적 민주주의가 성립되었다는 것이다.

면공업의 발전과 영향

산업혁명의 시기에 면공업은 연평균 5% 이상의 높은 성장률을 보였다. 영국은 면화를 재배하지 않았기 때문에 원면 수입에 대한 통계는 면공업의 발전 속도를 확인할 수 있는 좋은 지표가 된다. 영국의 원면 수입은 18세기 초에 500톤에 불과했지만, 1770년대에는 2,500톤으로 증가했고 1800년에는 25,000톤을 상회했다. 방적기와 방직기가 본격적으로 보급되었던 1770년대 이후에 면공업이 크게 발전했던 것이다.

면공업의 성장은 다른 산업과 기술의 발전을 자극하기도 했다. 방적기와 방직기가 널리 사용되면서 그것을 전문적으로 제작하는 집단이 생겨났고, 이를 매개로 기계공업이 독자적인 영역을 형성하기 시작했다. 또한 보다 우수한 면제품에 대한 수요가 증가하면서 다양한 표백제와 염료가 요구되었고 그것은 화학공업의 발전으로 이어졌다.

공장제가 먼저 발달한 분야도 면공업이었다. 많은 역사가들은 아크라이트의 수력 방적기가 활용되면서 공장제가 현실화되기 시작했다고 지적한다. 아크라이트가 1771년에 크롬포드 공장을 설립하는 것을 계기로 영국에서는 공장의 수와 규모가 계속해서 확대되었다. 1815년을 기준으로 맨체스터에 있는 방적공장의 평균 노동자 수는 300명에 달했으며, 1,600명이 넘는 노동자를 고용한 공장도 있었다. 1830년대에는 카트라이트의 역직기가 본격적으로 보급되면서 공장제가 전면적으로 성립되었다.

공장제의 성립은 새로운 생산관계의 정립을 의미했다. 고용주와 노동자의 관계는 온정적 관계에서 금전적 관계로 전환되었다. 각종 기계가 도입되면서 경제적 지위가 낮아지고 기존의 사회적 관계가 붕괴되자 노동자들은 매우 과격해졌다. 기술자나 기업가를 협박하고 기계를 부수고 공장을 불태우는 일이 빈번해졌다. 아크라이트의 수력 방적기와 크롬포드 공장도 예외

▸ 기계파괴운동의 전설적 지도자, 네오 러드

일 수 없었다. 이러한 기계파괴운동은 1810년대에 절정을 이루었으며, 전설적 인물인 러드(Ned Ludd)의 이름을 따 러다이트운동(Luddism)으로 불렸다.

공장제의 성립이 기술과 노동의 대립을 수반했다는 점은 마르크스(Karl Marx)에 의해 지적된 바 있다. 그는 1867년에 발간한 ≪자본론(Das Kapital)≫ 제1권에서 다음과 같이 썼다. “매뉴팩처와 수공업에서는 노동자가 도구를 사용하지만, 공장에서는 기계가 노동자를 사용한다. 전자에서는 노동수단의 운동이 노동자로부터 출발하지만, 후자에서는 노동자가 노동수단의 운동을 뒤따라가야 한다. 매뉴팩처에서는 노동자들은 하나의 살아있는 메커니즘의 구성원들이었지만, 공장에서는 하나의 생명 없는 메커니즘이 노동자들로부터 독립해 존재하며, 노동자는 살아 있는 부속물로 그것에 합체되어 있다."[12]

12) 면공업에 관한 영국의 기술이 다른 국가로 이전된 방식도 흥미롭다. 1789년에는 크롬포드의 한 방직공장에 근무하던 슬레이터(Samuel Slater)가 21세의 나이로 미국에 건너갔다. 이에 앞선 1774년에 영국 정부는 기계수출금지령을 내려 기계를 가지고 출국하는 사람들에게 벌금이나 징역을 부과했다. 이를 회피하기 위해 슬레이터는 방직기에 대한 설계도를 머릿속에 간직한 후 농부로 위장하는 방법을 택했다. 슬레이터는 투자자를 확보한 후 1790년에 로드아일랜드 주의 포터킷에 미국 최초의 방직공장을 세웠다. 당시에 그는 아이들에게 기계 작동에 대한 기본적인 교육을 실시하고 공장 인근에 주택을 지어 가족들에게 숙소를 제공하면서 공장을 운영했다. 훗날 영국인들은 슬레이터를 '배신자'로 비판했지만 미국인들은 '미국 산업혁명의 아버지'로 추켜세웠다.

05 증기기관

헤론의 증기기구에서 와트의 증기기관까지

증기기관 하면 우리는 와트(James Watt)를 떠올리지만, 그 이전에도 증기기관은 이미 존재했다. 17세기 말과 18세기 초로 국한하더라도 파팽(Denis Papin), 세이버리(Thomas Savery), 뉴커먼(Thomas Newcomen) 등이 증기기관의 설계나 활용에 크게 기여했던 것이다. 이에 대하여 엥겔스(Friedrich Engels)는 ≪자연변증법≫에서 다음과 같이 썼다. "증기기관은 최초의 다국적 발명이었다. 프랑스인 파팽이 독일에서 이를 처음으로 발명했으며, 독일인 라이프니츠가 실린더와 피스톤의 사용 원리에 대한 핵심적인 아이디어를 제공했다. 그 직후 영국인 세이버리와 뉴커먼이 이와 유사한 기계들을 발명했으며, 드디어 와트가 분리응축기를 개발함으로써 오늘날의 증기기관이 만들어졌던 것이다."

지 않고도 핵연료를 바꿀 수 있기 때문에 원자력 발전과 원자탄 사이의 연계가 훨씬 강해진다. 현재 우리나라에서는 월성의 원전은 중수로를 채택하고 있고, 다른 지역의 원전은 가압경수로를 사용하고 있다.

리코버와 핵잠수함의 개발

제2차 세계대전 시기에 원자탄을 개발하기 위해 추진된 맨해튼 계획은 미 육군의 소관이었다. 전쟁이 끝난 후 미 해군은 핵에너지의 개발에서 더 이상 뒤쳐져서는 안 된다고 판단하면서 핵에너지로 추진력을 얻는 잠수함의 개발에 착수했다. 1946년에 시작된 핵잠수함 개발 프로젝트에서 결정적인 역할을 한 사람은 리코버(Hyman G. Rickover) 대령이었다.

당시에는 핵에너지의 이용에 관한 기술이 발아하는 단계에 있었으며, 우수한 원자로를 모색하기 위한 실험이 다양한 각도에서 이루어지고 있었다. 과학자들은 특정한 유형의 원자로를 선택하기 위해서는 매우 많은 실험과 데이터가 추가적으로 필요하다는 입장을 보였다. 그러나 가능한 한 빨리 핵잠수함을 만들고자 했던 리코버는 과학자들의 유보적인 태도를 물리치고 감속재와 냉각재로 물을 사용하는 원자로를 선택했다. 원자로를 제작하는 일은 웨스팅하우스(Westinghouse)가, 잠수함을 건조하는 일은 제너럴 다이나믹스(General Dynamics)가 맡게 되었다. 리코버는 잠수함의 일부가 설계도면 대로 건조되지 않자 모든 계통을 처음부터 다시 제작하게 하는 자세를 보이기도 했다.

1954년 1월 21일에는 '노틸러스(Nautilus) 호'라는 세계 최초의 핵잠수함이 진수되었다. 노틸러스는 쥘 베른(Jules Verne)이 1870년에 발간한 공상과학소설인 ≪해저 2만리≫에 등장하는 잠수함 이름이었다. 노틸러스

▸ 증기기관의 효시로 평가되는 헤론의 이알러파일

오르간을 연주했다는 기록이 있으며, 15세기에는 레오나르도 다빈치가 증기로 구동되는 대포를 설계하기도 했다. 1551년에 오스만 이집트의 알딘(Taqi al-Din)은 증기에 의해 모래톱을 회전시키는 장치를 고안했고, 1601년에 이탈리아의 지오바니 포르타(Giovanni Battista della Porta)는 증기를 사용하여 압력이나 진공을 만드는 실험을 수행했다. 1606년에는 스페인 출신의 제로미노(Jerónimo de Ayanz y Beaumont)가 광산에서 물을 퍼내는 증기기구를 고안하여 특허를 받았으며, 1630년에는 영국의 램시(David Ramsay)가 '화력기관(fire engine)'이란 초보적인 증기기관으로 특허를 받았다.

실용적인 증기기관을 찾아서

실제로 활용할 수 있는 증기기관은 17세기 후반에 등장했다. 당시에는 연료가 목탄에서 석탄으로 대체되면서 탄광이 본격적으로 개발되었다. 탄광이 점점 깊어짐에 따라 통풍과 배수의 문제가 발생했고, 이에 대한 해결책으로 증기력을 활용하는 방안이 주목을 받았던 것이다.

▸ 세이버리가 1698년에 발명한 증기펌프

1663년에 영국의 귀족인 서머셋(Edward Somerset)은 자신의 발명품에 대한 책자를 발간했는데, 거기에는 새로운 유형의 증기펌프가 포함되어 있었다. 실린더 속에 증기를 가득 채운 다음, 외부에 별도로 설치된 냉각장치로 증기를 응축시키는 식이었다. 이를 통해 실린더 내부에 부분적인 진공이 만들어지면 탄광 바닥으로부터 물이 실린더 속으로 빨려 올라올 수 있었다. 서머셋은 래글런 성에 자신의 증기펌프를 설치하기도 했지만, 사업을 본격적으로 전개하기 전에 사망하고 말았다.

1698년에 영국의 군사기술자 세이버리는 '광부의 친구(miner's friend)'로 불린 증기펌프로 특허를 받았다. 그것은 서머셋의 증기펌프와 거의 같은 방식을 채택하고 있었지만, 차가운 물을 실린더 외부가 아닌 내부에 직접 뿌린다는 차이점을 가지고 있었다. 세이버리의 증기펌프는 몇몇 탄광에서 사용되었으나, 그 장치로는 32피트(약 10미터)보다 더 깊은 곳의 물은 끌어올릴 수 없었다.

▸ 파팽이 1705년에 고안한 증기기관을 복원한 모습

피스톤으로 구동되는 증기기관을 최초로 고안한 사람은 프랑스 출신의 위그노 교도인 파팽이었다. 그는 1671~1674년에 하위헌스(Christiaan Huygens)가 화약 엔진을 만드는 일을 도왔으며, 1676~1679년에는 보일(Robert Boyle)의 조수로 있으면서 세계 최초의 압력솥을 발명했다. 이러한 경험을 바탕으로 파팽은 1690년에 수증기를 이용하여 실린더 내의 피스톤을 위아래로 움직이는 기관을 만들었고, 1705년에는 라이프니츠(Gottfried Leibniz)의 도움을 얻어 고압의 조건에서 피스톤을 움직이는 두 번째 증기기관을 고안했다. 그러나 파팽의 증기기관은 물을 끓인 후 피스톤을 움직이기까지 상당한 시간이 소요되었기 때문에 실제로 사용되기는 어려웠다.

증기기관의 상업화에 성공한 뉴커먼

상업적으로 성공한 최초의 증기기관은 뉴커먼 기관이었다. 뉴커먼은 영국 웨스트컨트리 지역에서 대장장이로 일하면서 탄광을 자주 방문했기

▸ 뉴커먼 기관은 18세기에 50년 이상 널리 사용되었다. 뉴커먼 기관이 대기압 기관으로 불린 이유는 피스톤을 밑으로 끌어내리는 것은 대기압이기 때문이었다.

때문에 효과적인 증기기관의 필요성을 누구보다도 잘 알고 있었다. 그는 파팽이 증기기관에 피스톤을 사용했다는 소식을 듣고 이를 바탕으로 세이버리의 증기펌프를 개량하는 작업에 착수했다. 뉴커먼은 배관공인 캘리(John Cally)와 힘을 합쳐 1712년에 대기압 기관(atmospheric engine)을 개발하여 스태퍼드셔 주의 탄광에 설치했다. 당시에 뉴커먼은 실린더와 피스톤이 적절히 들어맞을 수 있도록 피스톤 상부에 고무 원반을 씌웠다. 이와 함께 그는 세이버리에게 동업을 제의하여 이익을 함께 나누기로 함으로써 특허의 문제도 슬기롭게 해결했다.

뉴커먼 기관의 작동 원리는 다음과 같다. 균형추가 밑으로 떨어지면 피스톤이 실린더의 꼭대기로 올라가고, 증기기관의 작동을 위해 피스톤 밑의 실린더에 증기를 채운다. 그런 다음 실린더 내부에 차가운 물을 뿌리면 증기가 응축되면서 부분적으로 진공이 만들어진다. 이 진공의 힘으로 피스톤은 균형추의 무게를 누르고 압력이 낮은 곳으로 내려간다. 피스톤이 실린더의 아랫부분에 도착하면, 피스톤 밑으로 모여든 증기로 인해 대기압과 증기압이 균형을 이루게 되고, 균형추는 다시 피스톤을 끌어올려 실린더 꼭대기로 되돌려놓는다. 이상과 같은 과정은 계속해서 반복된다.

뉴커먼 기관은 큰 성공을 거두었다. 1775년까지 영국에서는 600대가 넘는 뉴커먼 기관이 사용되었으며, 1776~1800년에는 1,000대에 달하는 뉴커먼 기관이 제작되었다. 1740년경에 뉴커먼 기관은 이전에 사람 25명과 말 10마리가 일주일 동안 하던 일을 단 하루 만에 해낼 수 있었다고 한다. 그러나 뉴커먼 기관의 열효율(열에너지가 역학적 에너지로 전환되는 비율)은 겨우 1% 정도에 지나지 않았다.

분리응축기로 시작된 와트의 발명

뉴커먼 기관이 등장한 이후에는 증기기관을 개량하기 위한 시도가 본격적으로 이루어졌다. 1713년에 포터(Humphrey Potter)는 밸브를 자동으로 열고 닫는 시스템을 개발했고, 1718년에 데자굴리어(John Desaguliers)는 안전밸브와 이중밸브를 제안했으며, 1720년에 로이폴트(Jacob Leupold)는 두 개의 실린더를 사용하는 증기기관을 고안했다. 이어 1769년에는 스미튼(John Smeaton)이 이전보다 더 길게 피스톤 운동을 할 수 있도록 뉴커먼 증기기관을 개량했고, 1779년에는 피카드(James Pickard)에 의해 뉴커먼 기관에 크랭크가 설치되었다.

증기기관의 개량에 가장 크게 기여한 인물은 와트였다. 그는 1763년에 글래스고 대학에서 도구제작자로 일하던 중 뉴커먼 기관의 모형에 접했다.

▸ 과학적 엔지니어링의 시조로 평가받고 있는 존 스미튼. 그는 1755~1759년에 바다 한 가운데의 작은 돌 위에 에디스턴 등대(Eddystone Lighthouse)를 세웠고, 1771년에 설립된 토목공학협회(Society of Civil Engineers)의 초대 회장을 맡았다.

와트는 뉴커먼 기관을 분석하면서 그것이 증기를 크게 낭비하고 있다는 사실에 충격을 받았다. 뉴커먼 기관은 증기의 동력을 사용한 후 냉각시킬 때 실린더 속에 냉수를 넣는 방법을 사용하고 있었다. 이 때 냉수는 증기를 냉각시키는 동시에 실린더도 냉각시키게 되며 이에 따라 다시 실린더를 가열하려면 그만큼 많은 석탄이 사용되었다.

와트의 이러한 분석을 바탕으로 분리응축기(separate condenser)를 고안했다. 이전과 같이 수증기를 실린더 안에서 직접 냉각시키는 것이 아니라 실린더로부터 분리된 응축기를 별도로 만들어 실린더 안의 수증기를 관을 통해 뽑아낸 후 실린더 바깥에서 냉각시킨다는 것이었다. 와트는 분리응축기를 사용하면 증기기관의 열효율이 이전보다 2~4배 향상될 수 있다고 생각했다. 그는 1765년부터 분리응축기가 설치된 증기기관의 모형을 설계하고 개선하는 작업을 꾸준히 추진했다. 드디어 1769년 1월 5일, 와트는

<화력기관에서 증기와 연료의 소모를 줄이는 새롭게 고안한 방법>으로 특허를 받았다.13)

와트는 1765년에 글래스고의 한 공원을 산책하던 중에 분리응축기에 대한 아이디어를 떠올렸던 것으로 전해진다. "나는 1765년 초 어느 좋은 안식일 오후에 산책을 했다. … 나는 그때 엔진을 생각하고 있었고, 목동의 집을 지나자마자 마음속에 다음의 생각이 떠올랐다. 증기는 탄력성이 있는 물질이기 때문에 빈 공간이 있다면 그 속으로 몰려 들어갈 것이다. 그리고 만약 별도로 분리된 용기에 진공 상태를 만들어 놓고 실린더의 증기와 빈 용기 사이에 통로를 열어 놓는다면, 실린더를 냉각시키지 않고도 증기를 응축할 수 있을 것이다."

만능동력원이 된 증기기관

와트는 1774년에 볼턴(Matthew Boulton)과 의기투합한 후 증기기관을 상업화하는 데 매진했다. 상업용 증기기관의 개발이 눈앞에 다가오자 영국 의회가 나섰다. 당시 영국의 특허권은 14년 동안 유지될 수 있었기 때문에 와트의 1769년 특허는 1783년에 만료될 판이었다. 그런데 영국 의회가 1775년에 와트의 증기기관에 대한 특허권을 1800년까지 연장해 주는 유래 없는 조치를 취했다. 영국은 국가적 차원에서 증기기관이 매우 중요한

---

13) 와트의 증기기관은 과학과 기술의 관계를 논의할 때 자주 등장한다. 와트의 증기기관은 잠열(latent heat) 이론과 같은 과학적 지식에 입각한 것이 아니라 모형 분석과 같은 과학적 방법을 활용한 사례에 해당한다. 이와 관련하여 19~20세기 미국의 과학자 헨더슨(Lawrence Henderson)은 "증기기관이 과학에 빚지고 있는 것보다 과학이 증기기관에 빚지고 있는 것이 더욱 많다."는 유명한 말을 남긴 바 있다. 사실상 증기기관이 널리 확산되면서 과학자들은 열과 일의 변환과정을 본격적으로 연구하기 시작했고, 그것은 오늘날과 같은 열역학이 정립되는 데 중요한 기반으로 작용했다.

발명이라는 점을 인정하고 이를 적극적으로 지원했던 것이다.

그러나 이러한 조치가 영국 산업의 발전을 저해했다는 평가도 있다. "와트의 특허를 연장하기로 결정함으로써 의회는 한 개인에게 너무 큰 권력을 쥐어 주었다. 와트는 특허권의 양도를 거부하고 기관차에 대한 실험을 방해함으로써 고압 증기의 활용에 적대적인 태도를 취했다. 그래서 당사자들은 즐거움을 누렸는지 모르지만 기계 산업의 발전은 한 세대가 넘는 동안 저지되었다. 만약 와트의 독점이 1783년에 종식되었더라면 영국은 훨씬 더 일찍 철도를 가지게 되었을 것이다."[14]

1776년 3월 8일, 블룸필드의 탄광에서는 분리응축기를 장착한 새로운 증기기관이 성공적으로 운전되었다. 1776년은 미국의 독립선언서가 채택되고 스미스(Adam Smith)가 ≪국부론≫을 발간한 해이기도 하다. 우리나라로 관심을 돌리면, 1776년은 영조가 승하하고 정조가 즉위한 연도가 된다. 그 후 와트와 볼턴은 탄광뿐만 아니라 제분소, 방직 공장, 제철소 등에서도 사용할 수 있는 증기기관을 탐색하기 시작했다. 이를 위해서는 왕복운동을 회전운동으로 바꿀 수 있는 장치가 필요했는데, 와트는 머독(William Murdock)의 도움으로 1781년에 유성식 기어(sun-and-planet gear)를 고안하여 문제를 해결했다. 그것은 맞물린 한 쌍의 톱니바퀴 중에서 한 쪽을 고정시키고 다른 쪽이 고정된 톱니바퀴를 도는 장치였다. 이 장치 덕분에 와트의 증기기관은 방직기와 같이 상하, 좌우, 회전 운동을 모두 필요로 하는 기계를 움직일 수 있게 되었다.

---

14) 와트와 볼턴이 1775년에 증기기관에 대한 포괄적인 특허를 출원할 때 매우 전략적인 자세를 취했다는 점도 주목할 만하다. 증기기관의 모방을 방지하기 위하여 특허 설명서를 매우 모호하게 작성했던 것이다. 증기기관에 관심이 많았던 어떤 경쟁자는 다음과 같이 말했다. "엔지니어들이 볼턴와트상회의 특허 설명서를 읽고 나서 어떤 종류의 이상한 기계를 만들어낼지는 알 수 없다. 아마도 그들이 따뜻한 수세식 화장실을 만들지도 모른다."

▸ 버밍엄 북부에 있던 볼턴의 소호제조소(Soho Manufactory)를 묘사한 그림

와트의 혁신은 계속되었다. 1782년에 그는 실린더의 양 끝을 응축기와 보일러에 밸브 장치로 연결함으로써 피스톤의 상하운동을 모두 동력으로 활용할 수 있는 복동식 증기기관(double-acting steam engine)을 개발했다. 피스톤의 하강운동뿐만 아니라 상승운동에서도 증기압을 이용할 수 있게 된 것이었다. 와트는 1783년에 유성식 기어를 장착하고 실린더를 두 개 사용하는 증기기관의 개발을 완료했는데, 거기에는 '회전식 증기기관(rotative steam engine)'이란 명칭이 붙여졌다. 다음해인 1784년에 와트는 자신의 사무실에 회전식 증기기관을 설치하여 운전하는 데 성공했다. 이후에도 와트는 보다 완벽한 증기기관을 만들기 위해 지속적인 노력을 기울였다. 1787년에는 증기기관의 속도를 자동적으로 제어하는 원심조속기가 활용되었고, 1790년에는 실린더 내부의 압력을 표시하는 우수한 성능의 압력계가 개발되었다.

1780년대 중반부터 본격적으로 생산된 와트의 새로운 증기기관은 만능 동력원으로 각광을 받았다. 볼턴의 말에 따르면, "나라 전체가 와트의 증기기관에 미친 상태"였다. 특히 1785년에는 와트의 증기기관이 면공장

▸ 원심조속기가 설치되어 있는 와트의 증기기관(1788년)

에 채택됨으로써 증기기관의 사용처는 탄광을 넘어 공장으로 확대되기 시작했다. 와트 자신은 달갑게 여지지 않았지만, 19세기에 들어서는 고압 증기기관(high-pressure steam engine)이 개발되어 운송수단에 적용되었다. 트레비식(Richard Trevithick)이 와트의 특허가 만료된 직후인 1801년에 최초의 고압 증기기관을 발명한 후 1804년에 철도 궤간을 달릴 수 있는 증기기관차를 제작했던 것이다.[15)]

---

15) 콘월의 발명가인 혼블로워(Jonathan Hornblower)에 대한 와트의 태도도 주목할 만하다. 혼블로워는 1781년에 고압의 증기와 두 개의 실린더를 사용하는 복합 증기기관(compound steam engine)을 고안했다. 그것은 와트의 증기기관보다 50% 정도 효율이 좋았고, 와트도 개인적으로 보낸 편지에서 이를 인정한 바 있다. 그런데 와트는 신문에 광고를 실어 혼블로워가 자신의 특허권을 침해했다고 주장했다. 혼블로워가 1792년에 특허 연장을 신청하자 이번에는 볼턴이 나섰다. 의회 내의 네트워크를 동원해 혼블로워의 특허 연장을 막았던 것이다. 1797년에는 ≪브리태니커 백과사전≫ 제3판에 '증기'와 '증기기관'이란 항목이 추가되었는데, 집필은 와트의 친구인 로비슨(John Robison)이 맡았다. 와트는 혼블로워를 포함한 다른 발명가들의 기여를 적시한 로비슨의 글을 못마땅하게 여기며 여러 차례에 걸쳐 해당 항목을 수정했다.

06 열기구
몽골피에 형제와 비행의 발명[16)]

인류는 오랜 옛날부터 하늘을 날고 싶어했다. 그리스 신화에는 다이달루스(Daedalus)가 아들인 이카루스(Icarus)와 함께 밀납으로 날개를 만들어 크레타 섬에서 탈출했다는 기록이 있다.[17)] 13세기에 로저 베이컨(Roger Bacon)은 언젠가 하늘을 나는 기계가 나타나리라 예견했고, 15세기에 레오나르도 다빈치(Leonardo da Vinci)는 인간의 비행을 스케치를 통해 꿈꾸었다. 이러한 꿈은 1783년에 조제프 몽골

---

16) 저명한 과학사학자인 길리스피(Charles Gillispie)는 1983년에 ≪몽골피에 형제와 비행의 발명(The Montgolfier Brothers and the Invention of Aviation)≫라는 꼼꼼한 연구서를 발간했다. 몽골피에 형제가 열기구와 같은 비행기구를 넘어 '비행'이라는 활동 자체를 발명했다는 시각이 흥미롭다. 길리스피는 쿤(Thomas Kuhn)과 함께 미국의 과학사학계를 이끌어 왔으며, 필자의 지도교수인 김영식 선생님의 스승이기도 하다. 길리스피의 ≪객관성의 칼날(The Edge of Objectivity)≫와 김영식의 ≪과학혁명≫은 과학사를 본격적으로 공부하려는 사람들이 꼭 읽어야 할 책에 해당한다.

17) 신화 속의 이카루스는 강력한 밀납 날개 덕분에 하늘 높이 올라갈 수 있었지만 너무 높이 올라간 나머지 죽음에 이르는 운명을 맞이했다. 태양에 근접하게 되자 태양열 때문에 날개가 녹으면서 이카루스가 곤두박질하고 말았다는 것이다. 이처럼 한때의 큰 강점이 나중에는 매우 심각한 부담으로 작용하는 현상은 '이카루스의 역설'로 불린다.

▸ 비행을 발명한 몽골피에 형제. 왼쪽이 형인 조제프, 오른쪽이 동생인 에티엔느 이다.

피에(Joseph-Michel Montgolfier)와 에티엔느 몽골피에(Jacques-Étienne Montgolfier)가 열기구(熱氣球, hot air balloon)를 만들면서 실현되기 시작했다.

역사상 최초로 하늘을 난 열기구

몽골피에 형제는 프랑스 리옹 인근의 아노네에서 가업으로 제지공장을 운영하고 있었다. 형제는 타다만 종이 조각들이 연기에 실려 하늘로 올라간다는 점을 유심히 관찰했다. 그들은 연기가 자신보다 무거운 것을 공중으로 띄워 올릴 수 있는 힘을 가지고 있다고 추측했다. 열에 의해 팽창된 공기가 부력을 발생시켜 기구를 뜨게 한다고는 생각하지 못했던 것이다.

종이 조각이 아닌 다른 계기를 통해 열기구에 대한 아이디어를 떠올렸다는 의견도 있다. 빨랫줄에 걸려 있던 치마 속으로 연기가 들어가 치마가 공중에 떠오르는 것을 보았다는 이야기도 있고, 셔츠를 말리려고 목 부분을

▸ 1783년 6월 5일에 프랑스 아노네에서 벌어진 몽골피에 형제의 공개실험 광경

잠근 채로 난로 위에 걸어두었다가 셔츠가 날아오르듯 부푸는 모습을 보았다는 일화도 있다.

아무튼 몽골피에 형제는 1782년 11월부터 열기구에 대한 실험을 시작했다. 그들은 집안이 부유했기 때문에 실험에 필요한 시간과 돈을 어렵지 않게 충당할 수 있었다. 몽골피에 형제는 천과 종이로 만든, 속이 빈 거대한 기구 밑에서 불을 피워 뜨거운 공기가 그 안에 들어가게 했다. 이런 식으로 만들어진 열기구는 약 2킬로미터까지 올라갔다. 그 때가 1782년 12월 14일이었다.

1783년 6월 5일에는 많은 사람들이 몽골피에 형제의 공개실험을 구경하기 위해 몰려들었다. 형제는 린넨 천 조각을 이어 붙여 지름이 12미터에 달하는 기구를 만들었고, 이어 붙인 자리에 종이를 덧붙여 가열된 공기가 밖으로 새어나가는 것을 막았다. 기구 아래쪽에는 용기가 달려 있었고,

그 안에서는 불이 연기를 내며 타고 있었다. 당시에 몽골피에 형제의 열기구는 1,800미터 높이까지 떠올라 10분 동안 2.5킬로미터 이상을 날아갔다.

샤를의 수소기구

몽골피에 형제의 공개실험에 대한 기록은 과학아카데미에 보내졌고, 과학아카데미는 샤를(Jacques Charles)에게 이에 대한 검토를 맡겼다.[18] 당시에 샤를은 몽골피에 형제보다 더욱 효과적인 비행을 탐색하기도 했다. 그것은 단순한 연기(당시에는 '몽골피에 가스'로 불렸다) 대신에 1766년에 영국의 캐번디시(Henry Cavendish)가 발견한 수소를 사용하는 방법이었다. 공기보다 훨씬 가벼운 수소를 사용하면, 몽골피에 형제의 열기구보다 규모가 작은 기구로도 똑같은 무게를 떠오르게 할 수 있다는 것이었다.

샤를은 로베르 형제(Robert brothers)의 도움을 받아 비단으로 지름 4미터의 공을 만든 후 기체가 새어나가지 않도록 안쪽에 고무를 발랐다. 수소를 만드는 데에는 철 500킬로그램과 황산 250킬로그램이 사용되었다. 그릇 속에 철과 황산을 넣고 세차게 솟아나오는 수소를 파이프로 연결해서 비단 공 안에 집어넣었다. 이 비단 공은 '발룬(ballon)'으로 불렸는데, 그것은 커다란 자루를 의미하는 프랑스어였다.

---

18) 샤를은 압력이 일정할 때 기체의 부피는 온도에 비례한다는 법칙을 발견한 사람으로 유명하다. 이 법칙은 게이뤼삭(Louis Joseph Gay-Lussac)이 1802년에 처음으로 발표했으나 샤를이 1787년에 쓴 미발표 논문을 인용했기 때문에 '샤를의 법칙' 또는 '샤를-게이뤼삭의 법칙'으로 불린다. 샤를의 법칙과 함께 거론되는 법칙으로는 보일의 법칙을 들 수 있다. 이 법칙은 1662년에 보일(Robert Boyle)이 발견한 것으로 온도가 일정할 때 기체의 부피와 압력이 서로 반비례 관계에 있다는 점을 의미한다. 19세기에 들어서는 보일의 법칙과 샤를의 법칙을 종합하기 위한 시도가 계속되었으며, 이를 통해 정립된 식이 이상기체상태방정식이다. 이상기체상태방정식은 'PV= nRT'로 표시되는데, 여기서 P는 압력, V는 온도, n은 기체의 몰수, R은 기체상수, T는 온도에 해당한다.

▸ 고네스의 주민들이 샤를의 수소기구를 처분하는 광경

1783년 8월 27일 저녁, 파리의 중심지 샹 드 마르(나중에 에펠탑이 세워진 장소이다)에서는 샤를의 수소기구에 대한 실험이 실시되었다. 이를 구경하기 위해 많은 사람들이 횃불을 들고 모여들었는데, 군중 중에는 미국의 정치가이자 과학자인 프랭클린(Benjamin Franklin)도 있었다. 샤를의 수소기구는 2분도 되지 않아 1,000미터 높이까지 올라간 후 구름 속으로 들어갔다가 다시 모습을 나타냈다. 곧이어 하늘에서 비가 내리기 시작했고, 샤를의 수소기구는 다른 구름 속으로 모습을 감췄다.

샤를은 기구에 주입한 수소의 분량으로 보아 20~25일 동안 기구가 공중에 떠 있으리라 생각했다. 그러나 기구는 약 40분 뒤에 파리에서 40킬로미터 떨어진 고네스 마을에 떨어지고 말았다. 높은 상공에서 기구 속에 있는 수소의 압력이 바깥 공기의 압력보다 커지면서 비단이 찢어졌던 것이다. 고네스의 주민들은 찢어진 기구를 하늘에서 내려온 악마라고 생각하고 자루를 말의 꼬리에 묶은 후 말을 내달리게 했다. 이런 식으로 세계 최초의 수소기구는 산산조각이 나고 말았다.

사람을 하늘로 올려 보내다

1783년 9월 19일에 몽골피에 형제는 루이 16세가 지켜보는 가운데 베르사유 궁전에서 이색적인 실험을 했다. 이 실험에 사용된 열기구의 명칭은 '레베이용(Réveillon)'이었는데, 기구의 제작에 참여한 벽지 제조업자의 이름을 딴 것이었다. 열기구 아래쪽에는 우리가 달려 있었고, 그 안에는 양, 오리, 수탉이 타고 있었다. 열기구는 8분 동안 440미터 높이까지 올라가 3킬로미터를 날아간 후 인근 숲에 착륙했다. 당시에 루이 16세는 열기구에 탑승한 양을 자신의 개인 동물원에서 키웠다고 한다.

다음 차례는 사람을 태워 기구를 띄워 올리는 것이었다. 루이 16세는 목숨을 담보로 하는 그 실험에 사형 집행을 기다리는 죄수를 태우자고 제안했다. 그러나 26세의 젊은 의사로 모험을 좋아하던 로지에(Pilâtre de Rozier)가 탑승을 자청했다. 그는 "인류 최초의 유인비행이라는 영광은 사형수가 아닌 선한 사람에게 주어져야 한다."라고 주장했다. 로지에는 비행을 승인받기 위해 루이 16세 앞에서 수소의 가연성에 대한 실험을 수행하기도 했다. 한 차례의 예비 실험을 거쳐 1783년 11월 21일에는 파리 서쪽에 위치한 볼노뉴 숲의 뮈에트 성에서 사람을 하늘로 올려 보내는 행사가 벌어졌다. 승객은 로지에와 육군 장교인 로랑 다를랑드(François Laurent d'Arlandes)였다.

수만 명의 사람들이 환호성을 올리며 지켜보는 가운데 두 명의 모험가는 파리의 하늘을 460미터까지 올라갔다. 비행 도중 기구의 천에 불이 붙었지만, 비상용으로 준비한 스펀지와 물로 불을 끌 수 있었다. 공중에 뜬 지 25분 후 두 모험가는 이륙한 곳에서 10킬로미터 떨어진 카이예 언덕에 착륙했다. 역사상 최초로 사람이 하늘을 나는 데 성공했던 것이다.

1783년 12월 1일에는 샤를이 로베르(Nicolas-Louis Robert)와 함께 유인

▸ 로지에와 다를랑드에 의한 최초의 유인비행을 묘사한 삽화

수소기구 비행에 도전했다. 그들은 무려 40만 명의 인파가 지켜보는 가운데 튈르리 궁전에서 이륙한 뒤 40킬로미터 떨어진 네슬의 작은 마을에 착륙했다. 당시에 샤를은 수소기구 비행을 구경하러 온 사람들에게 관람료를 받으려고 했다고 한다.

전쟁에서 정찰용으로 쓰인 기구

1785년 1월 7일에는 프랑스의 기구제작자 블랑샤르(Jean-Pierre Blanchard)와 미국의 의사 제프리스(John Jeffreis)가 영국 해협을 횡단하는 열기구 비행에 성공했다. 그들은 영국의 도버 해안에서 프랑스의 칼레 부근까지 2시간 30분 동안 42킬로미터를 날았다. 중간에 기구가 추락할 조짐이 보이자 그들은 무게를 줄이기 위해 고무주머니에 소변을 받아 밖으로

▶ 1785년에 블랑샤르와 제프리스가 영국 해협을 열기구로 횡단하는 모습

던지기도 했다.

1785년 6월 15일에는 로지에가 가열된 공기와 수소로 채워진 기구를 만들어 영국 해협을 횡단하는 데 도전했다. 그러나 두 기체가 섞여 기구가 폭발하는 바람에 로지에는 프랑스의 위머로우에 추락하여 목숨을 잃고 말았다. 역사상 최초로 비행 도중에 사망한 사람이 발생했던 것이다.

열기구는 오락거리로 출발했지만 전쟁용으로도 주목을 받았다. 예를 들어 1784년에 발간된 ≪구름 속의 몽골피에 형제≫라는 만화는 다음과 같은 식으로 열기구를 전쟁과 연관시켰다. "진정 이것이야말로 위대한 발명이다. 이것은 우리의 대왕, 우리의 나라, 우리의 이름을 불멸의 것으로 하리라. 우리들은 적에게 선전을 포고하자. 우리들은 틀림없이 영국인들을 두려움에 부들부들 떨게 할 것이다. 우리들은 기구에 올라타서 그들의 야영지를 정찰하고, 함대의 진로를 방해하고, 조선소에 불을 지를 것이다. 우리들이 영국을 정복한 그때는 계속해서 다른 나라들도 정복해서 모두 대왕의 식민지로 만들 것이다."

그로부터 10년 뒤인 1794년에는 프랑스군이 플뢰뤼스 전투에서 지상과 밧줄로 연결된 기구를 사용하여 오스트리아군을 정찰했다. 1861~1865년

▸ 페어오크스 전투를 정찰하기 위해 로우가 열기구를 타고 올라가는 모습(1862년)

에 벌어진 미국의 남북전쟁에서는 북군이 기구 부대(balloon corps)를 운영할 정도로 기구가 전면적으로 활용되었다. 다재다능한 발명가 로우(Thaddeus Lowe)의 주도 하에 부대원들은 남군의 이동을 관찰하고 내려와 그 내용을 북군의 지휘관들에게 전신으로 보고했던 것이다.

19세기 후반 이후에는 기구를 대체하는 다양한 비행수단이 등장했다. 비행선(airship), 글라이더(glider), 비행기(airplane) 등이 그것이다. 이를 배경으로 기구는 비행수단의 주역에서 밀려났지만, 아직도 우리의 주변에서 흔적을 남기고 있다. 놀이동산에서 헬륨을 넣어 만들어주는 호일풍선(microfoil balloon)이나 대기의 상태를 관측하기 위해 올려 보내는 라디오존데(radiosonde)가 그것이다. 지금도 캐나다 퀘벡 주에서는 몽골피에 형제의 이름을 따서 매년 몽골피에 국제 열기구 축제가 개최되고 있다.

07 제분기
에번스와 제분업의 자동화

인간의 가장 중요한 행위 중의 하나는 먹는 것이다. 그 이유야 두말할 것도 없이 사람이 먹지 못하면 일을 할 수 없기 때문이다. 최초의 도구나 기계가 모두 곡물과 연관되어 있는 것도 여기서 연유한다. 인류는 처음에 곡물을 그냥 섭취하다가 점차적으로 곡물을 갈아서 먹게 되었다. 곡물을 가루를 만들어 가공하는 기계가 바로 제분기(製粉機, flour mill)이며, 그러한 제분기가 설치된 곳이 제분소 혹은 방앗간이다. 중세에 들어와 널리 사용되기 시작한 제분기는 18세기 말에 미국의 기술자인 올리버 에번스(Oliver Evans, 1755~1819)에 의해 자동화된 후 오늘에 이르고 있다.

▸ 자동 제분기를 발명한 올리버 에번스

제분기의 기원이 된 맷돌

구석기 시대가 수렵과 채집의 시대였다면, 신석기 시대는 농경과 목축의 시대였다. 신석기 시대를 통해 인류가 사용하는 도구는 더욱 정교해졌고, 뗀석기(타제석기)를 대신하여 간석기(마제석기)가 널리 사용되었다. 우리는 간석기의 예로 돌도끼를 많이 떠올리지만, 이보다 더욱 정교한 간석기로는 맷돌(millstone or grinding stones)을 들 수 있다. 맷돌은 곡물을 가루의 형태로 갈기 위한 돌로, 중세 이후에 만들어진 제분기의 원조에 해당한다.

인류가 맷돌에 처음 주목한 시기는 약 5,000년 전으로 추정되고 있다. 초기의 맷돌은 판판한 아랫돌(맷돌)에 좀 더 작은 윗돌을 얹은 것으로 구성되었다. 아랫돌 위에 곡물을 올려놓고 윗돌로 가는 식이었다. 곧 이어 등장한 것은 회전식 맷돌이었다. 둥그런 돌 두 개를 포개놓고 중심 축 둘레로 회전시킴으로써 두 돌이 따로 돌지 않고 함께 작동하도록 했던 것이다.

회전식 맷돌은 고대에 들어와 더욱 진화했다. 윗돌의 중앙에 구멍을 뚫어 곡식을 부어 넣은 후 가루가 두 돌 사이로 배출되게 했던 것이다. 로마군이 최강의 군대가 될 수 있었던 것도 개량된 회전식 맷돌 덕분이었다

▸ 로마 시대에 사용된 회전식 맷돌을 복원한 모습

고 한다. 기존의 맷돌로는 8명이 먹을 곡식을 갈려면 4~5 시간이 필요했지만, 로마군이 사용한 회전식 맷돌로는 같은 양의 곡식을 1시간 30분 만에 갈 수 있었다.

역사상 최초의 기계

중세에 들어서는 유럽의 곳곳에 제분기를 비치한 제분소(방앗간)가 세워졌다.[19] 당시에 급속히 발전한 수차는 제분기를 작동시키는 동력으로 사용하기에 안성맞춤이었다. 물방아(water mill)라는 단어도 물의 힘으로 작동하는 제분기에서 유래되었다. 이와 함께 중세의 기술자들은 수차의 회전동력을 제분용 분쇄기에 어떻게 전달할 것인가에 관해 연구한 끝에, 직각으로 물린 기어를 사용하는 방법을 고안했다.

제분기는 기술의 역사에서 최초의 기계로 평가되고 있다. 기계에는 매우 다양한 종류가 있지만, 기본적으로 동력발생장치, 동력전달장치, 작업장치의 세 가지 부문으로 구성된다. 제분기의 경우에는 수차가 동력발생장치가 되고, 기어가 동력전달장치, 분쇄기가 작업장치의 역할을 담당하는 구조로 되어 있다.

사실상 제분기는 가내 수공업에서 공장제 기계공업으로 전환되는 매개물의 역할을 담당했다. 이러한 점은 밀(mill)이란 단어의 용례에서도 간접적

---

19) 중세에는 제분소가 부의 상징으로 간주되기도 했다. 제분소를 소유한 사람들은 대부분 해당 마을에서 부유층으로 행사했다. 이러한 점은 필자가 어린 시절에 즐겨 보았던 만화영화 <플란다스의 개>에도 반영되어 있다. 네로(남자 주인공), 파트라슈(개), 아로아(여자 주인공)는 서로 어울리면서 즐겁게 지냈지만, 제분소의 소유주였던 아로아의 아버지는 네로 집안이 가난하다는 이유로 네로와 아로아의 교제를 금지했던 것이다. 이러한 사정은 우리나라의 경우에도 마찬가지였다. 일제강점기만 해도 정미소나 쌀가게를 운영했던 사람들이 해당 마을을 대표하는 경우가 적지 않았다. 먹는 문제가 충분히 해결되지 않았던 시절에는 식량을 유통하는 사람들이 상당한 권력을 발휘했던 셈이다.

▸ 14세기 영국의 라임 레지스(Lyme Regis)에 있던 제분소 내부의 모습

으로 확인할 수 있다. 밀은 제분소를 지칭하는 용어에서 비롯되었지만, 기계 문명의 상징인 공장의 초기 형태를 뜻하기도 하는 것이다.

에번스의 엘리베이터와 호퍼보이

에번스는 1755년에 미국 델라웨어 주의 뉴포트에서 상당한 성공을 거둔 농부의 아들로 태어났다. 그는 10대 시절에 수레 제조업자 밑에서 도제 생활을 하면서 나무나 금속으로 뭔가를 만드는 법을 배웠다. 1780년대 초 델라웨어 지역에서는 제분소가 번성했고, 에번스는 자연스럽게 제분의 세계에 관심을 가지게 되었다.

당시의 많은 사람들은 밀이나 옥수수를 제분소로 가져가 갈아오는 것을 선호했다. 하지만 가까운 곳에 제분소가 없는 경우에는 가정에서 직접 제분 작업을 수행하는 수밖에 없었다. 집에서 곡식을 빻는 작업은 시간을 엄청나게 잡아먹을 뿐 아니라 등골이 휘도록 힘들었다. 탄성제분기(spring mill)와 같은 기계를 이용하더라도 하루 종일 일해야 가족들이 일주일

동안 먹을 양을 빻을 수 있었다. 그렇더라도 하루 종일 제분 작업에만 매달릴 수는 없었기 때문에 대부분의 가정은 이틀에 한 번씩 제분 작업을 되풀이해야 했다.

에번스는 1782년에 동생과 함께 곡물 가게를 열어 제분업자들과 거래했다. 그는 제분소의 작업 광경을 지켜보면서 몇 가지 문제점을 알 수 있었다. 첫째, 당시의 제분소는 수작업에 의존했기 때문에 엄청난 노동력이 소요되었다. 둘째, 제분소의 여러 공정이 서로 연결되지 않아 낭비가 매우 심했다. 셋째, 직공들이 더러운 발로 밀가루를 밟고 다닐 정도로 제분소의 위생 상태가 엉망이었다. 결국 에번스는 좀 더 효율적인 제분소를 스스로 만들어야겠다고 결심했다.

에번스는 1783년에 자신의 제분소를 건설하면서 두 가지 장치를 구상했다. 곡물 엘리베이터(grain elevator)와 호퍼보이(hopper boy)가 그것이었다. 곡물 엘리베이터는 가죽으로 만들어진 연속적인 벨트였다. 수차의 축에 붙은 도르래가 벨트를 계속 움직이면, 작은 양동이들이 한 줄로 이어져 벨트에 매달려 이동하는 구조였다. 곡물 엘리베이터를 사용하면 시간당 300부셸(미국에서는 밀 1부셸이 60파운드, 약 27.2kg에 해당한다)의 곡물을 운송할 수 있었다. 이전에 여러 명의 힘센 장정들이 수작업으로 했던 일을 곡물 엘리베이터를 통해 자동화할 수 있었던 것이다.

호퍼보이는 길이 3.6미터의 커다란 회전 갈퀴와 깔대기 모양의 용기로 구성되어 있었다. 갈퀴는 제분소의 수직 구동축에 붙어 회전했고, 구동축은 다시 제분소의 주축에 연결되어 있었다. 갈퀴는 땅에 깔린 곡물 가루를 제분소 마룻바닥에 평평하게 깔아서 건조될 수 있도록 했다. 그 다음 건조된 곡물 가루를 깔대기 모양의 용기에 넣으면 그 곳에서 가루를 채로 걸러냈다. 이러한 작업은 이전에 어린 소년들이 맡았기 때문에 에번스는 자신의

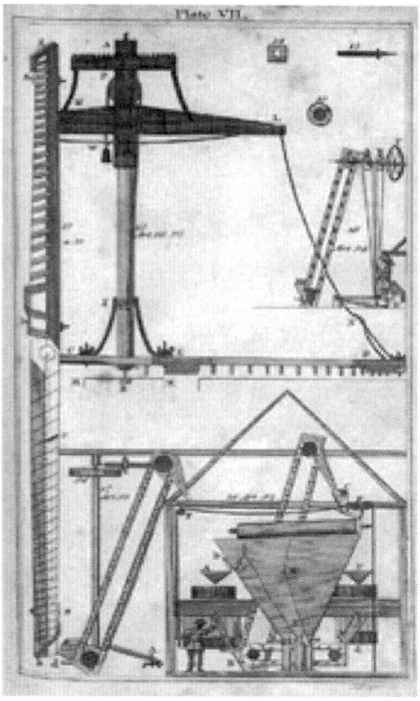

▸ 에번스의 호퍼보이와 자동화된 밀가루 분리 공정

장치에 '호퍼보이'라는 이름을 붙였다.

특허 취득에서 판로 개척까지

1785년에는 레드클레이 크리크 강변에 에번스의 제분소가 완공되었다. 처음에는 다른 제분소와 별다른 차이가 없었지만, 이후 5년 동안 제분소의 공정을 자동화하는 작업이 지속적으로 전개되었다. 곡물 엘리베이터와 호퍼보이가 설치되는 가운데 제분소의 거의 모든 기계들이 서로 연동되었던 것이다. 이제 제분소의 직공들은 포대에 담긴 밀을 쏟아 놓거나 밀가루를 통에 담아 굴리는 일만 하면 되었다. 이에 대하여 유명한 기술사학자인 유진 퍼거슨(Eugene S. Ferguson)

은 “레드클레이 크리크가 최초로 완전히 통합된 자동 공장을 보여주었다”고 평가했다.

1786~1787년에 에번스는 델라웨어, 펜실베이니아, 메릴랜드, 뉴햄프셔 주를 대상으로 자신의 발명에 대한 배타적 독점권을 15년간 보장해 달라고 청원했다. 네 주의 의회는 별다른 이견 없이 에번스의 청원을 받아들였다. 1790년에 미국 최초의 특허법이 제정되자 에번스는 재빨리 특허를 신청했다. 그는 정교한 자동 제분기를 발명한 공로로 미국의 세 번째 특허를 받았다.[20)]

그러나 에번스의 자동 제분기는 빠른 속도로 확산되지 못했다. 그의 발명품은 1789년부터 다른 제분소에도 적용되기 시작했지만, 1794년까지 판매 실적은 매년 1~2건에 불과했다. 당시의 제분업자들은 이미 수지맞는 사업을 하고 있었기 때문에 익숙하지 않은 새로운 장비에 투자하는 것을 꺼리는 경향을 보였다. 이에 에번스는 팸플릿을 제작하고 순회 판매원을 고용하여 자동 제분기의 판로를 개척하는 일에 나섰다.

1793년에 에번스는 레드클레이 크리크 제분소를 매각한 후 필라델피아로 가서 제분장치를 제작하기 위한 가게를 차렸다. 제분업을 포기하는 대신에 제분기 제작업에 본격적으로 도전했던 것이다. 당시에 그는 밀가루를 자동으로 포장하는 기계를 발명하여 제분업의 자동화를 더욱 심화시켰

---

20) 에번스에 앞서 홉킨스(Samuel Hopkins)는 칼륨 제조법으로 미국의 첫 번째 특허를, 샘프슨(Joseph Sampson)은 양초 제조법으로 미국의 두 번째 특허를 받았다. 당시에는 미국의 특허에 일련번호가 부여되지 않았으며, 특허권자의 이름과 발행일자만 표시되었다. 공식적인 일련번호는 1836년에 새로운 특허법이 시행되면서 부여되기 시작했고, 그 이전의 특허에 대해서는 X1, X2, X3와 같이 해당 번호 앞에 X가 붙여졌다. 이런 이유로 1836년 이전의 특허들은 ‘name and date patents’ 혹은 ‘X-patents’라고 불린다. 미국의 특허제도는 오랫동안 선발명주의(first to invent rule)에 입각해 왔으며, 2011년에 특허법이 개정된 후 2013년부터 선출원주의(first to file rule)가 적용되고 있다.

THE
YOUNG
MILL-WRIGHT & MILLER'S
GUIDE.
By OLIVER EVANS, of PHILADELPHIA.
PHILADELPHIA:
1795.

▸ 1795년에 발간된 ≪젊은 제분기술자와 제분업자를 위한 안내서≫의 표지

다. 이와 함께 에번스는 자신의 팸플릿을 보완하여 1795년에 ≪젊은 제분기술자와 제분업자를 위한 안내서(The Young Mill-wright & Miller's Guide)≫를 발간했다. 이 책은 1860년에 15판이 발간된 정도로 상당한 인기를 누렸다. 책에서 에번스는 "진정한 이론은 계속해서 실천과 부합될 수 있도록 노력해야 한다."고 강조했다.

자동 제분기의 확산과 영향

에번스의 자동 제분기는 19세기 전반을 통해 미국 전역으로 널리 확산되었다. 낡은 제분소들은 에번스의 기계를 받아들일 수 있도록 개조되었고, 새로운 제분소들은 그의 설계를 바탕으로 건설되었다. 1840년 미국에서는 약 2만 4천 개의 제분소가 영업을 하고 있었는데, 대부분의 제분소가

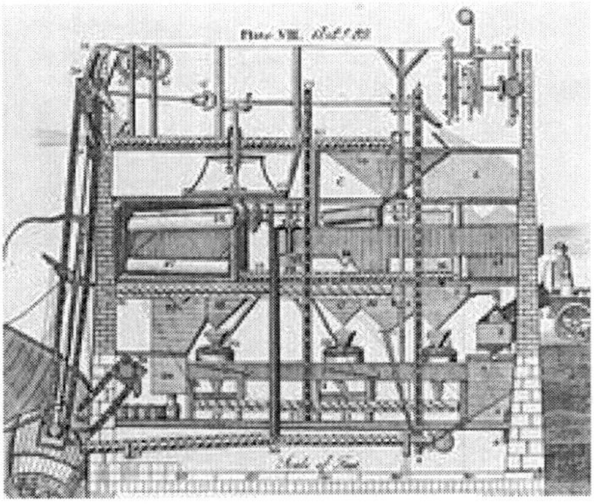

▸ 자동화된 제분소에 대한 에번스의 설계도(1790년)

에번스의 발명품을 채택하고 있었다. 흥미롭게도 에번스의 고객 중에는 미국의 독립을 이끈 조지 워싱턴(George Washington)과 토머스 제퍼슨(Thomas Jefferson)도 있었다.

자동 제분기가 확산되면서 밀가루 생산액도 급증했다. 1810년 약 1,400만 달러에서 1860년 약 2억 천만 달러로 50년 동안 거의 20배가 증가했던 것이다. 급기야 1860년을 기준으로 제분업은 미국에서 으뜸가는 산업으로 부상했다. 그러나 자동 제분기는 기존의 노동력을 대체했기 때문에 제분업이 성장해도 새로운 고용은 유발되지 않았다. 1860년을 기준으로 미국의 제분업은 약 2만 7천명을 고용하고 있었지만, 면직물제조업은 약 11만 4천명, 신발제조업은 약 12만 3천명을 기록했다.

이처럼 에번스는 제분업의 성장에 크게 기여했지만, 정작 자신은 별다른 수익을 올리지 못했다. 당시의 제분업자들은 에번스에게 특허권 사용료를 지불하는 대신에 손재주가 뛰어난 목수나 장인을 활용하여 에번스의 발명품을 베끼게 했다. 에번스는 변호사를 고용해 특허권 침해 소송을 걸었지만, 그것도 별다른 효력을 발휘하지 못했다. 훗날 에번스는 점잖은 말투로

"제분기 특허가 널리 쓰이도록 하는 것은 극히 힘든 일이었다."고 회고하기도 했다.

제분기에 이어 에번스의 관심을 사로잡았던 것은 증기기관이었다. 그는 1804년에 고압 증기기관으로 특허를 받은 후 그것을 공장, 선박, 차량 등에 적용하는 데 많은 노력을 기울였다. 이런 측면에서 에번스는 '미국의 와트(The Watt of America)'로 평가되기도 한다. 1819년에 에번스는 세상을 떠나면서 제분소와 증기기관 작업장을 유산의 일부로 남겼는데, 두 공간에서는 수십 명의 숙련된 기계공들이 활동하고 있었다. 에번스는 산업화의 과실이 여물기 전에 사망했지만, 이후 세대들이 거둔 수확은 매우 풍족했다.

08 조면기
플랜테이션 경제의 주역

18세기 후반에는 우수한 성능의 방적기와 방직기가 확산되면서 면공업의 생산성이 크게 향상되었다. 한 영역의 발전은 다른 영역에서 문제를 유발하기 마련이다. 면공업이 급속히 성장하면서 원재료가 되는 목화의 공급에 병목 현상이 빚어졌던 것이다. 목화의 주 공급처는 미국 남부지방이었는데, 당시로서는 목화씨에서 면섬유를 분리하는 작업이 쉽지 않았다. 이러한 한계는 미국의 기술자이자 사업가인

▸ 미국 코네티컷 주 헴덴의 일라이 휘트니 박물관에 전시되어 있는 조면기

일라이 휘트니(Eli Whitney, 1765~1825)가 1793년에 조면기(cotton gin)를 개발함으로써 돌파되기 시작했다. 조면기는 면의 엔진(cotton engine)을 뜻하는 말이다.

배에서 맺은 인연

휘트니는 1765년에 태어나 1792년에 예일 대학을 졸업했다. 그는 법학을 전공했지만, 기계와 기술에 대한 최신 지식에도 많은 관심을 기울였다. 대학을 졸업할 즈음에 휘트니는 조지아 주의 부유한 집안에서 가정교사를 맡아달라는 요청을 받았다. 휘트니는 변호사가 되는 것을 목표로 삼고 있었지만, 경제적 형편이 여의치 않아 가정교사 직을 기꺼이 받아들였다. 그는 다른 사람을 가르치는 일을 즐겼으며, 여가 시간을 활용해 변호사 시험을 준비할 수 있으리라 생각했다.

▸ 일라이 휘트니의 초상화로 1822년에 새뮤얼 모스가 그렸다.

그러나 휘트니의 인생 경로는 조지아로 가기 위한 배를 타면서 완전히 달라졌다. 그는 두 명의 선객과 친분을 맺게 되었는데, 그들은 캐서린(Catherine Littlefield Green)과 밀러(Phineas Miller)였다. 캐서린은 미국 독립전쟁 때 이름을 날린 그린(Nathaniel Green) 장군의 미망인으로 대규모 목화 농장을 소유하고 있었고, 밀러는 그 농장의 관리인이었다. 휘트니는 목적지로 가기 전에 얼마동안 캐서린의 농장에 머물렀다. 캐서린은 휘트니에게 목화 농장의 일을 도와달라고 간청했으며, 휘트니는 그녀의 부탁을 흔쾌히 수락했다.

당시에 캐서린의 농장에서는 짧은 섬유를 가진 내륙 목화(inland cotton)가 재배되고 있었다. 그 목화는 조지아에서도 잘 자랐지만 씨에서 섬유를 분리하는 것이 매우 어려웠다. 캐서린은 조그만 작업실을 제공하면서 휘트니에게 기계를 만들어 줄 것을 요청했다. 휘트니는 약 10일 동안의 작업 끝에 간단한 기계의 모형을 만들었다. 갈퀴를 이용해 목화를 긁어내는 기계였다. 그 기계에는 '조면기'라는 이름이 붙여졌다.

조면기가 발명되기까지

조면기에 대한 아이디어는 동물의 행동에 대한 관찰에서 비롯된 것으로 전해지고 있다. 일설에 따르면, 닭을 잡기 위해 철 울타리 너머로 발톱을 뻗은 고양이를 보고 휘트니가 조면기에 대한 영감을 얻었다고 한다. 닭은 잽싸게 도망을 치고 말았고, 고양이의 발톱에는 털만 가득 끼게 되었던 것이다. 고양이 이외에 소가 거론되기도 한다. 소가 억센 혀로 옥수숫대를 핥는 모습을 보고 휘트니가 힌트를 얻었다는 것이다.

그러나 휘트니의 발명을 추적한 연구들은 그가 미국의 남부지방을 방문

▸ 조면기의 조상인 샤카로 작업하는 광경

했을 때 이미 원시적 형태의 조면기가 사용되고 있었다는 점에 주목하고 있다. 그것은 인도에서 오래전부터 사용된 '샤카(charka)'라는 기계로 두 개의 기다란 목제 원통으로 구성되어 있었다. 샤카는 18세기에 디드로(Denis Diderot)가 주동이 된 ≪백과전서(Encyclopédie)≫에 수록되기도 했으며, 휘트니가 방문했던 미국 남부의 목화재배 지역에도 전파되어 있었다. 이러한 점을 감안한다면, 휘트니는 조면기를 완전히 새롭게 발명한 사람이 아니라 기존의 조면기를 개량한 사람이 된다.

휘트니는 계속되는 실험을 통해 1793년에 조면기를 완성했다. 휘트니가 만든 조면기는 매우 간단한 구조를 가지고 있다. 조면기의 아래 면에는 목화씨가 빠져나갈 수 없는 크기의 구멍들이 있는데, 거기에 목화씨를 넣는다. 그리고 가느다란 철체 갈퀴가 솟아 있는 원통을 회전시켜 섬유를 구멍들을 통해 빼낸다. 그 후에 섬유가 엉키지 않도록 원통을 반대 방향으로 회전시키면서 솔로 섬유를 쓸어낸다. 앞서 언급했듯이, 휘트니의 발명 이전에도 몇몇 지역에서는 목화씨를 분리하는 기계가 사용되고 있었다. 그러나 휘트니의 조면기는 짧은 섬유를 가진 목화에서도 사용할 수 있었고, 씨에서 분리된 섬유가 흩어지지 않도록 하는 특징을 가지고 있었다.

마틸다 효과

캐서린도 조면기를 발명하는 데 크게 기여했다. 캐서린은 조면기를 만들자고 제안했을 뿐만 아니라 휘트니가 실험할 수 있는 여건을 마련해 주었으며, 휘트니가 좌절했을 때 많은 도움을 주었다. 더 나아가 캐서린이 조면기에 목재 롤러 대신에 철제 갈퀴를 사용할 것을 충고했다는 기록도 있다. 그러나 휘트니는 1794년에 조면기로 특허를 받으면서 캐서린의 이름을 포함시키지 않았다. 고상한 숙녀에게는 특허가 적합하지 않다고 생각했는지도 모른다.

이와 같은 캐서린의 사례는 '마틸다 효과(Matilda effect)'와 결부되어 있다. 그것은 19세기 여성 참정권 운동에서 중요한 역할을 한 미국의 페미니스트이자 작가인 마틸다 게이지(Matilda Gage)의 이름을 따서 명명되었

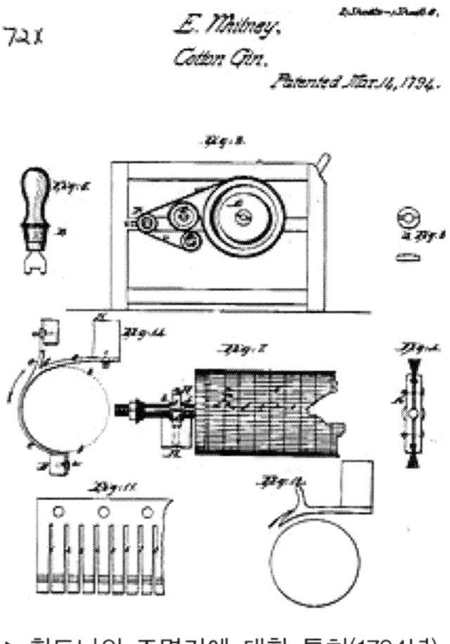

▸ 휘트니의 조면기에 대한 특허(1794년)

다. 그녀는 1882년에 ≪발명가로서의 여성(Woman as Inventor)≫라는 저서를 발간하면서 조면기를 발명한 사람이 휘트니가 아니라 캐서린이라고 주장했다. 이후에 마틸다 효과는 과학기술의 역사에서 여성이 당대에 무시되거나 인정받지 못함으로 해서 결과적으로 역사의 뒤편으로 사라져 버리는 경향을 지칭하는 용어로 사용되고 있다.21)

사실상 과학기술의 역사에는 여성이 중요한 발견이나 발명을 하고도 자신의 이름으로 이를 공표하지 못한 경우가 제법 존재한다. 캐서린은 공동발명자임에도 불구하고 자신의 이름이 제외된 경우에 해당한다. 이보다 더욱 흔한 방법은 여성이 자신의 업적을 남편이나 아들과 같은 남성 가족의 이름으로 등록하는 것이었다. 예를 들어 1715년에 토머스 매스터스(Thomas Masters)는 모자에 사용되는 밀짚을 가공하고 물들이는 방법으로 아메리카 식민지인으로서는 최초로 영국 특허를 받았는데, 이를 실제로 발명한 사람은 그의 부인인 시빌라 매스터스(Sybilla Righton Masters)였다. 당시의 법률이 결혼한 여성의 재산 소유를 금지하고 있었는데, 토머스가 특허를 등록하면서 시빌라가 진짜 발명가라는 사실을 분명하게 표시했다는 점도 흥미롭다. 미국 특허를 자신의 이름으로 취득한 최초의 여성은 메리 키스(Mary Dixon Kies)인데, 그녀는 비단과 실로 짚을 짜는 기술로 1809년에 특허를 받았다.

---

21) 과학자사회에 대한 연구들은 과학기술 활동이 특정한 집단에 유리하게 전개되는 경향이 있다는 점을 지적하고 있다. 이를 설명하는 개념에는 마틸다 효과 이외에도 마태 효과(Matthew effect), 후광 효과(halo effect) 등이 있다. 마태 효과는 경력 형성에 성공한 과학기술자일수록 인정과 자원획득에서 유리하다는 점을 지칭하고 있고, 후광 효과는 우수한 기관이나 조직에 속한 과학기술자가 이익을 얻는다는 점에 주목하고 있다. 마태 효과는 과학사회학의 창시자로 평가되는 머튼(Robert Merton)이 마태복음 13장 12절 '무릇 있는 자는 받아 넉넉하게 되되 없는 자는 그 있는 것도 빼앗기리라'라는 구절을 빌려 만든 용어이다.

조면기의 보급과 영향

휘트니는 조면기를 발명한 직후에 아버지에게 편지를 썼다. 휘트니는 자신의 조면기를 활용하면 "기존의 어떤 방식보다 훨씬 깔끔하게 작업을 할 수 있으며, 통상적인 방식보다 10배나 많은 면화를 손질할 수 있다"고 큰소리쳤다. 이어 그는 다음과 같이 덧붙였다. "어떤 계층의 사람들에게서도 일자리를 빼앗지 않으면서 소요되는 노동을 50분의 1로 줄일 수 있어요."

휘트니가 조면기를 발명한지 1년 만에 미국의 면 수확량은 50만 파운드에서 80만 파운드로 증가했다. 이어 1800년에는 350만 파운드, 1810년에는 9,300만 파운드, 1825년에는 2억 2,500만 파운드를 기록했다. 조면기가 널리 보급되면서 미국의 면 수확량은 가파른 증가세를 보였던 것이다. 조면기는 목화씨에서 면 섬유를 분리하는 데 필요한 노동력도 절감할 수 있었다. 이전에는 노예 1명이 1파운드의 섬유를 분리하는 데 10시간이 걸렸던 반면, 이제는 2~3명의 노예가 한 팀이 되어 하루에 50파운드의 섬유를 생산할 수 있었다.

그러나 이러한 노동력 절감 효과에 비해 면 생산량이 더욱 가파르게 증가했기 때문에 노예의 수는 계속해서 늘어났다. 미국 남부지방의 노예 수는 1790년에 약 70만 명이었지만, 조면기가 발명된 이후에 급속히 증가하여 1850년에는 320만 명을 기록했다. 미국의 남부지방은 면 생산량과 노예 수의 증가를 배경으로 본격적인 플랜테이션 경제(plantation economy)를 구축할 수 있었다. 면은 미국의 최고 수출품이 되어 세계 각국으로 팔려 나갔다. 1820~1860년에 면은 미국 수출고의 절반 이상을 차지했으며, 1860년에는 영국 시장에 필요한 면의 약 80%를 미국 남부가 제공했다. 이런 면에서 휘트니의 조면기는 남북전쟁의 원인으로 작용했다고 평가되기도 한다.

▸ 휘트니의 조면기로 작업하는 광경. 1869년 ≪하퍼스 매거진(Harper's Magazine)≫에 실렸다.

조면기는 미국 경제의 성장에 크게 기여했지만, 휘트니에게는 애물단지에 지나지 않았다. 사실상 조면기는 매우 간단한 기계였기 때문에 다른 사람들이 쉽게 모방할 수 있었다. 휘트니가 조면기로 특허를 받을 당시에 이미 수백 개의 복제품이 만들어져 여러 농장에서 사용되고 있었을 정도였다. 미국에서는 1790년에 최초의 특허법이 제정되었지만, 조지아의 농장에까지 특허법이 실제적인 효력을 발휘하지는 못했다.

휘트니는 1794년에 밀러와 함께 5만 달러의 자본을 조달하여 코네티컷에 조면기 공장을 세웠다. 그러나 그들이 조면기를 생산하는 데에는 예상보다 많은 비용이 소요되었다. 밀러는 추가 비용을 감당할 능력이 없었고, 휘트니는 친구들과 친지들로부터 돈을 빌려야 하는 처지가 되었다. 엎친 데 덮친 격으로 1795년에는 코네티컷 공장이 화재로 전소되고 말았다. 휘트니는 공장을 복구하여 조면기 생산에 다시 도전했다. 그러나 이미 다른 사람들이 많은 조면기를 만들었기 때문에 사업도 잘 되지 않았다. 특허 위반자와의 소송에도 많은 돈을 썼지만 아무 소용이 없었다. 결국 휘트니의 공장은 1797년에 문을 닫고 말았다. 1807년에는 특허 연장 신청을 했지만 보기 좋게 거절당하고 말았다.

휘트니의 역설

빚더미에 놓인 휘트니에게는 새로운 돌파구가 필요했다. 1798년에 휘트니는 대담하게도 당시 재무부 장관이던 올컷에게 편지를 보냈다. 자신이 소총을 매우 효율적으로 생산할 수 있다는 것이었다. 우여곡절 끝에 미 의회는 소총 생산을 위해 80만 달러를 배정했고, 휘트니는 1만 정의 머스킷 총을 미 육군에게 공급하기로 했다. 원래 계약 기간은 1801년까지였지만, 휘트니는 1809년에야 1만 정의 납품을 완료할 수 있었다.

당시 휘트니는 교환 가능한 부품(interchangeable parts)을 활용하여 소총을 균일하고 정확하게 생산하고자 했다. 부품의 호환성에 입각한 무기생산은 노동력이 양적인 면에서나 질적인 면에서 부족한 미국에게 매우 적합한 것이었다. 1854년에 영국 의회의 조사위원회는 휘트니가 무기를 생산한 방식에 주목하면서 이를 '미국식 생산체계(American System of Manufacturing)'로 불렀다. 미국식 생산체계는 총기에서 시작된 후 시계, 재봉틀, 타자기, 자전거, 자동차 등과 같은 금속가공산업에 적용되면서 더욱 정교화되었다.[22)]

---

22) 미국식 생산체계는 기술사 연구에서 뜨거운 논쟁이 벌어졌던 주제 중의 하나이다. 초기의 연구는 부품의 호환성이 강조된 이유를 미국에서 숙련 노동이 상대적으로 부족했다는 점에서 찾았다. 이후에는 미국식 생산체계가 구현되기 시작한 공간이 조병창이었고 군부가 민간에 없는 시장을 창출했다는 점이나 미국 사회가 유럽 사회에 비해 상대적으로 평등한 사회였기 때문에 대중적 시장이 일찍부터 발달했다는 점도 강조되었다. 이와 함께 19세기에 부품의 호환성이 엄밀하게 구현되었는가 하는 점에도 의문이 제기되고 있으며, 미국식 생산체계가 다른 부문으로 확대되는 과정이 순탄하지 않았다는 점도 지적되고 있다. 더 나아가 미국식 생산체계가 미국 기술의 고유성이나 미국인의 창의성

▶ 휘트니가 소총을 개량하기 위해 설립한 공장의 광경(1800년)

휘트니의 인생에는 두 가지의 역설이 섞여 있다. 첫 번째는 한 분야에서 실패했던 것이 다른 분야에 도전하는 밑바탕으로 작용했다는 점이다. 즉 휘트니는 조면기에서 실패했기 때문에 이를 극복하는 방법으로 소총에 눈을 돌렸던 것이다. 두 번째는 휘트니가 발명한 두 가지 기술이 전혀 다른 용도로 사용되었다는 점이다. 조면기는 면화의 생산량과 노예의 수를 증가시켜 남부경제가 번성하는 데 크게 기여했다. 이에 반해 소총은 노예제도를 철폐한다는 명목으로 전개된 남북전쟁에서 효과적으로 활용되었다. 자신의 발명품과 무관하게 휘트니는 노예제도를 신랄하게 반대했다고 한다.

(Yankee ingenuity)을 과도하게 강조하는 편협한 민족주의적 해석이라는 비판도 있다. 이 책에서 다룬 <소총>과 <재봉틀>에도 미국식 생산체계가 언급되어 있다.

09 공작기계
모즐리와 정교한 엄마 기계의 탄생

오늘날 많은 제품은 기계를 통해 생산된다. 그렇다면 기계는 무엇으로 만드는가? 기계를 만드는 것도 기계이다. 이처럼 기계를 만드는 기계를 공작기계(machine tool)라 하며, 공작기계에는 '엄마 기계(mother machine)'라는 별칭이 따라 다닌다. 산업혁명의 초기에는 기계가 해당 공장에서 직접 제작되었지만, 점차적으로 기계를 제작하는 산업이 독립적인 영역으로 발전했다. 여기에는 '공작기계산업의 아버지'로 불리는 헨리 모즐리(Henry Maudslay, 1771~1831)의 역할이 컸다. 그는 1797년에 정교한 나사절삭용 선반(screw-cutting lathe)을 개발하여 공작기계산업을 탄탄한 반석 위에 올려놓았다.

▸ '공작기계의 아버지'로 평가되고 있는 모즐리

67년 동안 따지 못한 자물쇠

공작기계산업은 윌킨슨(John Wilkinson)이 1774년에 우수한 천공기(boring machine)를 개발함으로써 출현하기 시작했다. 사실상 윌킨슨의 천공기가 있기 전에는 증기기관의 정밀도가 매우 떨어졌다. 1760년대에 제작된 증기기관에는 실린더와 피스톤 사이에 1/2인치나 되는 틈이 있을 정도였다. 와트(James Watt)가 자신의 증기기관에 적합한 원통형 실린더를 제작할 수 있었던 것도 윌킨슨의 천공기 덕분이었다. 그 후 윌킨슨은 20년 동안 와트의 증기기관에 필요한 실린더를 단독으로 공급할 수 있었다.

모즐리가 공작기계산업에 투신하게 된 계기는 브라마(Joseph Bramah)가 제공했다. 브라마는 수세식 화장실(flush toilet), 자물쇠, 맥주통 꼭지, 수압 프레스(hydraulic press) 등을 발명한 유능한 기술자이다. 그가 1784년에 발명한 자물쇠는 매우 견고하고 복잡해서 열쇠 없이 따는 것이 거의 불가능했다. 자신의 자물쇠에 큰 자부심을 가지고 있었던 브라마는 열쇠 없이 자물쇠를 여는 사람에게 200기니를 주겠다는 광고를 냈다. 그 후 67년 동안 아무도 이 자물쇠를 따지 못했다. 마침내 1851년에 런던 만국박람회에 참석한 어떤 미국인 열쇠공이 브라마의 자물쇠를 여는 데 성공했다. 당시에 그가 자물쇠를 따는 데 걸린 시간은 50시간이 넘었다고 한다.[23)]

브라마의 자물쇠는 수많은 수작업이 필요했기 때문에 실용적인 상품이라기보다는 진기한 물건에 가까웠다. 브라마는 자신의 자물쇠를 대량으로

---

23) 브라마의 자물쇠는 마케팅의 역사에서도 중요한 위치를 차지하고 있다. 그는 자신의 가게 창문에 자물쇠를 설치하면서 다음과 같은 광고를 새겨 넣었다. "어떤 기술자라도 이 자물쇠를 열 수 있는 도구를 만든다면 성공 즉시 200기니를 드립니다. … 브라마 가게에서 만든 모든 자물쇠에는 피커딜리 124번지라는 주소가 찍혀 있습니다." 이러한 광고를 통해 브라마는 자물쇠에 대한 관심을 촉발했을 뿐만 아니라 자신만이 정교한 자물쇠를 만들 수 있다는 점을 강조했던 것이다.

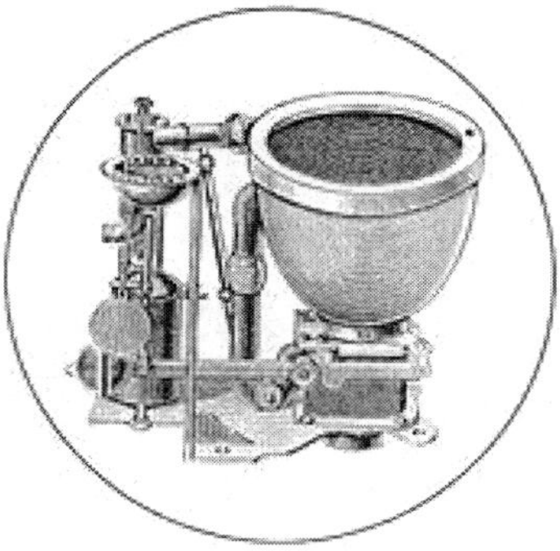

▸ 브라마가 최초로 발명한 수세식 화장실의 개요도(1778년)

생산하려는 계획을 가졌고, 1789년에 자신을 도와 줄 조수로 모즐리를 고용했다. 그 때 브라마의 나이는 40세였고 모즐리의 나이는 18세에 불과했다. 브라마에게 고용되기 전에 모즐리는 병기공장에서 근무하고 있었는데, '금속세공의 영재'라 불릴 정도로 재능이 뛰어났다.

철제 부품만으로 제작된 선반

당시의 선반은 어미나사(lead screw)를 제외하면 거의 모든 부품이 나무로 만들어졌다. 나무는 아무리 단단해도 흔들릴 수밖에 없으므로 정밀한 금속가공에 한계가 있었다. 사실상 나무 부품의 흔들림 때문에 가장 날카로운 절삭날을 사용하더라도 정밀도 0.1cm 이내의 절삭은 불가능했다. 이 수치는 약 7.6cm 크기의 자물쇠에게는 막대한 오차였다.

모즐리는 철제 부품만으로 된 선반을 개발하는 데 도전했다. 어미나사는 물론 공구 이송대(slide rest), 선반 지지대 등을 모두 철로 만든다는 것이었다. 또한 그는 부품들이 개별적으로 제공하는 것보다 훨씬 높은 정밀성을 얻기 위하여 전체 부품을 통합적으로 설계했다. 이를 통해 모즐리는 늦어도

▸ 1778년경 런던 울위치의 왕립 황동 주조소에서 작업하는 광경. 당시에는 선반의 거의 모든 부품이 나무로 만들어져 있었다.

1791년에 세계 최초로 금속제 선반을 금속가공작업에 사용할 수 있었다.

모즐리의 혁신은 계속되었다. 그는 밀링 머신의 원조라 할 수 있는 회전식 줄(rotary flies)을 개발하여 공작물을 비대칭 모양으로 가공하는 데 사용했다. 브라마가 1795년에 수압 프레스를 제작할 수 있도록 자동조절장치를 개발한 사람도 모즐리였다. 모즐리는 공장 관리인으로 승진했지만, 브라마는 여전히 1주일에 30실링의 급여밖에 지급하지 않았다. 결국 모즐리는 1797년에 브라마를 떠나 런던 시내에 자신의 기계공작소(machine shop)를 차렸다.

측미계로 나사선 간격을 통일하다

모즐리는 공작기계산업의 관건이 어미나사의 정확성에 달려있다는 점을 꿰뚫고 있었다. 당시에는 어미나사가 정확하지 않아 그것이 그대로 나사 제작에 옮겨지고 있었다. 그는 우수한 어미나사를 사용하여 원하는 수준의 나사 피치를 만들 수 있는 선반을 제작하는 데 매달렸다. 그 결과 모즐리는 1797년에 나사절삭용 선반을 선보일 수 있었다. 모즐리의 선반에서는 공작물의 회전에 따라 공구가 자동적으로 이동하여 균일한 절삭을 할 수 있었다. 그것은 이후에 지속적으로 개량되어 1800년부터 산업계에 널리 보급되기 시작했다. 모즐리의 나사절삭용 선반은 대형 기계용 부품을 제작하는 데 사용된 최초의 공작기계로 평가되고 있다.

모즐리는 나사절삭용 선반을 개발하는 과정에서 측미계(micrometer, 극미량을 측정하는 기구)의 성능을 개선하는 성과도 올렸다. 당시의 측미계는 0.2mm 크기까지 정확한 측정이 가능했는데, 모즐리가 개발한 측미계는 0.02mm 미만의 차이도 측정할 수 있었다. 모즐리는 자신의 측미계에 영국의 대법관을 의미하는 '로드 챈슬러(Lord Chancellor)'라는 이름을 붙였다. 그는 로드 챈들러로 오류를 전혀 찾을 수 없을 때까지 계속 반복해서 나사를 깎는 실험을 했다.

▸ 모즐리가 개발한 나사절삭용 선반. 위쪽은 1797년에 만들어진 것이고, 아래쪽은 1800년에 제작된 것이다.

조선소와 터널에 남긴 이름

1802년에 모즐리는 마크 아이삼바드 브루넬(Marc Isambard Brunel)과 계약을 체결했다. 영국 해군의 가장 큰 공장인 포츠머스 조선소에 활차장치(pulley block)를 설치하는 업무였다. 브루넬은 1793년에 활차장치에 대한 특허를 받았는데, 그것을 포츠머스 조선소에 적용하고자 했다. 모즐리는 브루넬의 도안을 개선하여 모든 부품을 주철로 만들고 진동이 발생하지 않도록 조정했다. 포츠머스 조선소에 설치된 활차장치 제작소는 이후에 많은 사람들이 찾는 명소로 거듭났다. 지금도 잘 보존되어 있는 그 곳에는 모즐리가 만든 톱, 드릴, 끌 등이 전시되어 있다.

모즐리는 1810년에 런던 남부의 램버스로 가게를 옮겼다. 당시에 모즐리는 유능한 제도사인 필드(Joshua Field)를 파트너로 영입했고, 모즐리의 가게는 모즐리 앤 필드(Maudslay & Field)라는 합자회사로 거듭났다. 이후에 모즐리의 램버스 공장은 증기선에 필요한 엔진을 생산하는 데 주력했으며, 모즐리는 1815년에 템스 강을 운항한 리치몬드(Richmond) 호의 엔진

▸ 19세기 중엽에 템스 터널의 내부 모습을 묘사한 그림

을 제작했다. 1825~1842년에는 마크 브루넬이 템스 터널을 만드는 공사를 주관했는데, 그 때 모즐리는 터널 내부의 습기를 제거하기 위해 증기펌프를 제작하여 공급하기도 했다.

공작기계산업의 일가를 이루다

모즐리의 사업은 계속해서 번창했다. 1800년에는 직원이 80명이었지만, 1810년에는 200명으로 늘어났다. 영국의 곳곳에서 모즐리를 스승이나 멘토로 삼으려는 사람들이 몰려들었다. 로버츠(Richard Roberts), 휘트워스(Joseph Whitworth), 클레멘트(Joseph Clement), 조지프 모즐리(Joseph Maudslay), 네이스미스(James Nasmyth) 등이 그들이다. 뮬 방적기로 유명한 로버츠는 1817년에 부품의 평면을 가공할 수 있는 평삭반을 발명했고, 표준나선 측정법을 정립한 휘트워스는

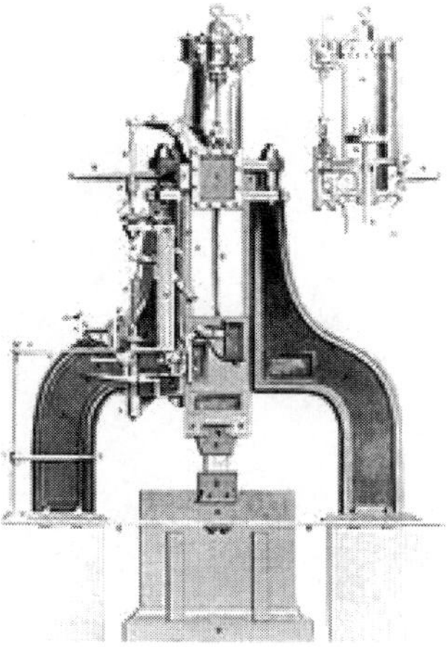

▸ 네이스미스가 1839년에 개발한 증기해머. 이 덕분에 세계 최초의 철제 증기선 그레이트 브리튼(Great Britain) 호가 제작될 수 있었다.

1842년에 자동평삭반을 개발했다. 클레멘트는 배비지(Charles Babbage)와 함께 기계 컴퓨터의 원형인 미분기를 제작했으며, 모즐리의 셋째 아들 조지프는 선박용 쌍기통 엔진에 대한 특허를 받았다. 1839년에 네이스미스가 발명한 증기해머는 선박이나 기관차에 필요한 대형 부품을 제작하는 데 널리 사용되었다.

네이스미스는 1883년에 발간한 ≪자서전≫으로도 이름을 날렸다. ≪자서전≫에서 그는 1829년에 모즐리의 제자로 입문하던 시절을 회고하면서 모즐리의 두 가지 원칙을 소개했다. 첫 번째 원칙은 "우선 네가 만들려고 하는 것에 관한 분명한 생각을 얻으라."였고, 두 번째 원칙은 "불필요하게 복잡한 일을 피하고 가능한 한 모든 것을 간단하게 하라."였다. 이어 네이스미스는 "내가 지금까지 만났던 사람 중에 줄의 능숙한 사용에서 헨리 모즐리를 능가한 사람은 아무도 없다."고 덧붙였다.24)

모즐리와 그의 제자들의 노력을 매개로 19세기에 들어와 공작기계산업은 독자적인 산업으로 자리 잡기 시작했다. 공작기계산업은 1774년에 제정되었던 기계수출금지령이 1825년에 철폐되면서 더욱 번성할 수 있었다. 특히, 1840년을 전후하여 철도와 증기선의 시대가 개막됨으로써 공작기계산업은 급속히 발전하는 양상을 보였다. 1851년에 영국에서 기계제조업을 담당하는 기업의 숫자는 1,044개로 집계되었는데, 그중 35개는 100명 이상을 고용하고 있었다.

---

24) 네이스미스의 ≪자서전≫은 20장, 456페이지의 방대한 분량으로 되어 있으며, 공작기계에 대한 지식을 확산하는 데 크게 기여했다. 그는 책에 실린 각종 삽화를 직접 그렸는데, 그것은 엔지니어가 그림도 잘 그려야 한다고 주장하는 사람들이 자주 거론하는 사례이다. 네이스미스가 기계에 대한 자신의 철학적 입장을 밝혔다는 점도 주목할 만하다. "기계는 결코 취하지도 않고 떨지도 않는다. 임금 때문에 파업을 하지도 않는다. 또한 정확성과 규칙성을 어기지 않는다. 게다가 기계는 매우 정밀한 부분이나 사람이 다루기 어려운 부분도 만들 수 있다."

10 백신
종두법에서 세균혁명으로

백신(vaccine)은 예방접종(vaccination)에 사용되는 것으로 감염원과 비슷한 물질 혹은 약화된 감염원으로 만들어진다. 인체는 가짜 병원체인 백신으로 면역력을 키움으로써 나중에 진짜 병원체가 침투해 오더라도 이를 견뎌낼 수 있게 된다. 백신이 개발되고

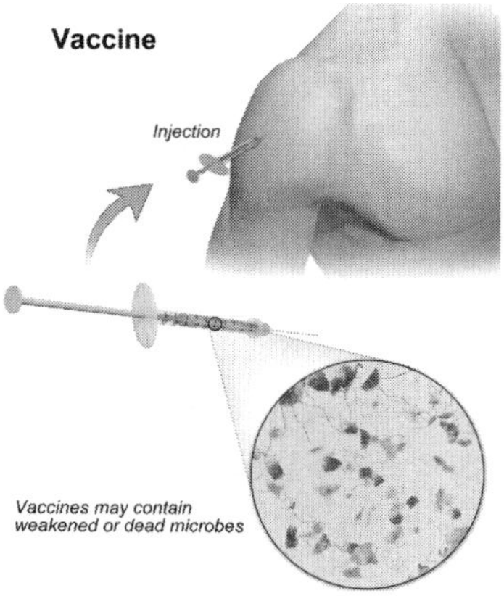

▶ 백신의 원리에 대한 개요도

보급되는 데에는 세 명의 과학자가 크게 기여했다. 우두법의 창시자인 영국의 제너(Edward Jenner, 1749~1823), 미생물학의 아버지로 불리는 프랑스의 파스퇴르(Louis Pasteur, 1822~1895), 세균학의 창시자로 평가되는 독일의 코흐(Robert Koch, 1843~1910)가 그들이다.

동양에서 서양으로 전래된 인두법

"옛날 어린이에게는 호환(虎患), 마마, 전쟁 등이 가장 무서운 재앙이었다." 이것은 우리나라에서 1990년대 후반에 불법 비디오의 유해성을 경고하는 공익 광고로 사용되었던 문구이다. 여기서 '마마'로 칭해진 천연두(天然痘, smallpox) 혹은 두창(痘瘡)은 300년 전만 하더라도 가장 무서운 질병 중의 하나였다. 천연두에 걸리면 대개는 죽음에 이르렀고, 설사 살아남는다 해도 얼굴에 짙은 흉터가 남아 곰보로 취급되었다. 게다가 천연두는 전염성이 강해 한번 유행하면 수천 혹은 수만 명이 목숨을 잃는 일도 있었다. 천연두를 마마라 한 이유는 질병을 옮기는 신에게 높임말을 사용함으로써 신의 노여움을 덜자는 주술적 사고에서 나온 것이라고 한다.

천연두 예방법, 즉 종두법(種痘法)은 기원전 1세기경에 시작된 것으로 추정되지만, 이에 대한 기록은 거의 없다. 천연두 예방에 대한 현존하는 최초의 기록은 1568년에 만전(萬全)이 발간한 ≪두진심법(痘疹心法)≫을 들 수 있다. 오래전부터 중국과 인도의 의사들은 천연두에 한번 걸리면 다시는 걸리지 않는다는 사실을 알고 있었고, 천연두를 약하게 앓도록 하면 나중에 심하게 앓은 것을 예방할 수 있으리라 생각했다. 그들은 천연두 환자의 농포(고름물집)에 생긴 딱지를 취해 가루로 만든 다음, 은으로 제작된 관을 사용해 가루를 콧구멍 안으로 불어넣는 방법을 사용했다.

▸ 인두법을 서양에 알린 몬터규 부인의 초상화

그러던 사이에 아랍에서는 인두접종법 혹은 인두법(人痘法, variolation)으로 불리는 천연두 예방법이 개발되었다. 그것은 건강한 사람의 팔에 칼로 작은 상처를 내고 천연두의 농포에서 얻은 물질을 절개한 부위 안으로 밀어 넣는 방법이었다. 17~18세기 터키의 의사인 티모니(Emmanuel Timoni)는 인두법에 큰 매력을 느끼고 영어로 이를 설명하는 책을 썼다. 그는 이 책을 1715년경에 영국에 배포했지만, 당시 영국의 의사들은 별다른 반응을 보이지 않았다.

인두법은 1717년에 터키 주재 영국 대사의 아내인 매리 몬터규(Mary Wortley Montagu)에 의해 유럽으로 처음 도입되었다. 천연두에 걸린 몬터규 부인은 다행히 목숨은 건졌지만 그녀의 아름다운 얼굴은 흉하게 얽고 말았다. 이 사실을 알게 된 티모니는 몬터규 부인을 설득하여 그녀의 딸에게 인두법을 시술했다. 몬터규 부인은 영국으로 귀국한 후 왕립의사협회의 회원들을 초대해 인두를 접종받는 자신의 딸을 보여주었다. 이어 그녀는 웨일스의 캐롤린 공주에게 접근해 공주의 자식들에게도 인두법을 시술할 것을 권유했다. 결국 6명의 죄수와 1명의 어린 고아를 대상으로 실험을 거친 후에야 공주도 안심하고 접종을 허락했다.

인두법은 효과가 있었지만 아직 완전하지 않았다. 인두 접종을 받고도 천연두로 사망하는 경우가 제법 많았던 것이다. 인두가 크게 활성화되어 있는 경우에는 천연두의 확산이 유발될 수 있었고, 시료를 제공한 사람이 앓던 다른 병을 옮길 우려도 있었다. 게다가 당시에는 인두를 접종하기 전에 6개월 동안 사혈과 설사를 시키는 관행이 있었는데, 이처럼 면역력이 떨어진 상태에서 받은 인두 접종은 환자에게 더욱 치명적인 독으로 작용했다.

우두법의 개발과 확산

인두법의 대안으로 등장한 것은 제너가 개발한 우두접종법 혹은 우두법(牛痘法)이었다. 그는 13살 때 시골 외과의사 러들러(John Ludlow)의 견습생이 되어 6년 간 수련을 받았다. 그러던 중 제너는 소의 젖을 짜면서 손에 우두(cowpox)가 걸린 사람은 나중에 천연두에 걸리지 않는다는 이야기를 들었다. 이를 바탕으로 그는 사람에게 우두를 접종하면 천연두를 예방할 수 있을 것으로 생각했다.

이러한 생각은 제너가 개업의로 활동하던 1796년에 수행된 실험에 의해 입증되었다. 그는 제임스 핍스(James Phipps)라는 소년에게 우두를 먼저 앓게 한 다음 천연두를 접종했다. 예상대로 핍스는 전혀 천연두의 증세를 나타내지 않았다. 제너는 후속 실험을 통해 자신의 연구를 보강한 후 1798년에 <바리올라 바키내(Variola Vaccinae)의 원인과 효과에 대한 탐구>라는 논문을 출간했다. 바리올라 바키내는 소의 천연두를 뜻하는 라틴어였다.

▸ 제너의 우두법에 대한 공포를 풍자한 1802년의 만평. 당시에는 "소 고름을 맞으면 사람이 소로 변한다."는 험담이 퍼지기도 했다.

제너의 주장은 수많은 비판에 직면했다. 우두가 천연두와 다름없이 더럽고 혐오스런 질병이라는 지적도 있었고, 인간의 피 속에 짐승의 균을 넣은 것은 구역질 날 만큼 불쾌한 일이라는 비판도 있었다. 심지어 "한 아이가 우두를 맞고 나서 황소처럼 네 발로 달려갔다."는 소문이 나돌기도 했다.

이러한 비난에 대해 제너를 지지하는 세력은 다음과 같은 반박 논리를 개진했다. "인간은 수 천 년에 걸쳐 소고기 스테이크나 통째 썬 양고기를 먹어 왔고, 또 헤아릴 수 없이 많은 세대에 걸쳐 우유를 마셨으며, 온갖 동물로부터 얻은 수많은 식품을 섭취해 왔다. 그래도 지금까지 어느 누구도 짐승이 된 일이 없었으며, 황소처럼 네 발로 달린 적도 없었다."

진실을 가릴 수 있는 기회는 곧 다가왔다. 때마침 유럽 전역에는 천연두가 유행했고, 제너는 우두 접종을 실시하여 많은 사람의 생명을 구했다.

우리나라에서 천연두 예방에 대한 논의는 조선 후기 실학자들에 의해 시작되었다. 1790년에 중국을 방문했던 박제가는 인두법에 대한 이야기를 들은 후 다른 실학자들에게 그 내용을 알려주었다. 이어 정약용의 ≪마과회통(麻科會通)≫, 이종인의 ≪시종통편(時鍾通編)≫, 이규경의 ≪오주연문장전산고(五洲衍文長箋散稿)≫ 등에서 인두법과 우두법에 대한 내용이 소개되었다.

1876년에 일본을 방문한 박영선은 ≪종두귀감(種痘龜鑑)≫을 구입하여 문하생인 지석영에게 전해 주었고, 지석영은 우두법으로 천연두를 예방하겠다는 의지를 불태웠다. 1879년에 그는 부산에 설립된 제생의원에서 일본인으로부터 우두법을 배웠으며, 서울로 돌아오는 길에 처가인 충주군 덕산면에서 약 40명을 대상으로 우두법을 실시했다. 이듬해에 고종의 첫째 왕자 완화군이 천연두로 사망하자 지석영은 궁궐 내에 살던 사람들에게

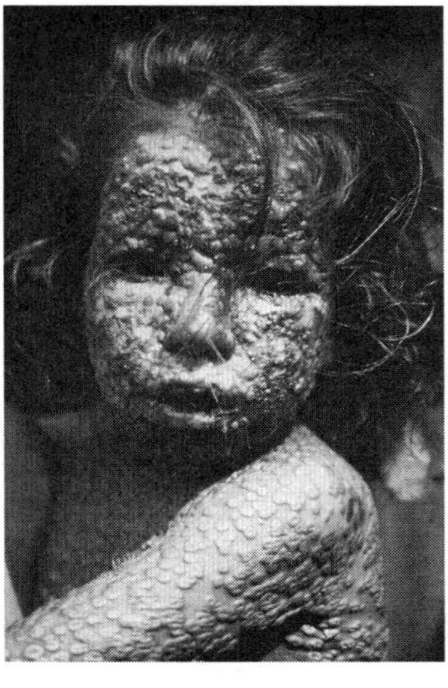

▸ 천연두(두창)에 걸린 어린 소녀의 모습(1973년). 세계보건기구(World Health Organization, WHO)는 1979년에 "천연두가 지구상에서 완전히 소멸되었다."고 발표했다.

우두를 접종하여 큰 효과를 보았다. 그는 이후에 전국을 돌면서 우두법을 보급했으며, 1885년에는 그동안의 지식과 경험을 종합하여 ≪우두신설(牛痘新說)≫을 발간했다.

≪프랑스의 파스퇴르화≫

천연두를 넘어 다른 질병으로 예방접종을 확대한 사람은 파스퇴르였다. 그는 1860년에 미생물에 의해 발효 현상이 나타난다는 점을 보였고, 1863년에는 포도주를 대상으로 저온살균법을 개발했으며, 1864년에는 누에병의 원인이 되는 세균을 분리했다. 이어 1873년에는 닭 콜레라를 일으키는 세균을 배양한 후 오래된 배양균을 주입하면 닭이 면역을 얻게 된다는 점을 알아냈다. 파스퇴르는 이와 같이 약독화(弱毒化, attenuation)된 균을 '백신'으로 불렀다. 백신이란 용어는 라틴어로 암소를 의미하는 '배카(vacca)'에서 유래했는데, 그것은 암소를 이용하여 우두법을 개발한 제너를 기리는 마음에서 비롯되었다.

이후에 파스퇴르는 백신의 원리를 탄저병과 광견병에도 적용했다. 1881년에 그는 푸이 르포르 농장에서 탄저병에 관한 대규모의 공개 실험을 실시했다. 그 결과 탄저병 백신을 접종한 양과 소는 모두 건강했지만, 그렇지 않은 경우에는 발열 상태를 보이거나 죽어버리고 말았다. 1885년에 있었던 광견병 백신에 관한 실험은 더욱 극적이었다. 미친개에 물린 조제프 메스테르(Joseph Meister)라는 소년에게 광견병 백신을 점점 독한 것으로 주사하여 소년의 생명을 구했던 것이다. 그 소년은 파스퇴르연구소가 문을 연 1888년 11월부터 평생 동안 연구소의 문지기로 근무하기도 했다.

파스퇴르의 탄저병 실험에 대해 라투르(Bruno Latour)는 1988년에 출간

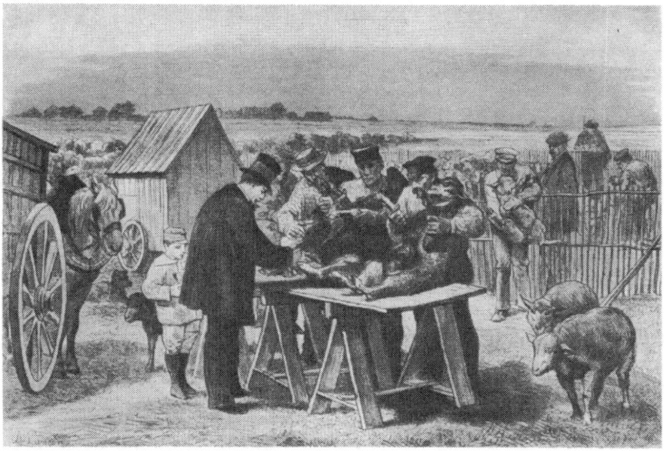

▸ 파스퇴르가 푸이 르포르 농장에서 공개 실험을 하는 광경(1881년)

한 ≪프랑스의 파스퇴르화(The Pasteurization of France)≫에서 독특한 해석을 내린 바 있다. 라투르는 파스퇴르가 세균에 대한 자신의 이론을 프랑스 전역에 확장시킨 사건은 단순히 세균에 대한 연구를 열심히 수행한 것만으로는 설명될 수 없다고 주장했다. 파스퇴르의 이론이 수용되고 백신이 만들어지고 접종이 실시되는 과정에서는 프랑스 사회를 일종의 실험실로 만들고 다양한 차원의 사람, 집단, 생명체, 사물 등을 동원하여 효과적인 행위자-연결망(actor-network)을 구성하는 작업이 필수적이었다는 것이다. 특히, 라투르는 과학의 생산, 전파, 발전 과정을 이해하기 위해서는 관련된 과학자나 이해집단과 같은 인간 행위자(human actors)뿐만 아니라 병원균이나 교통수단과 같은 비(非)인간 행위자(non-human actors)도 동일한 비중으로 다루어야 한다고 역설했다.

파스퇴르는 탄저병에 대한 대책을 세우기 위해 농촌으로 나가 현장연구를 하지 않았다. 파스퇴르가 한 일은 소들이 자유롭게 풀을 뜯는 들판에서 탄저병을 적절한 방식으로 채집하여 잘 통제된 자신의 실험실로 '번역(translation)'해 들여오는 것에서 시작되었다. 그리고 다양한 분석기법을 사용하여 탄저병의 특징을 추출해 냄으로써 그 병을 통제 가능한 상태, 즉 백신의 형태로 만들 수 있는 방법을 알아냈다. 그런 다음에야 파스퇴르는 다시 소들과 축산업자들에게로 돌아갔는데, 그 때 파스퇴르는 자신이 만든 통제된 탄저병을 플라스크에 안전하게 담아 프랑스 전역에 퍼뜨릴 준비가 되어 있었다.

파스퇴르는 자신의 이론과 플라스크가 제대로 작동하기 위해서는 프랑스의 농촌을 자신의 잘 통제된 실험실과 비슷해지도록 변화시켜야 한다는 점을 잘 알고 있었다. 놀라운 기능을 수행하는 인공물일수록 그것이 제대로 작동하기 위해서는 상대적으로 까다로운 환경을 보장해 주어야 하는 것이다. 이와 함께 파스퇴르는 프랑스 농촌의 변화를 실현하기 위해 인상적인 행사와 정치적인 수완을 발휘하여 수많은 이해집단들을 적극적으로 설득해 나갔다. 이처럼 파스퇴르는 탄저균과 축산업자를 비롯한 다양한 행위자들을 동원하면서 과학적 지식이 적절히 작동할 수 있는 일종의 연합체를 만들어 냄으로써 프랑스를 파스퇴르화시키는 데 성공할 수 있었던 것이다.[25]

---

25) 라투르에게 실험실은 지렛대와 같은 추축점(樞軸點)의 역할을 하는 것이었다. 이와 관련하여 그는 1983년에 <나에게 실험실을 달라, 그러면 세상을 들어 올리리라>라는 논문을 출간하기도 했다. 라투르는 오늘날 과학의 막강한 힘이 실험실에서 비롯되고 있다고 진단했다. 세상을 바꾸는 전략적 장소가 중세 사회에서는 성당이었고, 근대 사회에서는 공장이었다면, 현대 사회에서는 실험실이라는 것이다. 이와 동시에 그는 실험실이 다른 사회적 공간과 달리 비인간 행위자로 가득 차 있다는 점에 주목했다. 다시 말해서 라투르는 실험실에서 구성되는 인간 행위자와 비인간 행위자의 동맹이 오늘날 과학의 핵심적인 특징이며, 그것이 과학을 다른 활동과 구별해 주는 기준이 된다고 보고 있다. 라투르는 이와 같은 실험실의 기원을 파스퇴르의 사례에서 찾고 있는 셈이다.

세균학의 공리를 세우다

파스퇴르와 비슷한 시기에 전염병 예방에 크게 기여한 사람은 코흐였다. 코흐는 괴팅겐 대학에서 헨레(Jakob Henle)의 지도를 받은 후 개업의로 활동했으며, 1876년에 탄저병의 원인이 '바실루스 안트라시스(Bacillus anthracis)'라는 세균이라는 점을 밝혀냈다. 코흐는 1880년에 제국위생국의 자문역이 되면서 세균에 대한 연구를 조직적으로 추진했다. 그는 1882년에 결핵균을, 1883년에 콜레라균을 발견하는 데 성공했으며, 곧이어 그의 제자들에 의해 디프리테리아균, 파상풍균, 폐렴균, 뇌척수막염균, 이질균 등이 속속 발견되었다.

이러한 과정에서 코흐는 오늘날 세균학의 가장 기초적인 원리가 되는 '코흐의 공리(Koch's postulates)'를 정식화했다. 특정한 세균이 특정한 질병을 일으킨다는 사실을 증명하기 위해서는 다음과 같은 네 가지 단계가 필요하다는 것이었다. 첫째, 문제시되는 질병의 모든 경우에 그 세균이 발견되어야 한다. 둘째, 그 세균을 실험실에서 배양할 수 있어야 한다. 셋째, 배양한 그 세균을 실험동물에 투입했을 때 똑같은 질병이 생겨야 한다. 넷째, 그 병에 걸린 실험동물에서 다시 그 세균을 분리할 수 있어야 한다.[26)]

코흐는 세균학을 창시하고 결핵균을 발견한 공로로 1905년 노벨 생리의학상을 받았다. 파스퇴르의 업적도 노벨상 감이었지만 그는 노벨상이 시작

---

26) 코흐의 공리는 1884년에 처음 제시된 후 1890년에 공식적으로 발표되었다. 코흐의 공리를 완전히 독창적인 것으로 보기는 어렵다. 그것은 코흐의 스승인 헨레가 이전에 제안한 것을 보다 명확히 한 성격을 띠고 있었다. 헨레는 특정 생물이 특정 질병의 원인이라는 점을 입증하기 위해서는 다음의 세 가지 조건이 필요하다고 주장했다. 첫째, 특정 질병에는 기생균이 항상 존재해야 한다. 둘째, 이 기생균을 다른 생명체에서 분리해야 한다. 셋째, 분리한 기생균은 똑같은 질병을 일으킬 수 있어야 한다.

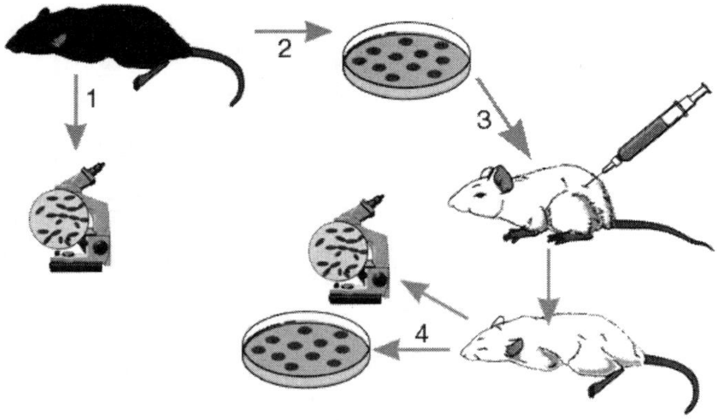

▸ 코흐의 공리에 대한 개념도

되기 전에 세상을 떠나고 말았다. 파스퇴르와 코흐는 라이벌 관계이기도 했다. 1883년에는 이집트의 알렉산드리아에 콜레라가 퍼져 유럽에 전파될 가능성이 매우 많았다. 코흐는 제자들과 함께 직접 알렉산드리아로 가서 병원체를 탐구했기 시작했다. 이에 질세라 파스퇴르도 연구진을 파견함으로써 독일 원정대와 프랑스 원정대 사이에는 소위 '학문의 전쟁'이 벌어졌다. 피를 말리는 경쟁에서 승리한 팀은 독일 원정대였다. 프랑스 팀 중에는 콜레라에 감염되어 목숨을 잃은 사람도 있었는데, 코흐는 그 사람의 빈소에 찾아가 꽃다발을 바치기도 했다.

현대의학의 문을 연 세균혁명

파스퇴르연구소가 설립되기 직전인 1888년 6월에 파스퇴르는 다음과 같이 말했다. "새로운 과학이 탄생했습니다. 그것은 독성이 있는 전염병에 대한 우리의 지식에 진정한 혁명을 가져왔습니다." 사실상 19세기 마지막 20년 동안에는 거의 해마다 중요한 감염성 질환의 비밀이 풀렸고, 인류

▸ 1920년대에 결핵의 전파를 방지하기 위해 벌어진 공공보건 캠페인의 포스터

사회는 역사상 처음으로 전염병의 원인과 경로를 올바르게 이해할 수 있었다.

≪왜 하필이면 세균이었을까≫를 쓴 월러(John Waller)는 파스퇴르의 발언을 바탕으로 '세균혁명'이란 개념을 사용했다. 세균혁명 덕분에 수술은 거의 완벽한 멸균 상태에서 진행되었고, 주요 상수도원은 염소로 소독되었으며, 유제품은 저온으로 살균되어 유통되었다. 세균의 치명적인 위협은 일반 대중에게도 큰 영향을 미쳤는데, 이들 중 일부는 히스테리에 가까운 반응을 보이기도 했다. 키스와 같은 신체적 접촉이나 옷과 이불을 함께 쓰는 일이 금기시되었으며, 성찬식에서 잔을 돌리는 것도 위험한 행위로 간주되었다.

이와 함께 일부 질병이 세균보다 더 작은 병원체를 가지고 있다는 점도 밝혀졌다. 담배로 인한 전염병에 해당하는 모자이크병은 그 대표적인 예이다. 1892년에 러시아의 식물학자인 이바노프스키(Dmitri Ivanovsky)는 모자이크병에서 얻는 액체를 필터를 통해 걸러낸 뒤에도 그 액체를 건강한 담배에 묻혀주면 병에 걸린다는 점을 밝혔다. 이로부터 6년 뒤인 1898년에는 네덜란드의 미생물학자인 베이예링크(Martinus Beijerinck)가 이바노프스키와 비슷한 실험을 하면서 문제의 병원체를 '바이러스'로 칭했다. 그 후에는 천연두, 홍역, 광견병, 출혈열, 소아마비 등도 바이러스에 의한 질병으로 확인되었다.

13

증기선

세계 최초의 상업용 증기선을 개발한 풀턴

증기선은 증기의 힘에 의해 운행되는 배로 '기선'으로 불리기도 한다. 증기선은 증기를 공급하는 보일러, 증기로 운동에너지를 얻는 엔진, 배의 추진 장치, 선체의 설계 등을 포함하는 복잡한 기술이다. 1780년대에 많은 기술자들은 증기선을 발명하면 큰돈을

▶ 세계 최초의 상업용 증기선인 노스리버 호(클러몬트 호)를 복제한 모습(1909년)

벌 수 있을 것으로 생각했다. 증기선에 대한 경쟁이 가장 치열했던 곳은 새로운 기술에 대한 열망으로 가득 찼던 미국이었다.

증기선 개발을 위한 4파전

미국에서는 럼지(James Rumsey), 피치(John Pitch), 스티븐스(John Stevens), 풀턴(Robert Fulton) 등이 증기선에 도전했다. 럼지는 1784년과 1785년에 증기선에 대한 설계로 특허를 받았지만, 실제로 증기선을 만드는 데에는 성공하지 못했다. 피치는 1785년에 증기선의 모형을 만든 후 1787년에 특허를 받았고 같은 해에 시험 운행에 성공했다. 그는 델라웨어 강에서 증기선 운항을 시작했지만, 자본과 기술의 부족으로 1790년에 파산하고 말았다. 스티븐스는 1791년에 증기선에 대한 설계로 특허를 받은 후 그것의 상업적 활용을 모색하고 있었다. 결국 세계 최초로 상업용 증기선을 개발한 공로는 1807년에 증기선으로 허드슨 강을 정기적으로 운항했던 풀턴에게로 돌아갔다.[27)]

재봉사의 아들로 태어난 풀턴은 보석세공인 밑에서 도제 생활을 한 후 한 동안 화가로 일했다. 그는 23세에 새로운 것을 배우고 싶다는 마음으로 영국으로 건너갔고, 거기서 기계발명에 관심을 가지게 되었다. 풀턴은 영국 최초로 내륙 운하를 건설했던 브리지워터 공작(Duke of Bridgewater

---

27) 증기선은 미국이 보다 본격적인 산업화의 길로 접어들 수 있는 중요한 계기로 작용했다. 증기선은 당시로서는 매우 복잡한 기계였고, 증기선을 통해 미국 사회에서는 기계에 대해 체계적인 훈련을 받은 기술자들이 등장하기 시작했다. 그들은 미국의 제1세대 기계기술자 집단을 형성하면서 증기선에서 시작한 후 방적기, 공작기계, 재봉틀, 수확기 등으로 자신의 영역을 확대했다. 그 결과 미국의 기술은 19세기 중엽을 전후하여 영국을 비롯한 유럽에 대한 의존에서 벗어나 자체적으로 성장할 수 있는 인적 자원을 확보할 수 있었다.

▸ 증기선을 최초로 상업화한 로버트 풀턴(1765~1815)

을 알게 되었으며, 그와 운하에 대해 논의할 수 있는 기회를 가졌다. 그것이 계기가 되어 풀턴은 운하에 대해 연구하기 시작했으며, 그 결과는 1796년에 <운하 항해의 개선에 관한 논고>라는 책자로 발간되었다.

풀턴의 책자에 큰 관심을 보인 곳은 프랑스였다. 프랑스 정부는 풀턴을 초청하여 그가 제안한 운하 방식을 활용하려 했다. 풀턴은 1797년부터 파리에 머물면서 각종 기술적 문제에 대한 자문을 제공했다. 자연스럽게 그는 나폴레옹도 알게 되었고 탁월한 사교술 덕분에 나폴레옹의 신임도 얻었다.

풀턴은 프랑스 정부에 잠수함을 제작할 것을 건의했다. 잠수함이 영국 전투함의 선체 밑에서 서행하면서 폭탄을 설치할 수 있다는 것이었다. 1800년에 그는 나폴레옹의 지원을 바탕으로 노틸러스(Nautilus)로 불린 원시적 형태의 잠수함을 제작했다. 노틸러스 호는 3시간 동안 잠수하는 데 성공했으나 속도가 너무 느려 군용으로 쓰기에는 적합하지 않았다.

노틸러스는 1954년에 세계 최초로 진수된 원자력 잠수함의 이름으로 채택된 바 있다.

증기선의 시대를 개막하다

때마침 풀턴은 프랑스 주재 미국 대사로 있었던 리빙스턴(Robert Livingston)을 알게 되었다. 리빙스턴은 미국의 독립선언서 초안을 작성하는 데 참여했던 사람으로 프랑스로 가기 전에 뉴욕 시의 증기선 운항에 대한 독점권을 가지고 있었다. 풀턴은 리빙스턴의 지원을 바탕으로 증기선에 대한 연구에 몰입했고, 1803년에 보나파르트(Bonaparte) 호로 명명된 증기선을 제작할 수 있었다. 그 배에는 8마력의 기관이 설치되어 있었으며 선체 길이는 20m에 달했다. 풀턴은 자신의 증기선을 센 강에 띄웠지만, 선체가 너무 약해서 금방 부서지고 말았다.

풀턴은 1806년에 미국으로 돌아와 리빙스턴의 지원으로 계속해서 증기선을 연구했다. 당시에 리빙스턴은 1만 5천 달러의 정부 보조금을 받아내기도 했다. 드디어 1807년 8월 11일에는 풀턴이 제작한 노스리버(North River) 호가 모습을 드러냈다. 배의 길이는 43m였고 용적은 150톤에 달했다.

노스리버 호는 허드슨 강을 따라 뉴욕과 올바니를 왕복으로 운항했다. 뉴욕에서 올바니까지 240km의 거리를 가는 데에는 32시간이 걸렸고, 다시 돌아오는 데에는 30시간이 걸렸다. 당시에 범선으로 같은 거리를 항해하는 데 4일이 걸렸다는 점을 감안한다면, 노스리버 호는 약 3배의 빠른 속도로 운항을 한 셈이었다. 이러한 노스리버 호의 운항은 "증기선의 시대"를 개막한 사건으로 평가되고 있다.

한 통신원은 노스리버 호에 대한 인상을 다음과 같이 적었다. "그 괴상한

▸ 1803년 9월 9일에 풀턴의 증기선 실험이 있었던 장소와 명판

배는 놀랍게도 아주 빠른 속도로 우리 배에 다가왔다. 그 배는 굉장한 소음을 내면서 너무 가까이 다가왔다. 많은 사람들이 갑판 아래로 숨거나 물가로 뛰어들었다. 그러지 못한 사람들은 늠름하게 파도 위를 나아가며 타오르는 불꽃으로 길을 밝히는 무시무시한 괴물로부터 자신을 구해 달라고 기도할 뿐이었다."

풀턴은 배가 정박할 수 있는 선창을 건설하고 배의 객실에 침대를 설치한 후, 1807년 9월부터 상업적인 운항을 시작했다. 노스리버 호는 승객과 경량의 화물을 적재하고 뉴욕과 올바니 사이를 격주로 3회 동안 운항했다. 그러나 아직도 해결해야 문제들이 많이 남아 있었다. 1807년 말에 풀턴은 선체 중에 강도가 약한 부분을 보완했고, 외륜 주위에 방호장치를 설치했으며, 승객의 수용능력을 증가시켰다. 이런 식으로 새롭게 개선된 배는 클러몬트(Clermont) 호로 불리게 되었다.

대서양을 횡단한 증기선

1810년에는 풀턴의 배 3척이 허드슨 강과 래리턴 강에서 운항되고 있었다. 그의 증기선은 기존의 범선을 대체하여 뉴욕, 보스턴, 필라델피아를 성공적으로 횡단했다. 당시에 풀턴은 선미와 선수를 똑같은 형태로 만듦으로써 선박이 회항(回航)을 위해 회전할 필요가 없도록 했다. 이어 1811년에는 풀턴의 배가 피츠버그에서 건조되어 미시시피 강에 투입됨으로써 미국의 증기선 운항은 동부 연안을 넘어 중부 지역으로 확대되기 시작했다. 풀턴은 1812년에 세계 최초의 증기군함으로 평가되는 데몰로고스(Demologos)를 설계하기도 했다.

이와 비슷한 시기에 스티븐스도 증기선 운항에 동참했다. 그의 증기선은

▶ 풀턴이 설계한 증기군함인 데몰로고스의 진수 광경에 관한 삽화(1814년)

1809년에 델라웨어 강에서, 1813년에는 코네티컷 강에서 운항되었다. 1820년이 되면 미국 동부 연안의 거의 모든 하천에서 증기선이 운항되었고, 오대호 지역과 서부의 강에서도 증기선이 자리를 잡았다. 특히 서부의 강에는 얕은 곳이 여럿 있어 용골이 깊은 범선은 사용될 수 없었기 때문에 처음부터 증기선이 우위를 점했다. 이와 함께 1820년대에는 물갈퀴 모양의 추진기 대신에 프로펠러 모양의 스크루가 증기선의 동력장치로 사용되기 시작했다.

1824년에는 기번스 대 오그던(Gibbons v. Ogden) 판결이 이루어져 증기선 운항에 대한 풀턴과 리빙스턴의 독점이 막을 내렸다. 이로써 미국 사람들은 매우 저렴한 가격으로 증기선을 사용할 수 있었다. 그 판결은 연방정부가 주들 사이의 운송을 규제하는 통로를 열어주었다는 역사적 의의도 가지고 있다. 증기선은 또한 공공의 안전을 위해 특정한 산업을 규제하는 매개물이 되기도 했다. 1825~1830년에는 42건의 증기선 폭발 사고가 발생하여 273명이 목숨을 잃는 상황이 빚어졌다. 이를 계기로 필라델피아의 프랭클

▶ 세계 최초의 철제 증기선인 그레이트 브리튼 호

린 연구소(Franklin Institute)를 중심으로 증기선 보일러를 규제하기 위한 입법 운동이 시작되었고, 1838년 미국 의회는 연방판사가 임명한 검사관이 증기선 보일러를 1년에 두 차례씩 점검하는 조치를 취했다.

증기선의 사용이 확대되면서 많은 기술자들은 증기선으로 대서양을 횡단하는 꿈을 가졌다. 그것은 1838년에 영국에서 만들어진 두 척의 증기선에 의해 실현되었다. 로버트 멘지 사(Robert Menzies & Sons)가 제작한 시리우스(Sirius) 호와 아이삼바드 킹덤 브루넬(Isambard Kingdom Brunel)이 설계한 그레이트 웨스턴(Great Western) 호가 그것이다. 이어 1845년에는 브루넬이 만든 그레이트 브리튼(Great Britain) 호가 대서양을 횡단했는데, 그 배는 철로 만들어진 선체에 스크루 프로펠러를 장착하고 있었다.[28]

범선에서 증기선으로의 전환

범선에서 증기선으로의 전환은 쉽게 이루어지지 않았다. 선주들은 "바람은 아무리 이용해도 무료인데, 무엇 때문에 추진력을 얻기 위해 돈을 지불해야 하는가" 라는 의문을 가졌다. 이와 함께 그들은 화물을 적재해야 할 공간이 대형 엔진과 그것을 돌리기 위한 막대한 양의 석탄으로 대체되는 것도 문제라고 생각했다.

선원들은 다른 이유에서 증기선을 반기지 않았다. 범선에는 매우 다양한

---

28) 2002년 11월에 BBC 방송은 영국 역사를 대표하는 인물 100인을 선정하는 여론조사를 실시했다. 우리에게도 매우 친숙한 윈스턴 처칠이 1위를 차지했다. 흥미롭게도 2위로 선정된 인물은 아이삼바드 킹덤 브루넬이었다. '테크놀로지의 계관시인'이란 찬사를 받고 있는 헨리 페트로스키(Henry Petroski)는 ≪이 세상을 다시 만들자≫에서 브루넬을 19세기 영국의 최고 엔지니어로 평가했다. 브루넬은 터널, 교량, 철도, 조선 등 당시의 거의 모든 기술적인 작업에서 설계자, 경영자, 사업가의 역할을 포괄적으로 수행했다. 그의 이름은 런던에 소재한 연구 중심의 공립대학인 브루넬 대학교에도 남아 있다. 그의 아버지인 마크 아이삼바드 브루넬(Marc Isambard Brunel)도 유명한 엔지니어였다.

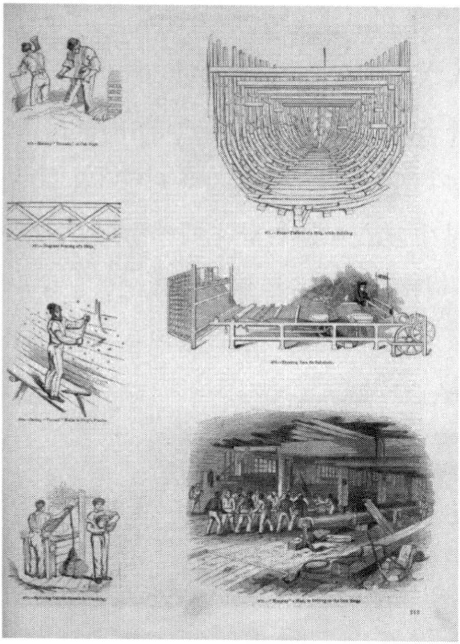

▸ 선박의 제작 과정을 묘사한 그림(1858년)

형태가 있었으며, 선원들의 기량에 따라 그 성능이 좌우되었다. 사실상 선원들은 범선과 생사고락을 함께 할 정도로 깊은 애정을 갖고 있었다. 이에 반해 증기선은 기계에 의해 배의 성능이 미리 결정되었기 때문에 선원들은 증기선을 수용하는 데 상당한 거부감을 보였다.

그러나 증기선의 성능이 지속적으로 개선되면서 범선이 설 자리는 더욱 좁아졌다. 무풍지대로 들어가면 며칠씩 거의 움직이지 못하는 범선과 달리 증기선은 운항이 확실하게 보장되었다. 또한 증기선은 바람이 부는 방향에 따라 지그재그로 움직이지 않고 목적지를 향해 곧바로 나아갈 수 있었다. 범선과 달리 상류를 거슬러 올라갈 때 원하는 속도를 유지할 수 있다는 점도 증기선의 중요한 장점이었다. 결국 증기선이 개발된 지 100년이 지난 후에는 범선이 거의 자취를 감추게 되었다.

홍미로운 점은 범선이 오대양을 누비던 300년 동안의 전성기보다 증기선이 출현한 이후 50년 동안에 범선의 성능이 비약적으로 향상되었다는 사실이다. 감당하기 힘든 새로운 경쟁자가 나타나면 살아남기 위해 필사적인 노력을 기울이기 때문에 전례 없던 개선이 이루어지는 것이다. 그러나 이러한 노력으로 해당 기술의 수명을 얼마간 연장할 수는 있지만 결국에는 다음에 등장하는 기술에 자리를 내주게 된다. 이러한 현상은 '범선효과(sailing ship effect)'로 불리고 있다.

제국주의의 도구가 된 증기선

증기선이 서양인에게 편리한 교통수단이었다면, 동양인에게는 억압과 굴욕의 무기였다. 1840년에 시작된 아편전쟁을 위해 영국은 네 척의 네메시스(Nemesis) 호를 보냈다. 네메시스 호의 포탄 몇 방에 청나라의 정크선은 허무하게 무너지고 말았다. 한 척의 네메시스 호가 15척의 정크선을 제압한 일도 있었다. 영국의 전투 병력이 신속하게 중국의 내륙지방에 침투할 수 있었던 것도 양쯔 강 대운하를 타고 운항한 증기선 덕분이었다.

1853년에는 미국의 페리 함대가 일본을 위협했다. 검게 칠해진 선체에 검은 연기를 뿜어내는 흑선(黑船)은 그야말로 공포의 대상이었다. 이에 놀란 일본인들은 미국의 개항 요구를 받아들이지 않을 수 없었다. 조선의 경우에도 1866년의 병인양요와 1871년의 신미양요를 통해 증기군함의 위력을 실감할 수 있었다. 당시에 홍선대원군의 지시로 세 척의 증기선에 대한 실험이 전개되었지만, 실제로 사용하기에는 역부족이었다.

홍미로운 점은 일본이 올챙이 시절을 모르는 개구리가 되었다는 사실이

▸ 네메시스 호가 중국의 정크선과 전투를 벌이는 장면(1841년)

다. 일본은 19세기 후반에 들어와 서양의 과학기술을 따라잡는 데 열을 올렸다. 그 결과 일본은 개항 10여 년 만에 증기선을 자체적으로 생산하기에 이르렀다. 일본은 1875년에 윤요 호를 강화도에 보내 무력시위를 벌였다. 일찍이 미국에 당한 방식 그대로 조선의 개항을 강요했던 것이다.

12

수확기
농업 기계화를 이끈 최고의 발명품

19세기에 들어와 본격적으로 진행된 미국의 산업화는 제조업의 성장과 함께 농업의 혁신을 수반했다. 당시 미국의 농부들은 서쪽으로 토지를 개척해 나가는 것은 물론 효과적인 농경기법을 개발하고 새로운 농기계를 도입하는 데 적극적인 자세를 보였다. 특히 미국에서는 유럽에 비해 농업의 기계화가 빠른 속도로 진행되었는데, 그것을 선도한 기계는 사이러스 매코믹(Cyrus McCormick, 1809~1884)이 1831년에 발명한 수확기(reaper)였다. 매코믹의 수확기는 농업을 변화시켰던 19세기 발명품 중에 가장 중요한 것으로 평가되고 있다.

수확기에 도전한 매코믹 부자

사이러스 매코믹에 앞서 수확기에 도전한 사람은 그의 아버지 로버트 매코믹(Robert McCormick)이었다. 로버트는 노예를 소유할 정도로 커다란 농장을 운영하고 있었고, 버지니아 주의 월넛 그로브에 제분소와 제재

▸ 매코믹의 수확기를 판촉하기 위한 카탈로그

소도 소유하고 있었다. 그는 제대로 된 수확기를 만들기 위해 무려 28년을 투자했지만, 원하는 결과를 얻지 못했다. 1830년에 로버트는 20세가 된 아들에게 재산의 일부를 물려주면서 수확기에 관한 기술도 전수해 주었다.

사이러스는 밤낮으로 연구에 몰두한 결과, 1831년 여름에 자신의 첫 번째 수확기를 설계할 수 있었다. 그 기계는 말이 낟알을 짓밟지 못하도록 한쪽 면에 샤프트를 달았고, 절단기 앞에는 커다란 회전 릴을 부착하여 쓰러진 곡식포기를 일으켜 놓도록 설계되었다. 또한 곡식포기를 벤 후에도 릴을 계속 회전시켜 곡식포기를 뒤쪽 지대에 쏟아 놓도록 조치했다. 이와 함께 한 사람이 기계 옆을 따라가면서 가래질을 하면, 다른 한 사람은 그 뒤를 따라가면서 곡식포기를 단으로 엮도록 했다. 사이러스는 몇 차례의 보완을 거쳐 수확기에 대한 특허를 출원했고, 1834년 6월 21일에 특허를 받았다.

▸ 수확기 사업에 평생을 바친 사이러스 매코믹

허시와의 공개 시합

당시에 매코믹의 수확기는 치열한 경쟁관계에 직면해 있었다. 가장 강력한 경쟁자는 선원 출신의 기술자인 허시(Obed Hussey)였다. 그는 1833년에 초보적인 수확기를 만든 후 이를 계속 개선하여 전국적인 홍보를 벌여 나갔다. 그러나 허시의 기계는 수확기라기보다는 제초기에 가까운 것이었다. 허시의 기계는 풀을 번듯하게 잘 깎았지만, 곡식을 수확할 때에는 성능이 떨어졌다. 1843년에 두 경쟁자는 대중 앞에서 대결을 벌이기도 했는데, 매코믹은 17에이커(1에이커는 약 4,047제곱미터에 해당한다)의 곡식을 수확한 반면, 허시는 2에이커만을 수확하는 데 그쳤다.

같은 해 10월에 매코믹은 자신과 동업하는 조건으로 수확기 특허권을 팔겠다는 광고를 냈다. 장기 라이선스 계약을 통해 수확기 판매고를 늘여보자는 전략이었다. 이를 통해 매코믹 수확기의 판매 대수는 1843년 29대, 1844년 50대로 증가하는 추세를 보였다. 하지만 매코믹이 특허권을 판매한

▸ 허시의 수확기로 풀을 깎는 광경

기업들을 일일이 감독하는 것은 쉬운 일이 아니었으며, 생산업체들이 제대로 된 품질을 유지하지 못하는 경우도 생겨났다.

당시의 농부들은 수확기를 신기하게 여겼지만, 그것을 구매하는 데에는 적극적이지 않았다. 수확기 1대의 가격은 약 100달러인데, 수확기를 사용해서 그만큼 이익을 얻을 수 없다고 판단했던 것이다. 게다가 당시에는 아직 수확기가 완전하지 않아 몇 번 사용하면 망가지는 경우도 제법 있었다. 매코믹은 수확기의 판로를 개척하는 일과 함께 수확기의 성능을 개선하는 작업도 지속적으로 추진했다. 그 결과 매코믹은 이전보다 훨씬 우수한 수확기로 1845년 1월 31일에 두 번째 특허를 받을 수 있었다.[29)]

---

29) 사실상 1840년대만 해도 수확기를 사용하는 것은 그다지 경제적이지 않았다. 미국의 저명한 경제사학자 데이비드(Paul David)의 계산에 따르면, 수확기를 효과적으로 사용하기 위해서는 농토의 크기가 최소한 46.5에이커는 되어야 했다. 그 이상의 면적에서 일하는 사람들은 수확기에 대한 투자를 가치 있는 것으로 여겼지만, 나머지 사람들은 여전히 낫으로 직접 수확하는 과거의 방식을 선호했다. 수확기는 1850년대 중반이 되어서야 경제적 의미를 가질 수 있었다. 노동력 비용이 상승하고 농장의 크기가 증가하는 데 비해 수확기의 가격은 변함이 없자 수확기 사용이 경제성을 얻게 되었던 것이다.

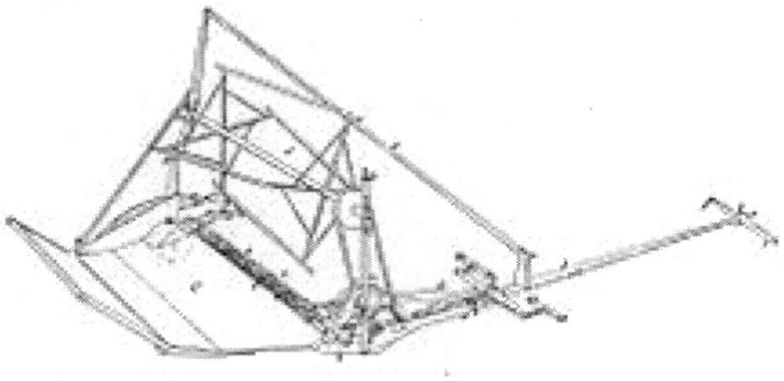

▸ 매코믹의 수확기 특허에 대한 스케치(1845년)

전국적 판매망의 구축

1846년에 들어와 매코믹은 수확기 사업이 더 이상 가내 수공업의 단계에 머물러서는 안 된다고 판단했다. 매코믹의 가족들도 이에 동조하면서 수확기의 잠재적 고객과 가까운 서부 지역으로 사업의 거점을 옮겨야 한다는 결론을 도출했다. 당시 미국 사람들은 멕시코와의 전쟁으로 확보한 서부의 광활한 땅을 본격적으로 개관하기 시작했던 것이다.

매코믹은 1847년에 동생인 린더(Leander)와 함께 시카고로 갔다. 시카고에서 매코믹은 이전에 특허권을 판매했던 그레이 앤 워너(Gray & Warner) 사와 합작하여 1848년에 수확기 생산에 특화된 공장을 차렸다. 그러나 매코믹과 그레이는 금융 문제로 사이가 벌어졌고, 결국 매코믹이 회사의 유일한 소유주가 되었다. 이를 바탕으로 1849년에는 사이러스 매코믹 형제(Cyrus H. McCormick and Brothers) 사가 출범했으며, 매코믹의 또 다른 동생인 윌리엄(William)도 합류했다. 매코믹은 말년에 1847년의 선택에 대해 다음과 같이 회고했다. "나는 정든 버지니아를 사랑한다. 그러나 그 곳에 계속 남아 있었다면 우리의 사업은 실패하고 말았을 것이다."

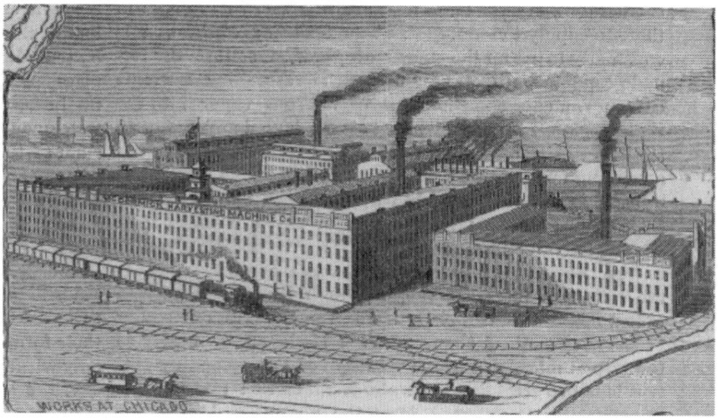

▸ 매코믹의 새로운 사업기지가 된 시카고 공장의 전경

매코믹은 수확기의 판매를 늘리기 위해 혁신적인 두 가지 제도를 도입했다. 첫째는 특약대리점(franchise) 제도였다. 회사가 판매 대행업자를 고용해 특정 지역을 완전히 책임지도록 한 다음 수수료를 챙기는 방식이었다. 특약대리점은 고객에게 기계의 성능과 사용법을 알리는 것은 물론 기계의 수리에 대한 서비스를 담당했다. 둘째는 할부(installment) 제도였다. 매코믹은 고객으로 하여금 먼저 기계를 사용하게 한 뒤 나중에 돈을 받는 방법을 시도했다. 그것은 훗날 미국식 사업의 특징으로 자리 잡은 고객 중심 서비스의 시초가 되었다.

"낫의 시대는 갔다"

1851년에는 세계 최초의 박람회가 영국 런던의 수정궁에서 개최되었다.[30] 세계 각국의 기업가들과 기술자들은 수정궁 박람회를 통해 자기,

30) 오늘날 국제박람회기구(Bureau of International Exposition, BIE)가 공인하는 박람회에는 등록 엑스포(registered exhibitions)와 인정 엑스포(recognized exhibitions)가 있다. 등록

직조기, 자물쇠, 재봉틀, 소총, 권총 등을 포함한 수백 가지의 제품을 선보였다. 당시에 매코믹은 자신의 수확기를 출품하여 허시를 비롯한 경쟁자를 물리치고 금메달을 받았다. 당시의 ≪런던 타임스≫는 매코믹의 수확기에 대해 "그 기계는 박람회에 소요되는 총 비용과 맞먹을 만큼의 가치가 있다"고 극찬했다. 급기야 1854년 8월에 ≪펜실베이니아 농가 저널≫은 "이제 낫이 사용되던 시대는 갔다."고 선언했다.

매코믹 수확기의 연간 생산대수는 1851년 1,004대에서 1859년 4,119대로 8년 사이에 4배 이상 증가했다. 이에 반해 기계 1대 당 생산비용은 1853년 56.92달러에서 1859년 46.58달러로 감소했다. 이를 바탕으로 매코믹은 수확기의 가격을 계속해서 100달러 정도로 유지했고, 매코믹 수확기를 사려고 하는 고객은 점점 늘어났다. 그 결과 1860년이 되면 미국 서부지역의 농민 중 약 70%가 매코믹 수확기를 사용하게 되었다.

수확기의 도움으로 미국의 밀 생산량은 1849년 약 1억 부셸(미국에서는 밀 1부셸이 60파운드, 약 27.2kg에 해당한다)에서 1860년 약 2억 부셸로 급증했다. 또한 수확기는 노동력 절감 효과도 가져와 적은 인력으로도 많은 양의 곡식을 생산할 수 있었다. 이전에는 6명의 농부가 하루 종일 일을 해야 2에이커의 밀을 수확할 수 있었던 반면, 매코믹의 기계를 사용하면 2명이 하루 동안 10에이커를 수확할 수 있었다. 수확기의 확산을 배경으로 1830년에 70%에 육박했던 미국의 농업 인구는 1860년에 59%로 감소했다.

엑스포는 인류 활동의 광범위한 부분에 걸쳐 달성된 진보를 다루며, 개최 주기는 5년, 기간은 6개월이다. 인정 엑스포는 인류 활동 중 특정 부분을 주제로 선정해 개최되는데, 등록 엑스포 사이 기간에 1회 허용되고 개최 기간은 3주 이상이다. 우리나라에서 개최된 1993년 대전 엑스포와 2012년 여수 엑스포는 인정 엑스포였다. 등록 엑스포의 경우에는 2010년에 상하이, 2015년에 밀라노, 2021년에는 두바이에서 개최되었으며, 우리나라의 경우에는 2030년에 부산에서 개최하려는 움직임이 일고 있다.

▸ 1860년대 버지니아 주에서 사용된 매코믹의 수확기

1861~1865년에 남북전쟁이 전개되는 동안 수확기는 북군에게 결정적인 도움을 주었다. 북군이 관할하던 지역에는 수백만 명의 노예를 대신할 수 있는 수확기가 충분히 확보되어 있었다. 덕분에 북군은 군대를 소집하거나 식량을 공급받는 데 큰 어려움을 겪지 않았다. 당시에 스탠턴(Edwin Stanton) 장군은 매코믹에게 다음과 같은 편지를 보냈다. "북쪽에서 수확기는 남쪽의 노예들이 하는 일을 대신하고 있소. 그것은 젊은 군인들의 농사일을 덜어 줌으로써 그들이 국가를 위해 전쟁터에서 싸울 수 있도록 하고 있소. 더욱이 수확기는 국가와 군대에 양식을 공급하고 있다오."

계속되는 수확기의 혁신

19세기 후반에는 수확기를 둘러싼 혁신이 꼬리에 꼬리를 물고 이어졌다. 곡물을 단으로 묶는 것을 손쉽게 해주는 개량수확기(harvester), 곡물을 자동으로 묶어주는 자동바인더(self-binder), 증기기관으로 움직이는 트랙

터에 해당하는 콤바인(combine) 등이 그것이다. 그밖에 자동으로 풀을 잘라 묶는 기계가 도입되어 건초를 만드는 작업이 수월해졌고, 열처리를 한 강철 쟁기 덕분에 진득하고 습한 토양에서도 쟁기질이 가능해졌다.

이러한 혁신의 결과 1900년경 미국의 농업은 40년 전에 비해 월등하게 높은 생산성을 보였다. 미국에서 밀을 재배하는 경지면적은 1866년에 1,500만 에이커 정도였지만, 1898년이 되면 4,400만 에이커로 증가했다. 같은 기간에 농부들이 1에이커 당 수확하는 밀의 양은 9.9부셸에서 15.3부셸로 거의 2배가 늘어났다. 미국 전체의 밀 생산량도 1억 5,200만 부셸에서 6억 7,500만 부셸로 급증했다.

1870년대에 들어와 매코믹 사는 커다란 두 가지 변화를 겪었다. 새로운 공장을 건설하고 해외 시장을 개척했던 것이다. 1871년 10월에 발생한 시카고 대화재로 공장이 파괴되자 매코믹은 이전보다 10배나 큰 규모의 공장 건설을 추진하여 1873년 2월에 준공했다. 또한 1875년부터 매코믹 사는 캐나다, 호주, 뉴질랜드, 아르헨티나 등지에서 수확기에 대한 시장을 확보하는 데 성공했다.

▸ 매코믹의 수확기와 자동바인더가 결합되어 수확을 하는 광경(1884년)

1879년에는 기업명이 매코믹 하비스팅 머신(McCormick Harvesting Machine) 사로 바뀌면서 매코믹의 큰 아들인 사이러스 주니어도 수확기 사업에 참여하기 시작했다. 매코믹은 말년에도 수확기 사업을 거들다가 1884년에 세상을 떠났다. 그로부터 18년이 지난 1902년에 매코믹 하비스팅 머신 사는 디어링 하비스터(Deering Harvester) 사와 통합되어 인터내셔널 하비스터(International Harvester, IH)라는 세계적인 농기계업체로 거듭났다. 인터내셔널 하비스터는 농업용 기계에 이어 건설용 기계, 트럭, 버스 등으로 사업을 확장하다가 1986년에 나비스타 인터내셔널(Navistar International)로 변경되면서 트레일러에 집중하고 있다.

13 고무
굿이어의 가황법과 인조고무의 탄생

오늘날 가장 널리 사용되는 유기소재로는 고무를 들 수 있다. 고무에는 자연 상태에서 얻어지는 천연고무와 인공적으로 만들어지는 인조고무가 있다. 인조고무를 만드는 방법에는 천연고무에 다른 화학물질을 추가하는 방법과 몇몇 화합물을 합성하여 고무를 만드는 방법이 있는데, 후자는 합성고무로 불린다. 이 중에서 기술의 영역에 해당하는 것은 합성고무를 포함한 인조고무이다. 기술은 인공물(artifact), 즉 인간이 만든 물체를 대상으로 삼기 때문이다. 고무가 기술의 영역으로 진입하는 데에는 찰스 굿이어(Charles Goodyear, 1800~1860)의 역할이 컸다. 그의 이름은 오늘날에도 굿이어 타이어(Goodyear tire)를 통해 계속 남아 있다.

옛날 사람들은 고무를 어디에 썼을까?

인류가 고무를 사용한 역사도 3,500년이 넘는다. 기원전 1600년경에

▸ 굿이어 타이어에 관한 광고(1916년)

중앙아메리카의 원주민들은 고무나무에서 추출한 유액(乳液)을 말려 사용했다. 그것은 고고학적 유물에 의해 확인된 사실이지만, 당시 고무의 용도가 무엇이었는지는 명확하지 않다. 기원전 500년경 이집트에서는 아카시아고무에서 추출한 코미(Komi)를 사용했는데, 그것은 오늘날에도 사용되고 있는 아라비아고무(gum Arabic)의 기원에 해당한다. 이집트 사람들은 고무의 추출액을 접착제로서만 아니라 미라의 방부처리에도 사용했다고 한다.

유럽 사람들이 고무에 접한 것은 15세기 말에 있었던 일로 알려져 있다. 신대륙을 발견한 것으로 유명한 콜럼버스(Christopher Columbus)는 1493년에 서인도제도로 두 번째 항해를 떠났다. 아이티 섬에 머무는 동안 콜럼버스

▸ 고무나무에서 유액을 받아내는 광경

일행은 원주민들이 파라고무나무(Hevea brasiliensis)의 유액으로 만든 공을 가지고 게임을 하는 것을 보았다. 당시 유럽에서는 실을 감아서 만든 공을 사용하고 있었는데, 아이티 원주민들이 사용하는 공은 유럽 공에 비해 더욱 가볍고 높이 튀어 올랐다. 이후에 파라고무나무에서 나오는 유액은 라텍스(latex)로 불렸다.

지우개와 우비에 사용된 천연고무

콜럼버스 일행을 통해 유럽에 고무가 전래되었지만, 18세기가 되어서도 별다른 상품 가치가 없었다. 몇몇 사람들이 고무에 대한 실험을 하는 가운데 1770년에 영국의 화학자 프리스틀리(Joseph Priestley)는 고무의 새로운 용도를 알아냈다. 그는 고무가 "종이에 연필로 쓴 자국을 지워버리는 목적에 매우 적합하다."고 지적한 후 한 변이 3센티미터인 입방체가 "값은 3실링인데 몇 해 동안 쓸 수 있을 것이다."고 평가했다. 오늘날 고무에

▸ 매킨토시 레인코트를 묘사한 그림

해당하는 영어 단어인 러버(rubber)도 '문지르다'를 뜻하는 럽(rub)에서 유래되었다.[31)]

1783년 프랑스에서는 고무가 하늘을 나는 데 사용되기도 했다. 당시에 프랑스의 과학자 샤를(Jacques Charles)이 수소로 작동하는 열기구를 제작

31) 조지프 프리스틀리는 지우개 이외에도 소다수, 아산화질소, 산소 등을 발견 혹은 발명했던 다재다능한 과학자였다. 그가 1765년 버밍엄에 설립된 루나협회(Lunar Society)의 회원으로 활동했다는 점도 주목할 만하다. 루나협회의 회원으로는 영국 토목공학의 아버지로 불리는 존 스미튼(John Smeaton), 찰스 다윈의 할아버지로 진화 사상을 조기에 수용한 이래즈머스 다윈(Erasmus Darwin), 도자기 산업을 일구어낸 조사이어 웨지우드(Josiah Wedgwood), 증기기관을 개량하고 널리 보급한 제임스 와트(James Watt)와 매튜 볼튼(Matthew Boulton), 당대 최고의 천문학자인 윌리엄 허셜(William Herschel) 등이 있었다. 루나협회와 같이 산업혁명의 시기에 설립된 지역단체들은 오랫동안 별개로 활동해 왔던 과학자와 기술자의 인적 연결이 이루어질 수 있는 매개물로 작용했다. 과학자와 기술자의 교류가 빈번해지면서 두 집단이 서로의 문제를 실질적으로 이해하면서 상당한 동질성을 갖게 되었던 것이다. 그것은 다윈 가문과 웨지우드 가문이 사돈을 맺었다는 점에서 단적으로 드러난다.

하면서 가스가 새지 않도록 고무로 칠한 천을 사용했던 것이다. 1803년에는 세계 최초의 고무공장이 파리에 세워졌다. 그 후 고무의 용도는 의료 기구에 사용되는 고무관, 옷을 졸라맬 때 쓰는 고무띠, 방수 기능을 가진 고무구두 등으로 확대되기 시작했다.

이어 1823년에는 영국의 화학자 매킨토시(Charles Macintosh)가 인도산 천연고무로 우비(raincoat)를 만들었다. 두 장의 천 사이에 천연고무를 발라 열로 압착시키는 방식이었다. 매킨토시의 우비는 훌륭하게 빗물을 막았기 때문에 빗속에서 작업하는 사람들의 대표적인 옷감이 되었다. 이것이 영국의 레인코트 전문점 '매킨토시(Mackintosh)'의 유래이며, 매킨토시는 영국에서 레인코트의 대명사로 불릴 정도로 유명해졌다. 원래 매킨토시의 영어 철자에는 k가 없었는데, 2000년대 초에 들어갔다고 한다.

고양이 덕분에 탄생한 고무 가황법

천연고무를 넘어 인조고무의 시대를 연 사람은 미국의 발명가 굿이어였다. 1839년 어느 날, 굿이어는 고무에 대한 실험을 하다가 고무덩어리를 실험실 책상 위에 두고 점심을 먹으러 갔다. 식사를 마치고 실험실에 돌아왔을 때 고양이 한 마리가 그의 책상 위에서 고무덩어리를 가지고 놀고 있었다. 굿이어가 고양이를 쫓아내려고 하자 고양이는 책장 위에 있던 캔 하나를 뒤집어엎으면서 문틈을 통해 도망쳤다. 캔의 내용물이 고무덩어리 위에 쏟아졌고 고무는 흰 가루로 범벅이 되었다.

오전 내내 공들여 만든 고무덩어리가 무용지물이 되자 너무 화가 난 굿이어는 옆방에서 기웃거리던 고양이를 향해 고무덩어리를 집어던졌다. 고양이는 다시 도망을 쳤고 고무덩어리는 난로 위에 떨어졌다. 굿이어는

▸ 가황법으로 인조고무의 시대를 연 굿이어

난로의 열에 그을린 고무덩어리를 바라보다가 깜짝 놀랐다. 어떤 방법을 동원해도 끈적거리기만 하던 고무덩어리가 마치 살아있기라도 한 듯 탄력이 생겼고 광택까지 나는 것이 아닌가!

곧바로 실험실 책상으로 돌아온 굿이어는 캔의 이름표를 보았다. 분말유황이었다. 고무와 분말유황의 조합은 그가 이전에도 시도했지만, 그것을 가열하는 작업은 생각지도 못했다. 굿이어는 천연고무, 유황, 가열의 조합에서 힌트를 얻어 가황고무를 만드는 실험에 몰두했다. 그 결과 천연고무를 안정화시키는 적당한 온도와 가열시간, 고무와 유황의 비율을 완벽하게 결정했다. 이를 바탕으로 굿이어는 1844년에 가황법(vulcanization, 불의 신인 '불칸'의 이름을 땄다)으로 특허를 받았다.

굿이어는 가황법과 같은 우연한 발명이 가진 성격에 대해 다음과 같이 썼다. "나는 벌써부터 탄력성의 고무를 만든다는 목표를 달성하기 위해 노력하고 있었다. 때문에 그 목표와 조금이라도 관계있는 것은 무엇이든 나의 주의에서 벗어날 수 없었다. 그것은 뉴턴에게 있어 사과의 낙하와 마찬가지이다. 매우 엉뚱한 사건도 그 사건으로부터 추론을 꺼낼 준비가 되어 있는 정신을 가진 사람에게는 중요한 사실을 암시하게 된다. 발명가는 자신의 발명이 엄밀한 추리를 적용하여 얻은 결과라고 주장하는 경향을 가지고 있다. 왜냐하면 그것을 우연이라고 부르는 것이 낳은 결과라고 인정하기는 싫기 때문이다."

타이어에 남겨진 이름

굿이어는 가황법을 개발했지만 그것으로 별다른 재미를 보지 못했다. 가황법은 비교적 간단한 기술이었기 때문에 쉽게 모방될 수 있었다. 굿이어는 특허 소송을 걸었지만 소송은 8년이나 지루하게 계속되었다. 곧이어 그는 빚을 내어 사업을 시작했지만 그것마저도 신통하지 않았다. 결국 굿이어는 감옥을 들락거리는 신세가 되었고 말년을 쓸쓸하게 보냈다. 그는 죽기 직전에 다음과 같은 말을 남겼다. "반드시 나의 시대가 올 것이다. 그때를 위해 가황고무를 계속 발전시켜라."32)

1898년에는 굿이어의 이름을 딴 회사가 설립되었다. 세이버링(Frank Seiberling)이 오하이오 주 아크론에 설립한 굿이어 타이어 및 고무 회사(Goodyear Tire & Rubber Company)였다. 그 회사는 굿이어의 가황법을 바탕으로 타이어를 만들어 판매했다. 굿이어 타이어는 처음에 자전거에 사용되다가 얼마 지나지 않아 자동차업체에 공급되기 시작했다. 1910년대에 자동차 산업이 번성하면서 굿이어 사는 세계 자동차 타이어 시장의 약 50%를 점유하기도 했다. 굿이어의 예언대로 그의 시대가 오기는 했지

32) 기술의 역사에는 어떤 기술자가 훌륭한 업적을 달성했는데도 경제적 성공을 거두지 못한 사례가 종종 등장한다. 이 책에서 소개하고 있는 휘트니의 조면기, 굿이어의 가황법, 판즈워스의 전자식 텔레비전 등이 이러한 예에 속한다. 이와 비슷하게 과학의 역사에도 과학자의 위대한 업적이 뒤늦게 인정되는 경우가 제법 있다. 예를 들어, 아보가드로의 분자설, 멘델의 유전법칙, 베게너의 대륙이동설 등은 해당 과학자가 세상을 떠난 후에야 과학자사회에서 수용되는 양상을 보였다.

▸ 1929년 오하이오 주에 있던 타이어 공장의 광경

만, 그것은 그가 죽고서 50년이나 지난 후의 일이었다.

오늘날에도 고무는 자동차 타이어로 가장 널리 사용되고 있다. 만약 자동차 타이어가 고무가 아니라 나무나 철로 되어 있다고 생각해 보라. 도로가 조금만 울퉁불퉁해도 자동차 내부가 심하게 흔들릴 것이다. 승차감이 나쁠 뿐만 아니라 차량의 기기나 짐이 파손되는 일도 발생할 것이다. 고무가 없었더라면 자동차가 운송수단으로 널리 보급되지 않았을 런지도 모른다. 이처럼 고무와 자동차는 서로가 서로를 강화하는 관계를 형성하고 있다.

합성고무 시대의 개막

굿이어의 가황 고무 다음에 등장한 고무는 합성고무였다. 1907년에 독일의 화학자 호프만(Fritz Hofmann)은 최초의 합성고무인 폴리이소프렌(polyisoprene)을 인공적으로 합성하는 데 성공했다. 폴리이소프렌은 천연고무와 성분이 거의 비슷했기 때문에 인류는 더 이상 천연고무에 의존할 필요가 없게 되었다. 하지만 호프만이 개발한 합성고무는 품질이 떨어지고 가격도 비쌌기 때문에 상업적으로 성공하지 못했다.

1920년대에는 고분자화학이 모습을 드러내면서 고무와 같은 중합체(polymer)에 대한 과학적 원리가 규명되기 시작했다. 고무를 구성하는 최초 단위인 이소프렌(isoprene)은 5개의 탄소로 이루어져 있다. 단위체(monomer) 양 끝에서 이중결합을 구성하는 탄소(1, 4번)는 다른 단위체의 탄소와 결합하고, 그 결과 중간 탄소(2, 3번) 사이에 새로운 결합이 형성된다. 메틸기(CH_3-)와 수소(-H)가 이중결합을 중심으로 같은 방향으로 결합하면 시스형 이소프렌이 형성되며, 메틸기와 수소가 서로 대각선 방향에 위치한 형태로 결합하면 트랜스형 이소프렌이 형성된다. 시스 결합을 한 고무의 탄성은 트랜스 결합을 한 고무의 탄성보다 크다.

세계 최초로 상업화에 성공한 합성고무는 네오프렌(neoprene)이었다. 그것은 미국의 듀폰 사에 근무하던 캐러더스(Wallace Carothers)에 의해 1930년에 개발되었다. 네오프렌은 이소프렌의 메틸기 위치에 염소 원자가 치환된 클로로프렌(chloroprene)으로 합성한 소재에 해당한다. 네오프렌은 열에 강하면서도 유기 용매에 잘 녹지 않아 자동차의 벨트, 연료의 고무호스, 패킹용 오링(O-ring) 등에 널리 사용된다. 1986년에 우주왕복선 챌린저호가 폭발한 이유가 오링이 탄성을 잃었기 때문이었다는 점도 주목할 만한 사실이다.

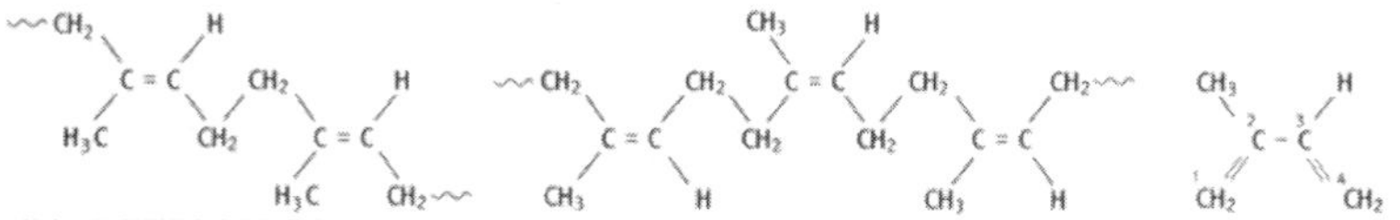

▸ 고무의 화학적 구조에 대한 개념도. 왼쪽으로부터 트랜스형 이소프렌, 시스형 이소프렌, 이소프렌.

14 재봉틀

가정에서 널리 사용된 최초의 기계

재봉틀은 천, 가죽, 종이, 비닐 등을 실로 엮는 데 사용되는 기계이다. 영어로는 소잉 머신(sewing machine)이고, 일본에서는 미싱(ミシン)으로 불린다. 소잉 머신이 일본에 전해지면서 뒷부분인 '머신'이 변하여 '미싱'이 되었다는 설이 유력하다. 당시만 해도 재봉틀은 가정에서 접할 수 있는 거의 유일한 기계였기 때문에 '재봉틀 = 기계'라는 등식이 성립했던 셈이다. 재봉용 기계가 우리나라에서 재봉기(裁縫機)가 아닌 재봉틀로 불리고 있는 것도 흥미로운 현상이다. 제봉용 기계가 우리나라에 처음 도입되었을 때 그 기능이 베'틀'과 비슷하다고 간주되었기 때문에 재봉'틀'이라는 이름이 붙여졌다고 한다.

재봉틀을 파괴하는 사람들

18세기 이후에는 섬유산업이 급속히 발달하면서 수많은 방적기와 방직기의 혁신이 이루어졌다. 이를 통해 실과 천을 생산하는 공정은 기계화되었

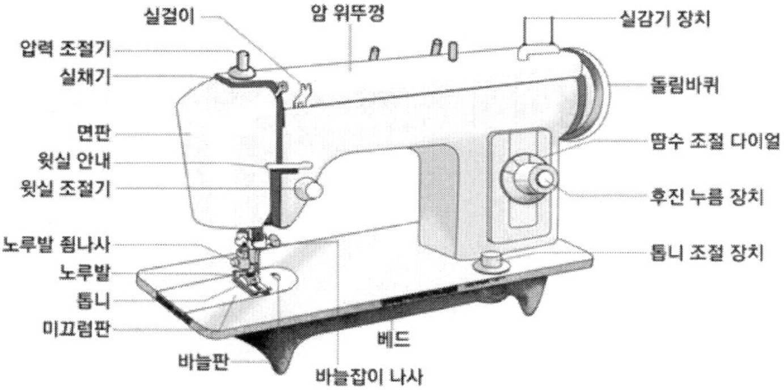

▸ 재봉틀의 구조와 주요 부품에 관한 개요도

지만, 바느질은 여전히 수작업에 의존하고 있었다. 사실상 바느질은 엄청난 시간과 손길을 요구하는 매우 비효율적인 노동이었다. 이를 배경으로 당시의 많은 기술자들은 바느질 하는 기계에 도전하여 일확천금의 기회를 꿈꾸었다.

제일 먼저 재봉틀에 도전한 사람은 영국의 가구상인 세인트(Thomas Saint)였다. 그는 1790년에 가죽에 구멍을 뚫고 구멍 사이로 실을 통과시키는 기구로 특허를 받았다. 그러나 세인트가 실제로 그러한 기구를 만들어 사용했는지는 분명하지 않다.

최초의 실용적인 재봉틀은 프랑스의 재단사인 시모니(Barthélemy Thimonnier, 1793～1857)가 개발한 것으로 전해진다. 그는 1829년에 한 가닥의 실로 바느질을 하는 기계를 만들었고 이듬해에 특허를 받았다. 시모니의 재봉틀은 수평으로 된 봉에 바늘이 연결되어 있는 구조를 가지고 있었는데, 수작업보다 5배 이상 빠른 속도로 바느질을 할 수 있었다고 한다.

시모니는 1830년에 군복의 납품에 관한 계약을 프랑스 육군과 체결한

▸ 프랑스의 일간지 ≪르 프티 주르날≫은 1907년 9월 1일에 재봉틀에 관한 기사를 다르면서 시모니를 재봉틀의 창시자로 내세웠다.

후 세계 최초의 기계식 재봉공장을 세웠다. 그로부터 10년 뒤에는 80대의 재봉틀을 갖출 정도로 시모니의 사업이 크게 번창했다. 그러나 당시의 재봉사들은 자신들의 생계가 위기에 처하자 시모니의 공장에 불을 지르고 그에게 집단적인 폭력을 가하기도 했다. 결국 1841년에 시모니의 공장은 파국을 맞이하고 말았다.

하우, 현대적 재봉틀을 만들다

오늘날과 같이 두 가닥의 실로 바느질을 하는 재봉틀을 개발한 사람은 미국의 기술자인 일라이어스 하우(Elias Howe, 1819~1867)였다. 하우는 매사추세츠 주의 스펜서에서 가난한 농부의 아들로 태어났다. 그는 어릴 때부터 다리를 절어 농사일을 하는 것이 어려웠다. 하우는 18살 때 보스턴의 기계기술자인 데이비스(Ari Davis)의 제자가 되어 정밀기기를 제작하고 보수하는 일을 시작했다.

하우의 재봉틀에 대한 관심은 아내의 고생에서 비롯되었다. 하우의 수입이 충분하지 않았기 때문에 아내는 삯바느질로 생계를 도왔다. 하우는 아내의 고생을 덜어주기 위해 바느질 기계를 만들기로 마음먹었다. 바느질은 비슷한 작업을 반복해서 수행하는 성격을 띠고 있으므로 기계로 대신할 수 있다는 생각이었다. 곧이어 하우는 두 개의 실이 구멍을 통과하면서 함께 박히는 기계를 구상하기 시작했다.

문제 해결의 실마리는 꿈에서 얻어졌다. "어느 날, 나는 이상한 꿈을 꿨다. 어찌된 영문인지 나는 식인종들 앞에 끌려가 1시간 안에 재봉틀을 만들지 못하면 사형에 처한다는 엄명을 받았다. 아무리 궁리했으나 그 기계의 발명이 쉽지 않아 나는 사형장으로 끌려가고 말았다. 식인종이 창을 겨누며 다가왔다. 햇빛에 창끝이 반짝이고 있을 때, 나는 창끝의 조금 넓적한 부분에 구멍이 뚫려 있는 것을 보았다. 그 순간 나는 '바로 이거야!'라고 외치면서 번쩍 정신을 차려 잠에서 깨어났다."[33]

---

33) 과학기술의 역사에는 꿈으로 결정적인 문제를 해결한 경우가 제법 등장한다. 어떤 문제를 푸는 데 오랫동안 몰입하고 있으면 어느 순간에 영감이 생기는데, 그것은 종종 꿈으로 발현되기도 한다. 꿈으로 성공한 과학자로 거론되는 대표적인 인물로는 케쿨레(Friedrich August Kekule)를 들 수 있다. 그는 1854년의 꿈으로 에탄 분자의 구조를 알아냈고, 1865년의 꿈으로 벤젠의 구조를 해명했다. 그러나 케쿨레의 1865년 꿈을 액면 그대로 받아들이기에는 뭔가 이상한 구석이 있다. 케쿨레가 벤젠의 구조에 대한 논문을 출간한 것은 1865년이었는데, 꿈에 대해 처음 얘기한 것은 이로부터 25년이 지난 1890년이었던 것이다. 그렇다면 그가 꿈을 꾸다가 갑자기 영감을 받았다는 식으로 자신의 업적을 회고한 이유는 무엇일까? 이에 대해 섀퍼(Simon Schaffer)라는 과학사학자는 흥미로운 해석을 제기한 바 있다. 케쿨레가 오랫동안 벤젠 구조의 발견과 관련된 우선권 논쟁에 휘말려 있었는데, 이를 종식시키기 위해 1865년에 꿈에서 영감을 얻어 논문을 썼다고 회고했다는 것이다.

▶ 일라이어스 하우(왼쪽)와 그가 1846년에 만든 재봉틀(오른쪽)

하우가 주목한 것은 바늘구멍의 위치였다. 보통 바늘은 실을 꿰는 구멍이 뒤쪽에 있는데, 원주민의 창에서는 앞쪽에 구멍이 있었던 것이다. 하우는 원주민의 창에서 얻은 아이디어를 기술적으로 구현하는 방법을 고민했다. 결국 그는 바늘의 앞쪽에 구멍을 내고 거기에 윗실과 밑실을 꿰어 두 가닥의 실로 겹바느질을 하는 방법을 찾아냈다. 하우는 친구로부터 돈을 빌려 시제품을 만든 후 1846년에 재봉틀에 대한 특허를 받았다.

그러나 하우도 시모니와 마찬가지로 커다란 반발에 부딪혔다. 하우가 보스턴의 양복점 주인들에게 자신의 재봉틀을 보여주자 그들은 "이 기계가 양복 값을 떨어뜨리고 결국 양복점을 망하게 할 것"이라는 반응을 보였다. 갱단을 시켜 하우의 목숨을 협박하고 재봉틀을 파괴하는 사태도 일어났다.

하우는 영국으로 가면 새로운 기회가 열릴 것으로 생각했다. 형이 먼저 영국으로 갔고 하우는 1848년에 합류했다. 영국에서 하우는 재봉틀을 쓰는 한 명과 바늘을 쓰는 20명 중 어느 쪽이 빨리 박음질을 하는지에 대한 시합을 개최했다. 결과는 재봉틀의 승리였다. 이를 계기로 하우의 재봉틀은 널리 확산되기 시작했지만, 하우는 1년 뒤에 다시 미국으로 돌아오고 말았다. 후원자와 분쟁이 발생한데다 아내의 건강도 나빠졌기 때문이었다.

재봉틀 산업을 일으킨 싱어

1851년에 뉴욕 주 피츠타운 출신의 기계공인 싱어(Isaac Merritt Singer, 1811~1875)는 개량된 재봉틀로 특허를 받았다. 싱어는 바늘의 아래쪽에 구멍을 만들고 발판을 추가하는 식으로 하우의 재봉틀을 개량했다. 같은 해에 싱어는 동업자들의 출자를 바탕으로 싱어 앤 컴퍼니(I. M. Singer & Company)를 설립했다. 그 회사는 "한 집에 한 대의 싱어 재봉틀을!"이라는 모토 아래 재봉틀에 대한 전시회와 재봉틀 빨리 돌리기 시합을 개최하는 등 대대적인 홍보에 나섰다.

싱어의 재봉틀이 널리 확산되기 시작하자 하우는 1854년에 특허 침해 소송을 걸었다. 이에 싱어는 헌터(Walter Hunt)와 연합하여 맞소송을 신청했다. 당시에 싱어는 헌터가 1834년에 두 가닥의 실로 작동하는 재봉틀에 대한 아이디어를 먼저 제안했다는 논리를 내세웠다. 법원은 하우의 손을 들어주었다. 1만 5천 달러를 하우에게 배상하고 이후에 판매되는 재봉틀 1대 당 5달러의 로열티를 지급하라는 것이었다.

▸ 재봉틀의 대명사가 된 싱어 재봉틀(왼쪽)과 그것으로 가정에서 옷을 만드는 모습(오른쪽)

싱어 사에서 금융을 담당하던 클라크(Edward Clark)는 마케팅에서 중요한 혁신을 이루어냈다. 당시에는 도매상이나 대리점을 이용하는 경우가 많았지만, 클라크는 직영판매점을 설치하는 새로운 기법을 선보였다. 싱어 사의 직영판매점은 1852년에 처음 설치된 후 1859년에는 14개로 늘어났으며, 1860년대 중반에는 전국적 직판조직이 구축되었다. 이와 함께 클라크는 할부판매 제도를 도입하여 재봉틀에 대한 새로운 수요를 창출하기도 했다. 싱어 사는 수확기로 유명한 매코믹 사와 함께 제조업자가 직접 판매활동을 수행했던 선구적 기업으로 꼽힌다.[34)]

싱어 사는 미국식 생산체계에 일찍 주목한 기업이기도 했다. 18세기 초반에는 병기창에서 무기를 제조할 때 교환 가능한 부품을 사용하고 있었는데, 싱어 사는 이러한 아이디어를 재봉틀을 생산하는 데에도 적용했던 것이다. 이를 통해 싱어 사는 생산량의 증가와 원가의 절감을 동시에 도모할 수 있었다. 싱어 사의 재봉틀 생산량은 1856년의 2,564대에서 1860년의 1만 3천 대로 증가했으며, 같은 기간에 재봉틀의 가격은 100달러에서 50달러로 감소했다.

싱어 앤 컴퍼니는 1863년에 싱어제조사(Singer Manufacturing Company)로 사명을 변경하면서 세계적인 재봉틀 업체로 거듭났다. 당시 미국의 가정에서는 싱어 재봉틀로 옷을 만드는 것이 유행처럼 번져갔다. 싱어제조

---

34) 싱어 사의 판매 채널은 대리점(agency), 특약대리점(franchise), 직영판매점(branch)의 순으로 변천했다. 처음에는 지역마다 대리점을 두었지만 대리점제도에서는 제조업자의 지위가 낮았다. 다음에 싱어 사는 자신이 직접 감독하는 특약대리점을 설치하여 고객에게 재봉틀의 사용법을 알리고 서비스를 제공하는 방식을 택했다. 그 다음에 싱어 사는 마케팅 기능을 직접 담당하기 위해 직영판매점제도를 도입했다. 싱어 사는 외국에도 지점망을 구축함으로써 직판제도를 국제적으로 확대하는 데에도 앞장섰다. 이와 같이 제조업자가 마케팅 기능까지 통합하여 수행하는 일은 1870년대에 들어와 여러 산업부문으로 확산되기 시작했다.

사의 성장을 배경으로 하우도 상당한 수입을 올렸다. 하우는 남북전쟁 기간에 북군 병사들을 위해 30만 달러라는 거금을 기부했는데, 그 돈은 다름 아닌 싱어로부터 받은 로열티였다.

“꽃님이 시집갈 때 부라더 미싱”

재봉틀의 혁신은 계속되었다. 미국의 발명가인 윌슨(Allen B. Wilson)은 옷감을 앞으로 밀어 넣는 장치인 회전식 후크(rotary hook)를 고안하여 1851년에 특허를 받았고, 곧이어 캐리어 제조업자인 휠러(Nathaniel Wheeler)와 동업 관계를 형성하여 더욱 완벽한 재봉틀을 내놓았다. 전기로 작동하는 재봉틀은 1889년에 공장에서 처음 도입된 후 1921년에는 가정에서도 사용되기 시작했다. 1970년대 중반에는 미리 입력된 패턴에 따라 자수를 놓는 컴퓨터 재봉틀도 모습을 드러냈다.

우리나라의 경우에는 1877년에 재봉틀이 처음 도입된 것으로 전해진다. 강원도 금화에 살던 김용원(독립운동가 김규식의 부친)이 일본에 갔다가

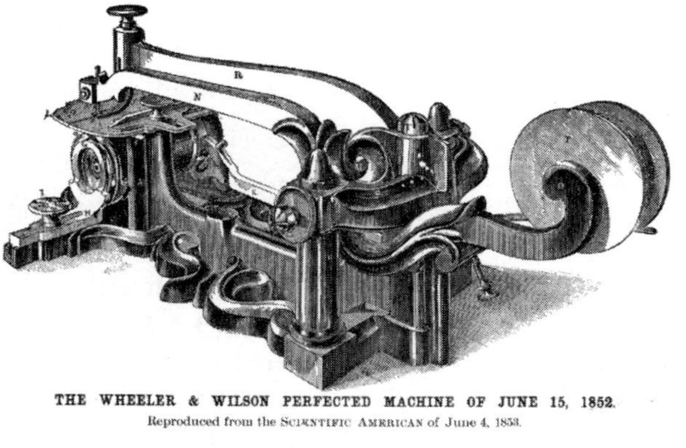

THE WHEELER & WILSON PERFECTED MACHINE OF JUNE 15, 1852.
Reproduced from the SCIENTIFIC AMERICAN of June 4, 1853.

▶ 휠러와 윌슨이 개발한 재봉틀의 개요도(1852년)

재봉틀을 구입했던 것이다. 아마도 싱어 재봉틀로 보이는데, 이것을 본 당시 사람들은 마치 요술쟁이인양 감탄을 금치 못했다고 한다. 이어 1896년에는 이화학당의 교과목 가운데에 재봉과 자수가 등장했고, 1905년에는 싱어제조사의 한국 지점이 설치된다는 광고가 실렸다.

우리나라에서 재봉틀은 오랫동안 집안의 가보처럼 사용되다가 1960년대 중반부터 대중화되기 시작했다. 그 효시는 1965년에 출시된 부라더 미싱이었다. 부라더 미싱은 부산정기 주식회사가 일본의 부라더 공업과 합작하여 생산한 재봉틀이었다. "꽃님이 시집갈 때 부라더 미싱"은 1970년대에 유행했던 광고 카피였다. 지금은 격세지감이 느껴지지만, 1970년대만 해도 재봉틀은 혼수품 목록 1호였던 것이다.

1960~1980년대 중국의 시골에서는 재봉틀이 손목시계, 라디오, 자전거와 함께 '4대 재산'으로 간주되기도 했다. 1985년의 조사에 따르면, 중국의 각 농가에는 자전거가 한 대씩 있었고, 시골 성인의 절반가량이 손목시계를 차고 있었다. 또한 농가의 50%가 라디오, 43%가 재봉틀, 12%가 텔레비전을 보유하고 있었다. 1990년대 중반에는 전 세계적으로 400만 대의 재봉틀이 생산되었는데, 230만 대는 중국에서 만들어졌고 대만, 일본, 미국, 독일이 그 뒤를 이었다.

15 승강기
오티스 사의 최초 상표, 엘리베이터

승강기(昇降機)는 동력을 사용하여 사람이나 화물을 수직 방향으로 이동하기 위해 사용하는 기계장치이다. 승강기는 흔히 엘리베이터(elevator)의 동의어로 간주되지만, 영국에서는 리프트(lift)란 용어가 사용되고 있다. 오늘날 고층건물에는 승강기가 필수적인 존재로 자리 잡았다. 무더운 여름날, 승강기가 가동되지 않는 고층건물은 상상만 해도 아찔하다. 인류는 오래전부터 승강기를 꿈꾸어 왔지만, 현대적인 승강기가 보급되는 데에는 19세기 미국의 기술자인 오티스(Elisha Graves Otis, 1811~1861)의 공이 컸다.[35]

---

35) 우리가 자주 사용하는 '엘리베이터'라는 용어는 원래 오티스 사의 상표명이었다. 오티스 사의 승강기를 뜻하는 고유명사인 엘리베이터가 승강기 전반을 의미하는 보통명사로 바뀐 셈이다. 이와 비슷한 현상은 '제록스'와 '프림'에서도 찾아볼 수 있다. 할로이드 제록스 사가 출시한 복사기의 상표명이었던 제록스는 '복사' 혹은 '복사하다'의 의미로 사전에 등재되어 있다. 또한 프림은 동서식품이 출시한 프리마에서 비롯된 용어로 커피용 크림을 뜻하는 보통명사로 종종 사용되고 있다. 요즘에는 사람들이 구글을 통해 검색하는 경우가 많기 때문에 구글링(googling)이 '검색하기'를 뜻하는 단어로 자리 잡고 있다.

▶ 현대적 승강기의 아버지로 평가되고 있는 오티스

승강기를 향한 꿈

승강의 원리를 구현하려는 시도는 오래 전부터 시작되었다. 기원전 236년에 아르키메데스는 도르래에 줄을 매달아 사람들이 잡아당기는 원시적인 형태의 승강기를 만들었다. 화물용뿐만 아니라 승객용도 있었다. 로마 시대의 극장에서는 관객을 놀라게 하려는 목적으로 연기자를 무대에서 들어올리기 위해 일종의 체어리프트(chair lift)를 사용했다고 한다.

근대에 들어와 승강기는 본격적인 탐구의 대상이 되었다. 1405년에 독일의 군사기술자 콘라트 키저(Konrad Kyeser)는 밧줄과 바퀴를 활용하여 사람을 이동시키는 승강기를 설계했다. 18세기에 프랑스의 루이 15세는 '나는 의자(flying chair)'라는 장치를 사용했는데, 하인들이 줄을 잡아당기면 자신은 반대쪽 줄에 매달린 의자를 타고 2층으로 올라가는 식이었다. 당시 부유층의 저택에는 지하실에 위치한 부엌에서 식사 장소인 홀까지 음식을 전송하는 승강기가 인기를 누리기도 했다.

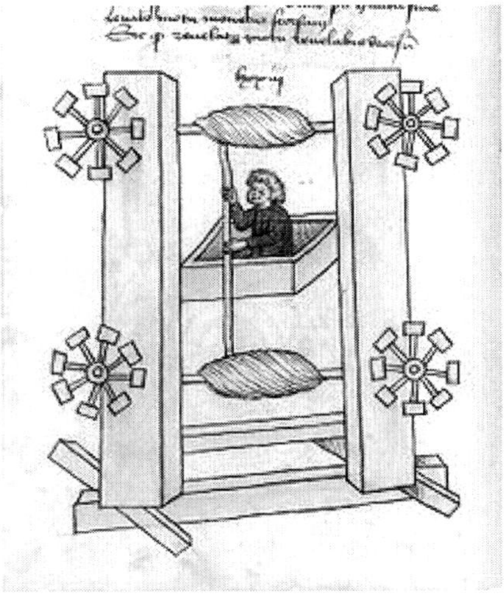

▸ 콘라트 키저의 승객용 승강기에 대한 설계(1405년)

1834년에는 독일의 광산 감독관이던 알베르트(Julius Albert)가 와이어 로프(wire rope, 강철로 만든 줄을 꼬아 만든 로프)를 발명함으로써 승강기 발전에 중요한 계기를 부여했다. 덕분에 무거운 광석을 운반하는 바구니를 깊은 수직갱으로부터 신속히 들어 올릴 수 있었다. 1845년에는 영국의 과학자인 윌리엄 톰슨(William Thomson; Lord Kelvin)이 수압을 이용한 승강기를 선보였다. 기다란 원통 아래에 물을 채운 후 펌프로 물을 밀어 넣으면 그 압력으로 원통 윗부분에 설치된 승강기가 서서히 올라가고, 내려갈 때에는 다시 물을 빼는 방식이었다.

그러나 기존의 승강기에는 해결되어야 할 핵심적인 문제가 있었다. 바로 안전성의 문제였다. 승강기의 줄이 끊어져 아찔한 사고가 발생하는 경우가 빈번했기 때문이었다. 그나마 화물이면 다행이었지만, 인명 피해가 발생하면 속수무책이었다. 사실상 19세기 초만 해도 승강기의 안전성이 담보되지 않았기 때문에 승강기는 주로 화물을 이동하는 데 사용되었다. 안전성의 문제를 해결하여 승객용 승강기의 세계를 연 사람은 바로 오티스였다.

"신사 여러분, 절대 안전합니다."

오티스는 제분소를 설계하고 차량을 제작하는 등 탁월한 발명가의 길을 걸어왔다. 그는 40세가 되던 1851년에 뉴욕의 용커스에 있는 침대틀 제작회사에 수석 기계공으로 영입되었다. 당시 회사는 밧줄이 끊어져도 아래로 떨어지지 않은 채 침대틀을 최상층까지 끌어올려야 하는 과제를 안고 있었다. 오티스는 1년 동안의 연구를 바탕으로 밧줄이 장력을 이기지 못할 때 두 개의 래칫(한쪽 방향으로만 회전하는 톱니바퀴)이 제어 역할을 담당하는 낙하방지장치를 고안할 수 있었다.

오티스는 이러한 장치의 상업적 의미를 간파하고 있었다. 그는 1853년에 직장을 그만두고 오티스 엘리베이터 회사(Otis Elevator Company)를 설립한 후 안전 승강기를 개발하는 데 몰두했다. 당시만 해도 승강기의 위험성을 지적하는 사람들이 많았기 때문에 오티스는 이에 대한 효과적인 대책도 준비했다. 1854년에는 뉴욕의 크리스털 궁전에서 세계박람회가 열렸는데, 거기서 오티스는 승강기의 안전성을 입증하기 위한 공개적인 퍼포먼스를 벌였다.

오티스는 승강기에 탑승하여 무거운 짐이 실린 상자 위에 앉은 후 서서히 위로 올라갔다. 얼마 뒤 그의 조수는 승강기에 연결된 케이블을 도끼로 끊어 버렸다. 관람객들은 조마조마한 심정으로 승강기를 바라보았다. 그들은 승강기 안에 멀쩡히 서 있는 오티스를 보고 깜짝 놀랐다. 오티스는 모자를 흔들면서 "절대 안전합니다, 신사 여러분, 절대 안전합니다(All safe, gentlemen, all safe)."라고 소리쳤다. 오티스의 퍼포먼스는 뉴욕 박람회

▸ 1854년 뉴욕 박람회에서 오티스가 승강기의 안전성을 입증하기 위해 퍼포먼스를 벌이는 광경

의 하이라이트로 각인되었고, 이에 대한 소식은 입소문을 타고 널리 번져나갔다.36)

승강기의 보급과 혁신

그로부터 3년 뒤인 1857년에는 오티스의 승강기가 실제로 보급되기 시작했다. 브로드웨이에 있는 5층짜리 건물인 하우워트 백화점에 오티스의

36) 기술자들은 종종 자신의 발명이 대단하다는 것을 알리기 위해 대중을 모아놓고 쇼를 벌인다. 기술자 자신이 쇼의 주역이 되어 새로운 발명이 위험하지 않다는 점을 보이는 경우도 있다. 최초의 방탄조끼를 만든 제글런(Casimir Zeglen)은 경찰과 신문기자들이 보는 앞에서 조끼를 입고 총 세 발을 쏘는 시연을 감행했다. 제글런의 쇼는 신문지상에 대서특필되었으며, 방탄조끼가 대중들의 뇌리에 각인되는 데 큰 역할을 담당했다. 자이로스코프를 발명한 스페리(Elmer Sperry)는 자신의 자동항법장치가 제대로 작동한다는 점을 보여주기 위해 기발한 쇼를 준비했다. 비행기에 함께 탔던 조수를 조종석 밖으로 내보내서 날개 위에 서 있게 하고 자신은 두 손을 들어 비행기를 손수 조종하고 있지 않다는 점을 보여주었던 것이다.

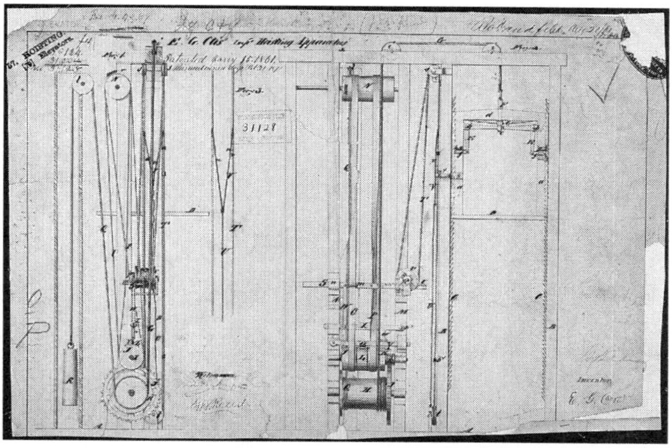

▶ 오티스의 안전 승강기에 관한 특허 도면(1861년)

승강기가 설치되었던 것이다. 세계 최초의 승객용 승강기였다. 그것은 건물 중앙에 위치한 증기기관에 의해 구동되었으며, 453킬로그램의 하중을 분당 12.2미터의 속도로 들어 올릴 수 있었다.

오티스는 1861년 1월 15일에 안전 승강기에 대한 설계로 특허를 받았다. 그러나 그는 몇 달 뒤에 49세의 젊은 나이로 세상을 떠나고 말았다. 그의 사업은 두 아들에게 계승되었고, 오티스 사는 세계적인 승강기 업체로 거듭났다. 오티스의 아들들은 1878년에 최초의 상업용 수압식 승강기를 개발했는데, 그것은 와이어로프를 이용한 기존의 승강기보다 안전성이 뛰어났으며 설치비용도 저렴했다.

이어 1880년에는 독일의 베르너 지멘스(Werner von Siemens)가 증기기관 대신에 전기모터를 사용하는 승강기를 개발했으며, 1889년에는 오티스 사가 최초의 전동식 승강기를 상업화하는 데 성공했다. 1882년에는 수압식 제동장치 대신에 유압식 제동장치가 모습을 드러내기 시작했고, 오티스 사는 이를 활용하여 1903년에 운행속도와 제동기능이 현저히 개선된 승강기를 선보였다. 유압식 승강기의 등장으로 승강기의 속도는 분당 35미터로 향상되었다. 이후에도 승강기의 속도와 안전성을 높이려는 노력은 계속되었다.

오티스 사는 에스컬레이터(escalator)에도 이름을 남겼다. 에스컬레이터에 대한 미국의 초기 특허는 1892년에 리노(Jesse W. Reno)와 휠러(George A. Wheeler)가 취득했는데, 오티스 사가 특허권을 사들여 에스컬레이터를 개량하는 작업을 진척시켰던 것이다. 오티스 사는 1900년에 필라델피아의 짐벨 가게에 최초의 에스컬레이터를 설치했다. 영국의 경우에는 1911년에 런던의 지하철에서 에스컬레이터가 처음 등장했는데, 시민들의 두려움을 불식시키기 위해 나무다리를 가진 사람을 고용한 시범이 이루어지기도 했다.

마천루의 탄생

1931년 4월 30일 저녁, 사람들의 시선은 뉴욕 맨해튼 34번가에 집중되었다. 지상 높이가 381미터인 102층짜리 빌딩이 모습을 드러내면서 6,400여 개의 창에서 일제히 불이 켜졌다. 엠파이어스테이트빌딩(Empire State Building)의 준공식이 개최되었던 것이다. 사실상 엠파이어스테이트빌딩의 탄생을 가능케 한 일등공신은 오티스 사가 제작한 67개의 승강기였다. 엠파이어스테이트빌딩은 1971년에 417미터 높이의 세계무역센터(World Trade Center)가 건립되기까지 세계에서 가장 높은 빌딩의 지위를 누렸다. 2001년에 붕괴된 세계무역센터에도 총 255개의 승강기가 있었다고 한다.

엠파이어스테이트빌딩의 건립을 전후하여 뉴욕 맨해튼에는 소위 '마천루 열풍(skyscraper fever)'이 불었다. 마천루(摩天樓)를 글자 그대로 풀이하

▸ 1931년에 건립된 엠파이어스테이트빌딩은 오티스 사의 승강기 덕분에 가능했다.

면 '하늘에 닿은 건물'이 된다. 당시의 마천루에서는 엘리베이터 보이(elevator boy) 혹은 엘리베이터 걸(elevator girl)이 배치되어 승강기에 탑승한 승객들을 안내했다. 엘리베이터 보이는 1948년에 자동제어장치와 층 선택 버튼이 도입되면서 자취를 감추기 시작했다.

우리나라의 경우에는 1910년에 조선은행(지금의 화폐금융박물관)이 처음으로 화물용 승강기를 가동했다. 최초의 승객용 승강기는 1914년에 철도호텔(지금의 웨스틴조선호텔)에 의해 설치되었고, 1927년에는 세브란스병원에 최초로 민간이 발주한 승강기가 설치되었다. 이상의 승강기는 모두 오티스 사가 제작한 것이었다. 1940년에는 화신백화점이 동관을 개축하면서 일본의 히타치로부터 수입한 4대의 승강기를 선보여 장안의 화제가 되기도 했다.[37)]

▸ 오늘날 주거용 건물이나 소규모 상가에 설치되어 있는 승강기의 모습

국산 승강기는 1960년에 모습을 드러냈다. 한국승강기제작소가 제작한 화물용 승강기가 부산시 범일동에 있던 화랑염직공장(지금의 현대백화점 터)에 설치되었던 것이다. 이어 1966년에 동양에레베이터(주)가 설립되고 1968년에는 금성사(지금의 LG산전)와 영진전기공업(이후에 LG산전에 합병됨)이 승강기 사업에 진출하면서 우리나라의 승강기 산업은 본격적인 성장세에 진입했다. 1968년에는 금성사가 히타치와의 기술제휴를 바탕으로 최초의 국산 승객용 승강기를 제작하여 삼풍상가에 설치하기도 했다.

37) 일제강점기에 승강기에서 층 버튼을 눌러주고 안내를 하는 여성은 '엘레베타 걸'로 불렸다. 당시 서비스직 여성들은 일본식 영어 발음에 '걸'이라는 접미어가 붙여져 불렸다. 백화점 점원은 '데파트 걸(department girl)', 전화 교환수는 '할로 걸(hello girl)', 극장 매표원은 '티케토 걸(ticket girl)', 버스 안내원은 '빠스 걸(bus girl)' 등과 같은 식이었다.

16 전로
베세머와 강철의 대량생산

세상에서 가장 유명한 탑을 꼽는다면 단연 에펠탑일 것이다. 에펠탑은 프랑스혁명 100주년을 기념하여 1889년에 개최된 파리 만국박람회를 위해 제작되었다. 에펠탑을 통해 구스타브 에펠(Gustave Eiffel)은 세계적인 스타가 되었지만, 에펠탑을 만드는 데 어떤 철이 사용되었는지를 아는 사람은 많지 않는 것 같다. 그것은 바로 '강철(steel)'이다. 에펠탑은 보통 철이 아닌 특별한 강도를 가진 철로 만들어진 셈이다. 에펠탑은 기본적으로 프랑스의 민주화와 산업화를 과시하기 위해 건립되었지만, 강철의 시대가 개막된 것을 상징하기도 한다.[38)]

38) 당시에 파리 시민들은 에펠탑의 설치에 격렬한 반대운동을 벌이기도 했다. 그들은 우아한 석조건물에 익숙해져 있었기 때문에 황량하고 높은 철탑이 들어선다는 것을 용납하지 못했던 것이다. 반대운동의 선봉에 섰던 프랑스의 사실주의 작가 모파상(Guy de Maupassant)은 에펠탑이 완성되자 탑 안에 있는 레스토랑에서 자주 식사를 했다고 한다. 어느 날 기자가 "아니 선생님은 왜 이곳에서 식사를 하십니까?"라고 물었더니 "파리에서 에펠탑이 안 보이는 곳은 여기뿐이지 않소?"라고 대답했다는 일화도 전해진다. '에펠탑 효과'라는 심리학 용어도 있는데, 그것은 특정 대상에 반복적으로 노출되면서 그 대상에 호감을 갖게 되는 현상을 지칭한다. 자주 보면 정이 들고, 정이 들면 좋아지게 마련이라는 것이다.

▸ 강철로 만들어진 수직 건축물, 에펠탑

선철에서 강철로

철은 탄소함유량에 따라 선철(pig iron), 강철, 연철(wrought iron)로 나뉜다. 탄소함유량이 철의 강도나 가공성에 영향을 미치는 결정적인 요소이기 때문이다. 선철의 탄소함유량은 3.5% 이상이고, 연철의 탄소함유량은 0.3% 이하이며, 강철은 그 중간에 해당한다. 상대적으로 선철은 부러지기 쉽고, 연철은 가공하기 어려운 반면, 강철은 적당한 강도와 가공성을 가지고 있다. 선철로 강철을 만들기 위해서는 제강로를 통해 정련(精鍊, refining)하는 과정을 거쳐야 한다.

강철의 대량생산은 선철에 비해 약 150년이나 늦었다. 선철의 경우에는 1709년에 다비(Abraham Darby)에 의해 코크스 제철법(coke smelting

▸ 18세기 말에 제철소에서 교반법으로 작업하는 광경

process)이 개발됨으로써 대량생산의 단계에 진입했다. 곧이어 철공업에 종사하던 기술자들은 강철을 제조하기 위한 방법에 도전했다. 1742년에 헌츠먼(Benjamin Huntsman)은 선철과 탈산제를 밀폐된 도가니 속에서 가열하는 도가니 제강법(crucible process)을 개발했다. 1784년에는 코트(Henry Cort)가 액체 상태의 철을 쇠막대기로 휘저어 탄소와 불순물을 제거하는 교반법(puddling process)으로 특허를 받았다.

그러나 이러한 방법으로는 강철을 충분하게 생산할 수 없었고, 가격도 매우 비쌌다. 특히 교반법은 도가니 제강법보다 우수한 기술이었지만, 교반법으로 강철을 생산하는 데에는 매우 힘든 노동이 수반되었다. 이에 따라 당시에 강철의 용도는 칼이나 스프링과 같은 특수한 제품에 한정되어 있었다. 이러한 한계는 영국의 기술자로 "위대한 강철왕"으로 불리는 베세머(Henry Bessemer)가 1856년에 전로(轉爐, converter)를 개발함으로써 돌파되기 시작했다.

▸ 강철의 시대를 연 헨리 베세머

철공업의 완전한 혁명

베세머의 강철에 대한 관심은 포탄과 대포의 불균형에서 비롯되었다. 그는 1854년에 프랑스로 건너가 나폴레옹 3세의 지원을 바탕으로 크림 전쟁에 사용할 포탄을 만들었다. 베세머가 만든 포탄은 훌륭했지만 대포가 받쳐주지 못했다. 탄환을 많이 넣어 발사하면 대포가 깨어졌던 것이다. 베세머는 보다 견고한 대포를 만들기 위해서는 강철을 사용하는 것이 필수적이라고 생각했다.

베세머는 영국으로 돌아온 후 실험공장을 차리고 강철을 제조하는 방법에 도전했다. 그는 1년이 넘는 기간 동안 다양한 형태의 로를 만들고 여러 가지 조건을 달리하면서 실험을 계속했다. 드디어 1856년에는 회전이 가능한 항아리 모양의 전로를 이용하여 강철을 대량으로 생산하는 방법이 개발되었다. 당시의 상황에 대하여 베세머는 "철공업에 이제야 완전한 혁명이 오고 있다."고 말했다.

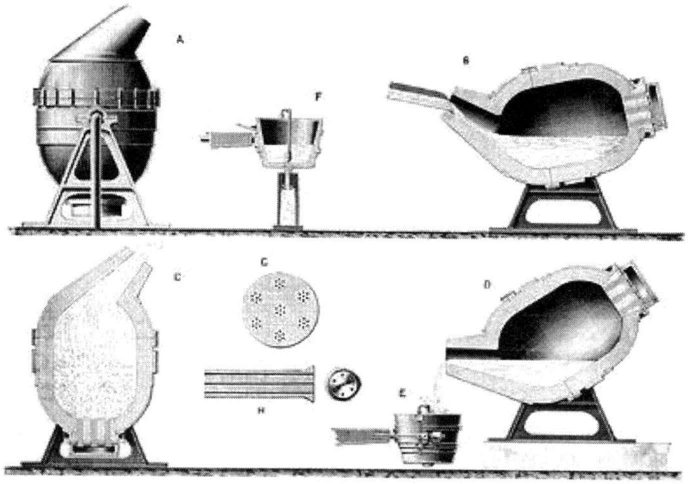

▶ 베세머 전로법에 대한 개념도

전로법은 산화 과정에서 생성된 열을 활용하여 선철에 공기를 불어넣음으로써 탄소를 신속히 제거하는 방법이다. 전로법의 등장으로 선철 속에 포함된 탄소 성분은 자동적으로 조절될 수 있었으며, 3~5톤의 선철을 가공할 때 걸리는 시간이 1일에서 10분으로 단축되었다. 또한 기존의 제강로는 생산규모가 200kg 이내로 제한되었던 반면, 베세머 전로의 경우에는 20톤 정도까지 확대될 수 있었다.

전로법을 처음 발명한 사람이 미국의 기술자인 켈리(William Kelly)라는 주장도 있다. 켈리는 1852년에 이미 전로법에 대한 아이디어를 가지고 있었다. 아이이디만 놓고 본다면 켈리가 먼저였던 것이다. 그러나 실제로 전로를 만들고 이를 통해 강철을 생산한 최초의 사람은 베세머였다. 켈리는 베세머가 전로법으로 특허를 받았다는 소식을 듣고 난 후에 자신의 아이디어를 보완하여 1857년에 공기 취입 공정에 대한 특허를 받았다. 전로법에 대한 우선권을 놓고 미국에서는 상당한 논쟁이 벌어지기도 했다. 결국 미국 특허청은 공정에 대해서는 켈리의 우선권을 인정했지만, 기계에 대해서는 베세머의 손을 들어주었다. 미국의 경우에는 상당 기간 동안 '베세머 강철' 대신에 '켈리-베세머 강철'이란 용어가 주로 사용되었다.

계속되는 제강법의 혁신

1850년대 후반부터 몇몇 기업들은 베세머 전로를 가동하기 시작했지만, 연이어 실패하고 말았다. 탄소가 약간 제거될 뿐 양질의 강철이 나오지 않았던 것이다. 베세머에게 특허료를 지불했던 기업가들은 그를 공격하기 시작했다. 베세머는 자신의 실험공장으로 다시 돌아가 실패의 원인을 규명하는 데 몰두했다. 문제는 인이나 황과 같은 불순물에 있었다. 다른 사람들은 인이나 황이 많이 함유된 보통의 선철을 사용했던 반면, 베세머는 인과 황이 적은 선철로 실험을 했던 것이다. 선철에 불순물이 많으면 전로를 통과한 이후에도 일정량이 남게 되어 물성이 취약해질 수밖에 없었다. 이에 따라 베세머의 전로법은 인과 황이 적은 적철광이 풍부한 지역을 중심으로 확산되는 특성을 보였다.

▸ 쉐필드 산업박물관에 전시되어 있는 베세머 전로

19세기 후반에는 전로 이외에 평로(平爐, open hearth furnace)를 사용하여 강철을 만드는 방법도 개발되었다. 평로는 납작한 모양을 가진 제강로로서 1856년에 독일 출신의 영국 기술자인 윌리엄 지멘스(William Siemens, 베르너 지멘스의 동생)가 발명한 후 1863년에 프랑스의 기술자인 마르탱(Pierre E. Martin)에 의해 상업화되었다. 평로법은 배기가스를 평로의 가열에 다시 사용하고 고철을 투입하여 탄소의 제거를 촉진하는 특징을 가지고 있었다. 3~5톤의 선철에서 탄소를 제거하는 데 소요되는 시간은 약 10시간으로 전로법보다 길었지만 베세머 강철보다 더욱 균질적인 제품을 생산했다. 전로법이 적당한 품질의 강철을 대량으로 생산하는 데 적합했다면 평로법은 품질이 우수한 강철을 생산하는 데 주로 사용되었다.[39]

그러나 전로법과 평로법을 막론하고 인이나 규소 화합물을 0.1% 이상 포함하는 철광석으로는 저질의 강철만을 제조하게 되는 난점이 있었다. 이러한 한계는 1876년에 토머스(Sidney G. Thomas)와 길크리스트(Percy C. Gilchrist)가 염기성 전로법을 개발함으로써 극복되었다. 그것은 석회석을 용해된 철에 혼합하고 전로의 내벽을 염기성 물질로 대체하는 방식을 채택하고 있었다.

강철로 백만장자가 된 카네기

1859년에 베세머는 쉐필드에 제철소를 세우고 총과 철도에 사용될 강철

39) 제강로의 유형에는 전로, 평로, 전기로(electric arc furnace, EAF) 등이 있으며, 그중 오늘날에도 사용되고 있는 것은 전로와 전기로이다. 전기로는 고철(古鐵)을 주원료로 사용하기 때문에 별도의 제선공정을 거치지 않는다. 최초의 실용적인 전기로는 1878년에 윌리엄 지멘스가 발명한 후 1900년에 프랑스의 기술자인 에루(Paul Héroult)에 의해 상업화되었다. 전기로를 사용하는 제철소는 일관제철소보다 규모가 작기 때문에 미니밀(mini mill)로 불리기도 한다.

을 생산하기 시작했다. 쉐필드는 오랫동안 철강 산업의 중심지로 이름을 떨쳤다. 그러나 새로운 제강법이 널리 활용되었던 국가는 영국이 아니었다. 영국의 기업가들은 이미 기존의 공법에 많은 자본을 투자했기 때문에 새로운 기술혁신에 보수적이었다.

강철의 의미를 간파한 국가는 독일과 미국이었다. 특히 독일의 크루프사(현재의 티센크루프)와 미국의 카네기 스틸(현재의 유에스 스틸)은 새로운 제강법을 신속히 도입하여 세계 철강 산업을 주도하는 기업으로 성장했다. 크루프(Alfred Krupp)은 자신의 이름이 붙은 우수한 성능의 강철 대포를 만들었으며, 카네기(Andrew Carnegie)는 철도 산업과 철강 산업에서 성공하여 백만장자가 되었다. 베세머에게 "위대한 강철왕"이란 별명을 지어준 사람도 카네기였다.40)

한번은 영국의 제철업자가 카네기 스틸을 방문한 적이 있었다. 그 때 영국인 제철업자는 "우리들은 이미 20년이나 된 기계를 계속 보완해서 사용하고 있다."고 자신만만하게 말했다. 그러자 카네기는 다음과 같이 빈정거렸다. "그러니까 문제예요. 이미 버려야 할 기계를 영국에서는 아직도 사용하고 있군요. 그런 낡은 기계를 사용하니까 미국의 먼지만 뒤집어쓰는 겁니다."

---

40) 앤드류 카네기(1835~1919)는 스코틀랜드 출신으로 1848년에 미국으로 건너갔다. 그는 면직물공장의 노동자에서 시작한 후 전신회사의 배달부와 기사를 거쳐 1853년부터 펜실베이니아 철도회사에서 근무했다. 이어 철도 침대차 사업, 석유 채굴 사업 등에 투자하여 거금을 벌어 들였고, 1865년을 전후하여 철강 사업에 투신했다. 카네기는 1875년에 미국 최초의 강철 공장인 에드거 톰슨 제강소를 설립한 후 프릭 코크스 회사 합병, 홈스테드 제강소 매입 등을 통해 사세를 확장했다. 1892년에는 카네기의 철강 관련 업체들이 연합된 카네기 스틸이 결성되었으며, 1901년에는 카네기와 모건(John P. Morgan)의 빅딜을 매개로 유에스 스틸이 탄생했다. 이처럼 카네기는 백만장자(millionaire)로 자수성가한 인물이었지만, 홈스테드 파업을 무자비하게 탄압했던 악덕 자본가의 면모를 보이기도 했다. 카네기는 자서전과 함께 와트(James Watt)에 대한 전기를 집필했다는 점도 흥미롭다.

▶ 카네기가 정력을 쏟았던 에드거 톰슨 제강소의 전경

1903년에는 미국의 사업가인 질레트(King C. Gillette)가 베세머 공정을 도입해 값싼 강철을 제조하기 시작했다. 그는 일회용 면도기를 만들어 날이 무뎌지면 그냥 버리게끔 하는 영리한 사업을 전개했다. 1913년에는 영국의 과학자인 해리 브리얼리(Harry Brearley)가 세계 최초로 녹슬지 않는 강철인 스테인리스 스틸(stainless steel, STS)을 개발했다. 그는 강철에 다른 원소를 추가하면 물성이 변한다는 사실을 알아냈고, 수많은 실험 끝에 강철의 결정 사이에 크롬과 니켈이 들어간 구조를 만들어낼 수 있었다.

20세기 후반에 들어서도 전로법은 꾸준히 개선되었다. 특히 1954년에 오스트리아의 린츠(Linz) 제철소와 다나비츠(Danawitz) 제철소는 순산소 상취전로(basic oxygen furnace, BOF)를 상업화하는 데 성공했다. 그것은 두 제철소의 앞 글자를 따서 보통 'LD 전로'로 불린다. LD 전로는 순수한 산소를 로의 상부에서 불어넣는 방법을 통해 불순물을 충분히 제거하고 실수율을 향상시킴으로써 전로의 성능을 대폭적으로 향상시켰다. LD 전로는 1960년대 이후에 전 세계로 보급되어 오늘날의 지배적인 제강법으로 자리 잡고 있다.

베세머의 죽었지만, 그의 이름은 철강의 노벨상으로 불리는 '베세머 금상'에 영원히 남아있다. 베세머 금상은 1874년에 제정되었으며, 우리나라에서는 1987년에 당시 포항종합제철(현재의 포스코)의 회장이던 박태준이 그 상을 수상한 바 있다.

17 석유
현대 문명의 검은 피

석유를 증류하면 가스, 가솔린, 등유, 경유, 중유, 피치 등의 순서로 나온다. 그 중 가스는 액화석유가스(liquefied petroleum gas, LPG)로, 가솔린은 가솔린엔진의 연료로, 등유는 가정용으로, 경유는 디젤엔진의 연료로, 중유는 산업용으로, 피치는 아스팔트의 원료로 주로 사용된다. 석유에서 버릴 것이 하나도 없는 셈이다. 더 나아가 '아스피린에서 지퍼까지(from Aspirin to Zipper)'라는 표현이 있을 정도로 석유는 무수히 많은 물건을 만드는 데 필요한 원료로 자리 잡고 있다. 그러나 인류가 석유의 다양한 용도를 알아가는 데에는 많은 세월이 필요했다. 석유를 탐사, 채굴, 정제, 배급하는 일이 일종의 산업이 된 것은 19세기 후반 미국에서 벌어진 현상이었다.

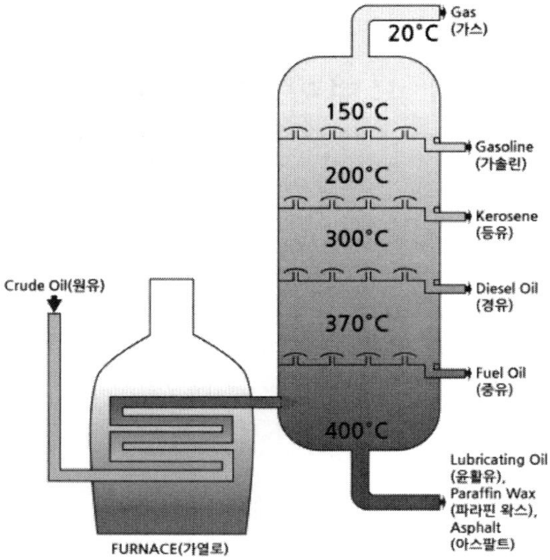

▸ 석유의 분별증류에 대한 개념도

옛날에는 석유를 어디에 사용했을까?

천연 상태의 석유는 지표로 스며 나오기 때문에 어렵지 않게 발견할 수 있다. 오랫동안 사람들은 석유를 석탄층의 기름방울이 지표면이나 바위 틈을 통해 흘러나온 것으로 보았다. 석유를 뜻하는 영어 단어는 페트롤리엄(petroleum)인데, 그것은 돌을 뜻하는 페트라(petra)와 기름을 뜻하는 올리엄(oleum)이 합쳐져 만들어졌다. 글자 그대로 석유(石油)는 돌에서 얻은 기름인 셈이다.

서양 사람들은 기원전 2000년경부터 석유를 설사를 일으키거나 피부병을 치료하는 용도로 사용했다. 당시의 의료 행위가 상당히 주술적이었다는 점을 감안하면, 석유는 꽤나 신비로운 존재로 인식되었던 것 같다. 기원전 400년경에는 페르시아 군대가 아테네를 공격하면서 석유를 방화용 기름으

▸ 이스라엘과 요르단에 걸쳐 있는 사해(dead sea)에서 나오는 천연 아스팔트

로 화살촉에 발랐다고 한다. ≪구약성서≫에는 노아의 방주에 방수용으로 아스팔트를 사용했다는 기록이 있다. "수지를 함유한 목재로 방주를 하나 만들어라. … 그리고 그 방주의 안팎을 역청(pitch)으로 칠하라."

동양에서도 기원전 2000년경부터 석유를 사용했다고 한다. 5~6세기 남북조 시대의 기록을 보면, 석유가 노인들의 이를 다시 나게 해주며 모든 병을 치료한다고 적혀 있다. 11세기 송나라의 학자이자 정치가인 심괄(沈括)은 ≪몽계필담≫에서 석유의 또 다른 용도에 대해 보고한 바 있다. "석유는 얼핏 보면 옻나무의 진과 다름없이 보이며, 태우면 짙은 연기를 내고 센 불길을 낸다. 그 연기로 먹을 만들 수 있는데, 이렇게 만든 먹으로 쓴 글은 옻칠을 한 것처럼 검고 윤기가 돈다. 그 글씨의 아름다움은 소나무 검정으로 만든 먹에 비할 바가 아니다."

3인방이 만든 미국의 석유산업

오늘날과 같은 석유산업은 1850년대 미국에서 모습을 드러내기 시작했다. 여기에는 비셀(George Bissell), 실리먼 2세(Benjamin Silliman, Jr.), 드레이크(Edwin Drake)의 역할이 컸다.

▸ 석유산업을 개척한 3인방. 왼쪽으로부터 비셀, 실리먼 2세, 드레이크.

비셀은 교사와 신문기자를 거쳐 변호사로 활동하던 사람으로 1853년에 펜실베이니아 지역에 휴양을 갔다가 석유의 가치에 주목했다. 그 지역의 사람들은 불을 켜는 데 석유를 사용하고 있었고, 비셀은 석유가 훌륭한 조명용 연료가 될 수 있을 것으로 생각했다. 조명용 연료로 사용되는 석유의 성분은 등유(燈油, kerosene)인데, 등유는 '등불을 밝히는 기름'이란 뜻을 가지고 있다.

비셀은 뉴욕으로 돌아와 자신의 아이디어를 실현시킬 수 있는 방안을 강구하기 시작했다. 석유를 조명용 연료로 사용하려면 유전을 확보해야 하는데, 여기에는 막대한 자본이 요구되었다. 투자자를 모으기 위해서는 자신의 아이디어가 현실성이 있다는 증거가 필요했다. 비셀은 원유 샘플을 가지고 예일 대학의 화학과 교수이던 실리먼을 찾아가 원유의 성분에 대한 분석을 의뢰했다.

석유의 잠재력을 알아챈 실리먼은 비셀에게 동업 조건을 내걸었고, 비셀은 이를 수용했다. 1855년 4월 16일에 실리먼은 다음과 같은 요지의 보고서를 내놓았다. "나는 귀하가 그다지 비용이 들지 않는 단순한 처리로 매우 귀중한 제품을 제조할 수 있는 원료를 손에 넣었다고 확신합니다. … 이런 결론은 나의 실험이 증명하고 있다는 점에서 주목할 가치가 있습니다.” 이 보고서를 바탕으로 비셀은 어렵지 않게 투자자들을 모을 수 있었다.

비셀은 펜실베이니아 주 타이터스빌(Titusville)의 인근 하천이 기름 냇물의 뜻을 가진 ‘오일 크리크(oil creek)’로 불린다는 점에 주목했다. 그는 1856년에 펜실베이니아 석유회사를 설립한 후 석유 탐사작업을 담당할 책임자로 철도원 출신의 드레이크를 채용했다. 당시에 비셀은 채굴 기술자들과 지역 주민들을 효과적으로 다루기 위해 드레이크를 육군 대령 출신으로 치켜세웠다. 졸지에 전직 대령이 된 드레이크는 1년 반 동안 타이터스빌의 곳곳을 뒤졌지만 별다른 성과를 거두지 못했다. 드디어 1859년 8월 27일에 드레이크는 역사상 최초로 수직 굴착기로 석유를 시추하는 데 성공했다. 이 날은 미국의 석유산업이 탄생한 날로 기록되고 있다.

▸ 세계 최초로 석유가 시추된 타이터스빌 유전의 광경(1865년)

석유 제국을 이룬 록펠러

1860년대에는 석유를 시추하기 위하여 수백 명에 달하는 사업가들과 기술자들이 펜실베이니아로 몰려들었다. 펜실베이니아의 오일러시(oil rush)는 10여 년 전에 불어 닥쳤던 캘리포니아의 골드러시(gold rush)만큼이나 규모가 큰 현상이었다. 1862년에는 미국에서 매년 정제되는 원유의 양이 300만 배럴(석유의 수량단위로 1배럴은 42갤런, 약 159 *l* 에 해당한다)에 이르렀고, 10년 뒤에는 다시 세 배로 늘어났다.

석유산업이 성장하면서 직면했던 가장 큰 문제는 석유의 수송이었다. 처음에는 원유를 맥주 통에 모아서 철도역까지 운반하는 방법이 사용되었다. 1865년에는 최초의 송유관이 부설되었으며, 그것은 유전지대에서 철도역까지 약 10킬로미터를 연결하고 있었다. 1870년대 이후에는 통 대신에 탱크 화차를 이용하는 방법이 시도되었는데, 이 화차는 비축 탱크를 이용해 석유를 비우거나 채울 수 있었다.

당시에 석유산업으로 가장 성공한 사람은 '석유 왕'으로 불리는 록펠러(John D. Rockefeller, 1839~1937)였다. 록펠러는 폴섬 상업대학을 졸업한 후 곡물 중개상의 회계 일을 담당하다가 1863년부터 석유산업에 뛰어들었다. 그는 석유산업의 성공 여부가 철도회사와 긴밀한 관계를 유지하는 데 달려 있다고 생각했으며, 1870년에 클리블랜드 지역의 철도회사와 원유 수송에 대한 할인계약을 맺었다.

같은 해에 록펠러는 스탠더드 오일을 설립한 후 할인계약을 미끼로 삼아 다른 정유회사들을 통합하기 시작했다. 이와 함께 록펠러는 탱크 화차의 소유권을 독점하고 송유관 회사들을 매입하는 데에도 열을 올렸다. 1881년에는 스탠더드 오일이 철도와 독립적으로 기능하는 최초의 송유관을 부설했고, 다음 해에는 스탠더드 오일 트러스트가 발족되어 이사회가

▸ '산업의 황제'로 불린 록펠러를 풍자한 그림(1901년)

각 주에 소재한 기업들을 관리하는 체제가 갖추어졌다. 이를 통해 스탠더드 오일 트러스트는 미국에서 유통되는 석유의 약 95%를 장악할 수 있었다.[41]

19세기 후반만 해도 석유의 주된 용도는 가정용이었다. 가정에서 조명, 난방, 취사 등을 위해 등유를 사용했던 것이다. 이와 함께 석유는 각종 기계의 윤활유로 사용되기도 했다. 그러던 중 1879년에는 에디슨에 의해

41) 스탠더드 오일과 같은 대기업은 1870~1920년에 진행된 제2차 산업혁명을 매개로 경제성장을 주도하는 세력으로 부상했다. 미국과 유럽은 1870년대 중엽부터 1890년대 중엽까지 대불황(Great Depression)을 맞이했고, 이에 대처하여 기업들을 수평적으로 합병하거나 수직적으로 통합하는 일이 빈번히 발생했다. 이러한 과정에서 등장한 대기업은 시장이라는 '보이지 않는 손(invisible hand)'에 의존하는 대신에 시장을 지배하는 '보이는 손(visible hand)'으로 변신하여 규모의 경제나 범위의 경제를 달성하는 양상을 보였다. 여기서 '보이지 않는 손'은 스미스(Adam Smith)가 1776년에 발간한 ≪국부론≫에서 제기했던 개념이고, '보이는 손'은 경영사학의 개척자로 평가받는 챈들러(Alfred D. Chandler, Jr.)가 1977년에 발간한 저작의 제목이다.

▸ 제2차 세계대전 때 미국에서 카 셰어링(car sharing)을 권고한 포스터

백열등이 상업화됨으로써 석유산업은 일시적인 불황을 맞이했다. 이러한 위기는 얼마 지나지 않아 석유를 활용하는 내연기관이 등장함으로써 극복될 수 있었다. 1886년에 가솔린 자동차가 개발되고 1893년에 디젤엔진이 등장하면서 자동차산업이 번창하기 시작했던 것이다.

석유정점의 경고

제2차 세계대전 이후에는 중동 지역에서 대규모 유전들이 잇달아 개발되었다. 이를 통해 인류 사회는 석유에 더욱 의존하면서 석유를 대량으로 소비하는 시대에 진입했다. 1960년에는 중동 지역의 국가들을 중심으로 석유수출국기구(Organization of the Petroleum Exporting Countries, OPEC)가 결성되어 석유 가격을 통제하기 시작했다. 1973년과 1979년에는 두 차례의 석유파동(oil shock)이 발생하는 등 세계 경제는 중동 지역의 정세에 따라 부침을 거듭하는 양상을 보이고 있다.[42)]

중동의 석유는 하늘이 내려준 선물이기도 하지만, 국제적인 분쟁의 원천으로 작용하기도 한다. 이란-이라크 전쟁, 이라크의 쿠웨이트 침공, 미국-이라크 전쟁 등 제2차 세계대전 이후에 벌어진 많은 전쟁은 석유와 관련되어 있다. 이로 인해 "석유가 있는 곳엔 전쟁이 있다."라는 말도 종종 회자되곤 한다.

오늘날 석유산업은 자동차산업과 함께 거대한 시스템을 이루고 있다. 2005년을 기준으로 매출액 기준 세계 10대 기업 중에 석유업체 4개와 자동차업체 4개가 포진했을 정도이다. BP(British Petroleum), 엑슨 모빌, 로열 더치 쉘, 토탈, 제너럴모터스, 다임러크라이슬러, 도요타, 포드 등이 그것이다.

그러나 비슷한 시기에 인류 사회는 석유 가격의 상승으로 큰 곤혹을 치렀다. 이를 계기로 석유 생산량이 얼마 지나지 않아 한계에 이를 것이라는 논의가 본격화되었다. 이미 1956년에 킹 허버트(M. King Hubbert)가 예언했던 석유정점(peak oil)이 가시화되는 듯했다. 석유정점은 2006년 구글 검색어 1위를 차지하기도 했지만, 지금은 이에 대한 논의가 다소 수그러든 상황이다.[43)]

---

42) 1973년 제1차 석유파동 때 미국에서는 그 원인을 둘러싸고 뜨거운 논쟁이 전개되었는데, 유명한 기술사학자 코완(Ruth Cowan)은 다음과 같이 재치 있게 요약했다. "소비자들은 주요소들이 휘발유를 숨겨 놓고 있다고 했고, 석유회사들은 정부가 좀 더 단호하게 행동했어야 한다고 추궁했으며, 많은 경제학자들은 석유회사들이 부당이득을 취하고 있다고 주장했다. 일부 정치인들은 이스라엘을 편든 외교관들에게 상황의 책임을 물었으며, 또 다른 정치인들은 아랍 국가들의 비위를 맞춰온 외교관들을 조롱했다. 석유회사들은 자동차 제조업체들이 10년 전부터 연료 먹은 하마의 생산을 중단했어야 한다고 불평을 토로했으며, 자동차 제조업체들은 소비자들이 소형차에 한 번도 열의를 보인 적이 없다고 볼멘소리를 늘어놓았다."

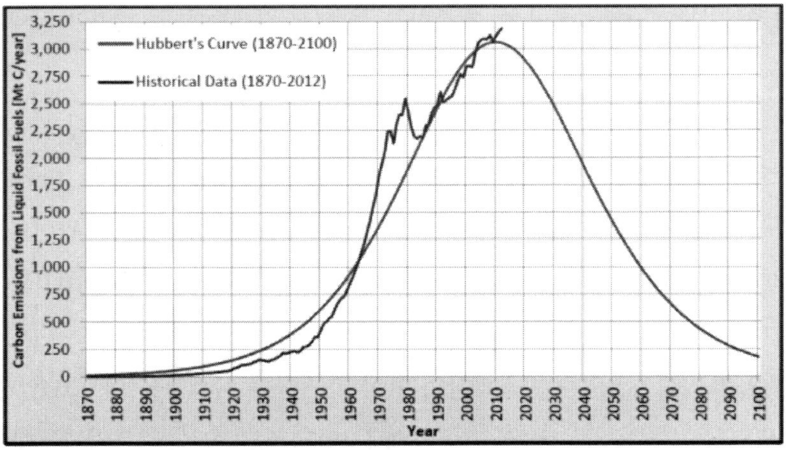

▶ 허버트 곡선과 역사적 데이터를 비교한 그래프

석유는 마르지 않는 샘이 아니라 재생이 불가능한 에너지이다. 석유 위기에 대비하는 유일한 방법은 석유에 대한 의존도를 낮추는 것뿐이다. 재생에너지 중심의 에너지 시스템으로 전환하기 위한 인류의 지혜가 필요한 시점이다. 석유의 시대가 언제 막을 내릴지는 모르겠지만, 저렴한 석유의 시대가 끝났다는 점은 분명한 사실이다.

---

43) 허버트가 1956년에 석유정점에 대한 연설을 할 때 쉘 석유회사의 홍보보좌관은 다음과 같이 부탁했다. "논조를 조금만 낮추어 주시면 안 되나요? 너무 선정적인 부분은 좀 빼 주셨으면 합니다." 이에 대해 허버트는 "선정적인 부분은 없습니다. 어디까지나 정직한 분석에 의한 결과입니다."라고 응수했다. 최근에 석유정점이 가시화되지 않고 있는 이유로는 글로벌 경제위기로 표현되는 세계 경제의 침체와 오일샌드로 대표되는 비전통적 석유의 개발을 들 수 있다.

18 전화
벨이 전화 발명가가 된 사연

전화를 뜻하는 영어 단어인 텔레폰(telephone)은 '멀리'를 뜻하는 텔레(tele)와 '소리'를 의미하는 폰(phone)을 합성한 것이다. 전화를 처음 발명한 사람은 알렉산더 그레이엄 벨(Alexander Graham Bell, 1847~1922)로 알려져 있다. 1995년에 세계일류를 지향하는 우리나라 모 재벌의 광고는 "역사는 1등만을 기억합니다."는 문구와 함께 벨의 사진을 커다랗게 실었다. 1876년 2월 14일에 벨은 전화에 대한 특허를 엘리사 그레이(Elisha Gray, 1835~1901)보다 몇 시간 빨리 제출했고, 그 결과 벨은 전화의 발명자로 후대에 널리 알려졌지만 그레이는 일반인들이 기억하지 못하는 인물로 전락하고 말았다는 것이다.

발성법 연구에서 시작된 전화

벨은 영국 스코틀랜드 출신으로 그의 집안은 대대로 농아를 돕는 일에 종사해 왔다. 벨의 아버지는 1864년에 농아에게 말을 가르치기 위해 시화

▸ 벨의 전화기에 대한 광고(1936년)

법(visible speech system)을 개발하기도 했다. 발음할 때의 입술이나 혀의 움직임을 그림으로 나타내어 발음법을 습득하게 하는 방법이었다. 이러한 가정환경 속에서 벨은 인간의 음성과 그 기능에 깊은 관심을 두고 있었다.

벨의 가족은 1870년에 캐나다로 이민을 가서 시화법을 바탕으로 농아에 대한 교육을 시작했다. 벨이 전화를 발명하게 된 계기도 보스턴 농아학교에서 발성법을 효과적으로 가르칠 수 있는 수단을 찾던 과정에서 생겨났다. 그는 공기의 진동을 눈에 보이게 하는 장치를 만들어 소리의 구조를 그림으로 나타낼 수 있다면, 농아들의 교육에 매우 효과적일 것이라고 생각했다. 그래서 그는 전류를 이용하여 소리를 재생하는 방법에 대해 본격적으로 연구하기 시작했다.

당시에 벨은 연구비를 마련하기 위하여 가정교사 노릇을 했는데, 그의 제자로는 조지(Georgie Sanders)와 메이블(Mabel Hubbard)이 있었다. 당시에 농아에게 별도의 교육을 시킬 수 있는 집안은 상류 계층이었다. 조지의 아버지인 토머스 샌더스(Thomas Sanders)는 부유한 사업가였으며, 메이블

▸ 1871년에 벨이 보스턴 농아학교 선생으로 있을 때의 사진. 제일 윗줄의 오른쪽이 벨의 모습이다.

의 아버지인 가디너 허버드(Gardiner Hubbard)는 매우 활동적인 변호사였다. 두 사람은 벨의 연구 계획을 듣고는 아낌없는 지원을 약속했고, 1875년 2월 27일에는 소위 '벨 특허 조약(Bell patent association)'이 맺어졌다. 당시에 허버드는 벨이 다중 전신 시스템을 개발하면 딸과의 결혼을 허락하겠다는 약속도 했다. 벨은 보스턴에 작업실을 꾸민 후 유능한 전기기술자인 왓슨(Thomas Watson)을 고용했다.

"미스터 왓슨, 이리와 보시오."

그러던 중 1875년 6월 2일에 매우 흥미로운 사건이 발생했다. 왓슨은 송신기에서 소리를 발생시키고 벨은 수신기를 조율하고 있었다. 왓슨은 송신기 중의 하나가 멈추어 서자 이를 다시 움직이게 하려고 진동판을 잡아당겨서 퉁겨 주었다. 그 때 전선의 반대편에 있던 벨은 '퉁'하고 크게 울리는 소리를 들었다. 송신기의 진동판이 퉁겨지면서 전선에 전류가 유도

되었고, 이 때 발생한 전류가 전선의 반대편 끝에 도달한 후 벨이 조율하던 수신기의 진동판을 흔들어서 '퉁'하는 소리를 재생한 것이었다. 그 후 벨과 왓슨은 전화기를 개발하는 작업에 몰두했다. 소리가 진동판을 진동시키면 유도전류에 의해 자석이 끌려갔다 멀어졌다 하면서 진동을 하고, 이 진동이 수신기 끝에서 소리로 재생된다는 원리였다.

벨은 그 동안의 연구결과를 정리하여 1876년 2월 14일에 특허를 출원했다. 흥미롭게도 같은 날에 웨스턴 일렉트릭(Western Electric)의 그레이는 전화에 대한 특허권 보호 신청서(caveat)를 제출했다. 벨이 그레이보다 2시간 빨리 특허를 신청했다고 하지만, 두 사람의 서류가 몇 시에 들어갔는지 확실히 입증하는 증거는 없다. 또한 특허권을 신청하는 타이밍이 그렇게 중요한 것은 아니다. 왜냐하면 당시 미국에서는 서류를 먼저 접수시킨 사람이 아니라 발명을 먼저 한 사람에게 특허권을 주었기 때문이다.

1876년 3월 7일에 미국 특허청은 벨의 특허를 승인했다. 사실상 그 특허는 전신의 개량에 관한 것이었으며, 설계도의 마지막 부분에 전화가 짧게 추가되어 있었다. 벨의 특허는 전신으로 분류되었고, 벨이 제출한 7개의 그림 중 마지막 그림만 전화를 묘사하고 있었던 것이다. 여기에도 흥미로운 일화가 숨어 있다. 허버드는 벨이 작성한 특허출원서를 읽고 전화에 대한 부분을 삭제하라고 했다. 허버드가 보기에는 전화가 엉뚱한 내용에 지나지 않았다. 그러나 벨은 전화에 대한 애착을 버리지 못했고 허버드를 설득하여 자신의 의견을 관철시켰다.

1876년 2월 14일에 특허를 출원한 후 벨과 왓슨은 액체를 이용해서 목소리의 세기에 따라 저항의 변화를 유도하는 실험을 계속하고 있었다. 그러던 중 3월 10일에는 벨이 실험 중에 컵에 담긴 액체를 쏟아버리는 일이 발생했다. 벨은 조수가 바로 옆에 있는 줄로 알고 "미스터 왓슨,

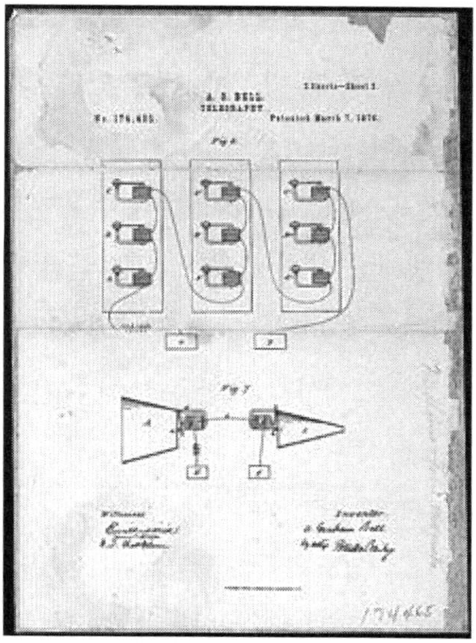

▸ 1876년 3월 7일에 특허를 받은 벨의 설계도

이리와 보시오. 볼 일이 있소(Mr. Watson, Come here! I want you.)"라고 말했다. 그런데 왓슨은 전화로 연결된 다른 방에 있었고, 메시지를 듣고는 곧바로 벨의 방으로 왔다. 앞의 글귀는 '세계 최초의 전화 메시지'로 평가되고 있으며, 많은 사람들과 언론들에 의해 계속해서 회자되었다.

벨은 사기꾼인가?

그러나 벨이 전화를 처음으로 발명한 사람인지에 대해서는 의견이 분분하다. 그 대표적인 예로는 미국의 과학전문기자로 2008년에 ≪텔레폰 갬빗(The Telephone Gambit)≫을 발간한 슐만(Seth Shulman)의 견해를 들 수 있다. 그는 특허신청서 사본, 특허심사관의 진술, 벨의 실험노트 등을 꼼꼼히 추적하면서 벨이 '전화기의 아버지'라는 통념에 의문을 던졌다. 슐만이

보기에는 벨의 진영이 그레이의 발명을 가로챘을 가능성이 농후했다.

슐만은 그 근거로 다음의 두 가지를 들고 있다. 첫째는 특허심사관이 그레이의 특허권 보호 신청서를 벨에게 보여주었다는 것이다. 특허심사관은 벨의 변호사인 베일리(Marcellus Bailey)와 남북전쟁을 함께 한 전우로 오랫동안 베일리에게 신세를 지고 있었다. 이를 활용하여 베일리는 특허심사관에게 100달러를 주는 조건으로 그레이의 발명에 대한 정보를 요구했고, 특허심사관은 벨에게 그레이의 도안을 보여주면서 그레이의 아이디어에 대해 설명했다는 것이다.

둘째는 벨이 그레이의 아이디어를 바탕으로 전화기를 발명할 수 있었다는 점이다. 슐만의 해석에 따르면, 벨은 처음에 전자석 송화기에 집중하고 있었지만 그레이의 신청서를 보고 난 후에 연구방향을 액체 송화기로 바꾸었다. 이에 대한 근거로는 벨이 1876년 2월 14일에 제출한 설계도에는 없던 사항이 3월 8일에 작성된 실험노트에 등장하고 있다는 점이 제시되었다.

이와 같은 슐만의 주장에 기술사학계는 별다른 반응을 보이지 않고 있다. 사실상 벨은 그레이의 발명을 일반적인 수준에서 들었다고 술회했다. 그러나 두 사람이 액체의 저항을 사용한 방식에서 기술적 차이가 있었다. 그레이는 판막 없이 목소리의 진동에 의해 바늘의 운동을 유도하는 데 초점을 두었고, 바늘을 액체 속에 깊이 담근 후 바늘 끝과 통 바닥 사이의 거리가 변화하는 것에 주목했다. 이에 반해 벨은 바늘을 연결한 얇은 판막을 액체 속에 넣어 바늘과 판막 사이에 발생하는 저항의 변화를 이용하려고 했기 때문에 바늘과 액체를 닿을 듯 말 듯 한 거리로 유지해야 했다. 그레이의 전화는 희미한 목소리만 전달할 수 있었으므로 벨이 그레이를 그대로 모방했더라면 벨 역시 성공하지 못했을 런지도 모른다.

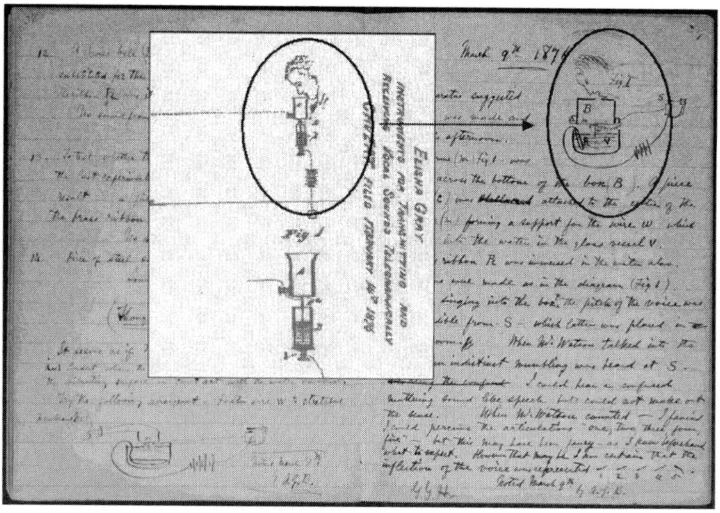

▸ 흰색 박스 안은 1876년 2월 14일에 그레이가 제출한 특허권 보호 신청서 3쪽에 실린 도안이고, 바닥 부분은 벨의 실험노트 중 1876년 3월 9일자 기록이다.

슐만의 주장은 그레이가 벨에게 특허 소송을 걸면서 제기한 바 있지만, 벨은 모두 무혐의 처분을 받았다. 또한 특허심사관이 벨과 그레이의 특허가 상충된다고 판단하고 이를 두 사람에게 통보했을 때 그레이는 별 미련 없이 자신의 특허권 보호 신청을 취소했다. 더 나아가 그레이는 한 동안 전화에 별다른 관심을 기울이지 않았다. 그는 당시 전신기술의 전문가로 다중 전신기의 개발에 몰입하고 있었으며 전화를 아이들의 장난감 정도로 치부했다. 그레이는 전화의 상업화가 본격화된 1877년 말에 전화에 대한 공식 특허를 신청했지만, 이는 받아들여지지 않았다. 그레이가 전화의 가능성을 인지한 것은 사실이지만, 전화를 완성하기 위한 후속 조치를 취하지 않았다는 것이다.[44]

44) 사실상 그레이는 벨보다 먼저 전화의 가능성에 주목했다. 그러나 당시의 ≪텔레그래퍼(Telegrapher)≫는 전화에 대한 아이디어가 유럽에서 이미 알려져 있으며, 전화가 상업적으

최초의 발명가를 찾아서

전화를 처음 발명한 사람이 이탈리아 출신의 과학자인 무치(Antonio Meucci)라는 주장도 있다. 그는 1854년과 1860년 사이에 전기로 작동하는 전화 시스템을 개발한 후 1871년에 임시 특허를 신청했다. 그러나 무치는 정식 특허를 내기 위해 웨스턴 유니언과 협의하는 동안에 전화기 모델과 설계도를 잃어버렸다. 벨이 전화로 특허를 취득한지 3년이 지난 1879년에 무치는 벨을 사기 행위로 고소했다. 지루한 법정 싸움이 이어졌지만, 1889년에 무치가 심장마비로 세상을 떠나면서 재판은 더 이상 지속되지 않았다.

▸ 잊혀 진 전화 발명가 그레이(왼쪽)와 무치(오른쪽). 2002년에 미국 의회는 무치를 전화기의 최초 발명가로 인정하면서 "무치에게 10달러의 신청비용만 있었더라면, 벨에게 특허권이 부여되지 못했을 것"이라고 언급하기도 했다.

로 활용될 가능성은 거의 없다고 평가했다. 이러한 평가는 그레이의 특허 변호사나 재정 후원자의 경우에도 마찬가지였다. 그레이는 전화에 대한 관심을 접은 채 다중 전신기를 개발하는 데 몰두했고, 전화가 상업화되기 전에는 1876년의 특허권 보호 신청서에 큰 미련을 두지 않았다. 그레이와 같은 전문가는 아마추어와 달리 지배적인 기술패러다임에 몰입되어 있으며, 기술자사회의 반응에 매우 민감한 특성을 가지고 있는 셈이다. 이에 대하여 하운셸(David Hounshell)이라는 기술사학자는 그레이와 전화에 대한 논문을 발표하면서 '전문가로 존재한다는 것의 불리한 점에 관하여(On the Disadvantages of Being an Expert)'라는 부제를 달았다.

몇몇 유럽 사람들은 독일의 과학자인 라이스(Johann Philipp Reis)가 전화를 처음 발명했다고 주장하고 있다. 라이스는 1861년에 멀리 떨어진 두 장소에서 대화를 주고받을 수 있는 장치를 발명한 후 이를 '텔레폰(das Telephon)'으로 불렀다. 같은 해에 그는 독일 물리학회에서 <직류 전기에 의한 전화>를 주제로 강연을 했다. 소리가 공기의 진동에 의해 전달되기 때문에 공기의 진동을 전류의 강약으로 바꾸면 음성을 전류에 실어 보낼 수 있다는 것이었다. 그로부터 2년 뒤 라이스는 전화기를 시장에 내놓았지만, 그것은 별다른 반향을 불러일으키지 못했다. 지금도 라이스의 묘소에는 "전화기의 참된 발명자, 필립 라이스"라는 비석이 세워져 있다고 한다.

더 나아가 미국의 페이지(Charles Page)가 전화에 대한 아이디어를 처음으로 구체화했다는 의견도 있다. 저명한 물리학자이자 내과 의사이던 페이지는 이미 1837년에 전자석으로 흘러들어 가는 전류가 빠른 속도로 방해를 받으면 소리가 방출된다는 중요한 사실을 발견했다. 그는 이러한 효과에 '전기 음악(electrical music)'이란 이름을 붙인 후 전류를 방해하는 속도의 변화에 따라 소리를 변화시킬 수 있다는 사실을 알아냈다.

이런 식으로 추적을 계속하면, 전화의 발명에 관한 사람들의 명단은 더욱 확장될 것이다. 사실상 19세기 중엽에는 전화 발명의 시기가 무르익었고, 많은 사람들이 전화에 도전했다고 볼 수 있다. 그것은 한 개인이 전화를 발명했다기보다는 복수의 사람들이 전화의 탄생에 기여했다는 논변으로 이어질 수 있다. 하지만 전화로 세계 최초의 공식 특허를 받고 그것으로 사업을 벌인 업적은 여전히 벨의 차지가 된다. 벨은 전화에 대한 특허 덕분에 엄청난 부자가 되었는데, 전화 특허는 미국의 역사를 통틀어 단일 특허로는 가장 높은 가치를 지닌 것으로 간주되고 있다.

박람회에서 대륙횡단까지

다시 1876년으로 돌아가자. 그 해는 미국 독립 100주년을 기념하여 필라델피아에서 박람회가 개최된 연도이기도 했다. 벨은 박람회 한 부스에서 전화기를 선보였는데, 6월 25일에는 브라질 황제 페드루(Pedro) 2세가 찾아왔다. 벨이 전화기를 통해 햄릿의 유명한 대사 "사느냐 죽느냐"를 말하자 그것을 들은 페드루 2세는 "이 물건이 말을 하네!"라며 크게 놀랐다. 심사위원 가운데 영향력이 컸던 영국 스코틀랜드 출신의 과학자 윌리엄 톰슨(William Thomson)은 "미국에서 봤던 것들 가운데 가장 놀라운 물건"이라 평했다. 그 해 11월에 벨은 100주년 박람회가 수여하는 상을 받았다.

전화의 상업적 잠재성이 확인되자 1877년 7월 9일에 벨은 허버드, 샌더스, 왓슨 등과 함께 벨 전화회사(Bell Telephone Company)를 설립했고, 이틀 후에는 자신의 제자인 메이블과 결혼식을 올렸다.[45] 1878년에 허버드는 벨 전화회사의 경영자로 베일(Theodore N. Vail)을 영입했다. 베일은 전신기술자로 경력을 쌓은 후 보스턴 우편국 국장으로 활동하고 있던 인물이었다. 베일은 우편 행정을 담당한 경험을 바탕으로 효과적인 전화 네트워크를 구축하기 시작했다. 특히 그는 전화 사업이 서비스와 가격의 양 측면에서 표준화된 체계에 근거해야 한다는 신념을 가지고 있었다.

벨 전화회사는 전화기기를 제작하는 기업들에게 자신의 특허를 대여하는 한편 특허를 침해한 기업을 고소하는 방식으로 전화 산업을 급속히

45) 벨 가문은 내셔널 지오그래픽 협회(National Geographic Society)와도 밀접히 연관되어 있다. 그 협회는 1888년에 창립되어 다음 해부터 ≪내셔널 지오그래픽 매거진≫(1959년 12월호부터 ≪내셔널 지오그래픽≫으로 변경됨)을 발간했다. 협회의 초대 회장은 벨의 장인인 허버드, 2대 회장은 벨, 3대 회장은 벨의 사위인 그로브너(Gilbert Grosvenor)가 맡았다. 기업가가 과학단체를 지원하는 것도 흔치 않는 일이지만, 사위가 대를 이어 회장을 맡는 것은 매우 독특한 사례에 해당한다. 허버드와 벨은 1880년에 창간된 ≪사이언스≫를 후원하는 일에도 관여한 바 있다.

▶ 많은 관중들이 지켜보는 가운데 뉴욕에서 시카고로 통화 중인 벨(1892년)

석권해 갔다. 벨 전화회사는 창립 이후 18년 동안 600건에 달하는 법정 공방을 치러야 했지만, 단 한 건의 소송에서도 패하지 않았다. 벨 전화회사는 1885년에 다른 기업들을 합병하여 미국전신전화회사(American Telephone & Telegraph, AT&T)로 확대·개편되었다. AT&T는 1892년에 뉴욕과 시카고를 전화로 연결했고, 1915년에는 뉴욕과 샌프란시스코 사이의 대륙횡단 전화통화에 성공했다.

1893년에 벨의 특허시효가 만료되자 많은 기업들이 전화 사업에 뛰어들었다. 그 결과 1902년이 되면 벨과 연계되지 않은 독립회사들이 9천 개에 이르렀다. 벨 전신회사나 AT&T가 전화를 사무용으로 간주했던 반면, 새로운 독립회사들은 전화가 사교의 목적으로 사용될 수 있다는 점에 주목했다. 당시에 중산층 여성을 비롯한 많은 사람들은 친구나 친지에게 안부를 전하고 이야기를 나누기 위해 전화를 활용하기 시작했으며, 이러한 전화의 다른 용도는 전화 시스템의 변화에도 반영되었다. 처음에는 교환수가 플러그를 써서 전화선을 수동으로 연결시켜 주었지만, 교환수가 전화를 통한 대화를 엿듣는 상황이 빈번히 발생하자 자동 다이얼에 의한 전화 시스템이 정착되었던 것이다.46)

우리나라에는 전화가 1882년에 처음 소개되었다. 선진기술을 습득하기 위해 청나라 텐진의 무기공장에 파견된 상운(尙澐)이 귀국하면서 전화기를 가지고 왔던 것이다. 실제 통화는 1896년에 이루어진 것으로 평가되고 있다. 경운궁(현재 덕수궁)을 중심으로 중앙부서를 연결하는 전화선과 더불어 서울과 인천을 잇는 전화선이 가설되어 공무용으로 사용되었다는 것이다. 당시에 전화기는 한자의 음을 따서 덕진풍(德津風) 혹은 득진풍(得津風)으로 표기되었고, 음성을 전달하는 기계라는 뜻에서 전어기(傳語機)로도 불렸다.

46) "현존하는 가장 유머러스한 작가"로 평가되는 빌 브라이슨(Bill Bryson)은 ≪발칙한 영어산책(Made in America)≫에서 전화와 관련된 언어의 변천에 대해 다음과 같이 썼다. "다이얼 전화기가 나오기 전까지는 "안녕하세요, 교환입니다(Hello, central)."라는 말이 널리 쓰일 정도로 교환원이 흔했다. "몇 번으로 연결할까요?(Number, please?)"는 공중전화와 함께 1895년에 생겨났다. 업종별 전화번호란(yellow pages)과 정보란(information)은 1906년에 처음 나왔고, 전화번호 일람표(telephone directory)와 전화번호부(telephone book)는 1907년과 1915년에 각각 탄생했다. 1915년에는 전국 연결 서비스(coast-to-coast service)가 개시되기도 했다. 시외전화를 하려면 30분 정도를 기다려야 했고, 최소 요금은 20달러 70센터였다."

19 백열등
전등 시스템을 구축한 에디슨

우리는 산업혁명이라고 하면 18세기 중엽부터 19세기 중엽까지 진행된 영국의 산업혁명을 떠올리지만, 역사가들은 또 하나의 산업혁명을 식별해 내었다. 대략 1870년부터 1920년까지 독일과 미국을 중심으로 전개된 제2차 산업혁명(The Second Industrial Revolution)이 그것이다. 두 산업혁명은 소재, 동력, 통신, 경영 등의 측면에서 상당한 차이를 보였다. 동력을 예로 들면, 영국의 산업혁명 때에는 증기가 활용되었던 반면 제2차 산업혁명 때에는 전기가 사용되기 시작했다. 와트(James Watt)가 본격적인 증기의 시대를 열었다면, 전기의 시대를 개막한 사람은 에디슨(Thomas A. Edison, 1847~1931)이었다. 에디슨은 "천재는 1%의 영감과 99%의 노력(Genius is one percent inspiration and ninety-nine percent perspiration)"라는 명언을 남기기도 했다.

▸ 백열등으로 전기의 시대를 연 에디슨

비용 분석에서 시작된 백열등 개발

에디슨은 1876년에 멘로 파크(Menlo Park)에 연구소를 차린 후 20여 명의 직원들을 데리고 조직적 차원의 발명을 시도했다. 그는 압력 계전기, 탄소 송화기, 축음기 등을 잇달아 발명한 뒤 1878년 9월 8일부터 백열등을 개발하는 작업을 추진했다. 그 작업은 13개월에 걸쳐 진행되었으며 수많은 시행착오를 수반했다. 동원된 금속선은 1,600가지에 달했다고 하며, 작성된 노트는 4만 페이지가 넘었다고 한다. 결국 에디슨은 1879년 10월 21일에 탄화된 실을 필라멘트로 사용한 백열등을 개발하는 데 성공했다. 이 날은 전기의 시대가 시작된 날로 평가되고 있다.[47]

---

47) 에디슨은 숱한 실패를 하면서도 낙담하지 않고 오뚝이처럼 계속 일어섰던 사람으로 전해진다. 예를 들어 에디슨은 1890년대 말에 축전지 개발을 시도했는데, 이에 대해 그의 친구인 맬로리(Walter S. Mallory)는 다음과 같은 일화를 소개한 바 있다. "알고 보니 에디슨은 새로운 종류의 전력저장용 축전지를 고안하느라 9,000번이 넘는 실험을

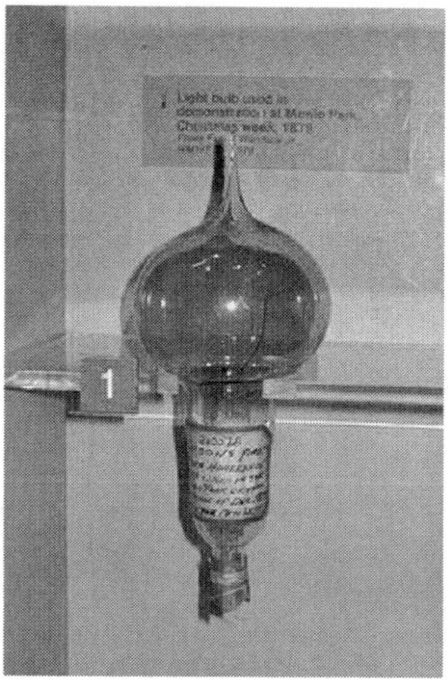

▸ 상업적으로 성공한 최초의 백열등 모델(1879년)

백열등이 개발되기 이전에도 전등은 있었다. 길거리에 설치된 아크등과 공장이나 가정에서 사용된 가스등이 그것이었다. 에디슨은 기존의 가스등보다 경쟁우위가 높은 전등시스템을 개발한다는 목표를 세웠다. 그가 가스등을 염두에 두었다는 사실은 그가 전선을 땅 밑에 묻었다는 점, 전기계량기의 설치를 요구했다는 점, 전구를 버너(burner)로 불렀다는 점 등에서 확인할 수 있다.

에디슨은 체계적인 비용 분석을 통해 전도체에 사용되는 값비싼 구리가 전등시스템의 개발에서 걸림돌로 작용한다는 점을 알아냈다. 이어 그는 전등에 필요한 에너지를 충분히 공급하면서도 전도체의 경제성을 보장하

했지만 문제를 해결할 단서를 찾지 못했다. 수없이 생각하고 수고한 과정을 알게 된 나는 비판보다는 동정심이 앞서 다음과 같이 말했다. "이렇게 엄청난 작업을 하고도 아무런 결과도 얻지 못했다니 참으로 애석하지 않나?" 에디슨은 나를 힐끗 쳐다보더니 미소를 지으며 이렇게 답했다. "결과? 이 친구야, 결과야 엄청나게 얻었지! 수천 가지 것들이 효과가 없다는 사실을 알아냈잖아!"

는 것을 핵심적인 문제로 규정했다. 에디슨은 옴의 법칙(I=V/R)과 줄의 법칙($Q=I^2Rt$)을 활용하여 전도체의 길이를 줄이고 횡단면적을 작게 하는 방법을 탐색했으며, 결국 오늘날과 같은 1암페어 100옴 짜리 고(高)저항 필라멘트라는 개념에 도달했다. 이처럼 에디슨이 고저항 전등에 주목하게 된 것은 체계적인 비용 분석에서 비롯되었으며, 그러한 과정에서 그는 백열등을 발명하는 것은 물론 100볼트와 같은 기술표준을 확립하는 성과를 거두었다.

요상한 송년 파티

에디슨은 기술을 선전하는 데에도 일가견을 가지고 있었다. 1879년 12월 31일에는 멘로 파크에서 요상한 송년 파티가 열렸다. 파티에 참석하는 사람들은 멘로 파크 역까지 연결된 특별 기차를 탔다. 역에 도착하자 사람들은 맨 먼저 백열등이 발산하는 빛의 인사를 받았다. 백열등은 역에서 에디슨의 연구소로 이어지는 길을 환하게 밝혔다. 연구소로 들어선 사람들은 백열등을 직접 보고 깜짝 놀랐다. 그들은 백열등이 부드러운 빛을 발산하기 때문에 눈이 피로하지 않다는 사실을 알 수 있었다.

그 때 에디슨이 등장했다. 사람들은 에디슨이 생각보다 젊다는 사실에 놀랐다. 당시에 에디슨은 겨우 32세에 불과했다. 에디슨은 느릿느릿한 말투로 백열등이 어떻게 작동하는지에 대해 간단히 설명했다. 에디슨의 설명이 끝나자 연구소의 직원들은 백열등 하나를 물이 가득 찬 그릇에 담았다. 그 백열등은 4시간 동안 한 번도 꺼지지 않고 계속 빛을 냈다. 에디슨은 또한 전기 모터를 사용하여 재봉틀과 펌프를 작동시키는 시범도 보였다.

▶ 멘로 파크 연구소에서 직원들이 함께 한 사진(1880년)

같은 날 밤에는 예기치 않았던 몇 가지 사건이 발생하기도 했다. 어떤 여자가 발전기에 너무 가깝게 가는 바람에 머리에 꽂은 핀이 떨어져 나갔는데, 그 일로 사람들은 자기장의 힘이 얼마나 센지 눈으로 직접 확인할 수 있었다. 가스등 회사에 근무하던 어떤 사람은 철선을 숨겨와 누전을 일으켜 행사를 방해하려고 했다. 그러나 에디슨의 백열등에는 이미 안전 퓨즈가 설치되어 있었기 때문에 어떠한 사고도 일어나지 않았다. 다만 그 사람만 연구소 직원들에 의해 문 밖으로 끌려갔을 뿐이다.

시스템 구축가로서의 에디슨

에디슨이 백열등만을 발명한 것은 아니었다. 그는 발전, 송전, 배전에 필요한 모든 것을 만들었다. 거기에는 전기 모터, 발전소, 전선, 소켓, 스위치, 퓨즈, 계량기 등이 포함되어 있었다. 에디슨이 발명한 것은 하나의 기술이 아니라 여러 가지 기술이 결합된 시스템이었던 것이다. 미국의 소여(William E. Sawyer), 독일의 괴벨(Heinrich Göbel), 영국의 스완(Joseph W. Swan) 등과 같이 에디슨에 앞서 백열등을 발명한 사람들은 많았지만, 에디슨을 백열등의 진정한 발명가로 평가하는 이유도 여기에 있다. 사실상 에디슨은 단순한 백열등 발명가가 아니라 전등의 활용에 필요한 거의 모든 것을 개발한 '시스템 구축가(system builder)'로 볼 수 있다. 이에 대하여 에디슨은 다음과 같이 말하기도 했다. "내가 해결하려던 문제는 바로 하나의 포괄적인 시스템을 구성하면서 서로가 서로에게 적합한 각양각색의 장치, 사용방식, 그리고 기구들을 생산해 내는 것이었다."

에디슨은 전등을 시스템적 차원에서 개발했을 뿐만 아니라 전등의 상업화를 위한 활동도 포괄적으로 전개했다. 그는 1878년에 전등의 개발을 담당하는 에디슨 전등 회사(Edison Electric Light Company)를 설립한 후 1881년에는 전등을 생산하는 에디슨 전구제작소(Edison Lamp Works), 발전기와 전동기를 제작하는 에디슨 기계제작소(Edison Machine Works), 전선을 생산하는 에디슨 전기튜브 회사(Edison Electric Tube Company)를 잇달아 설립했다. 이어 1882년에는 에디슨 전기조명 회사(Edison Electric Illuminating Company)를 설립하여 뉴욕 펄 가에 세계 최초의 중앙발전소를 세웠다. 이를 통해 전기에 관한 모든 서비스를 제공해 줄 수 있는 에디슨 제국(Edison Empire)이 구성되었으며, 에디슨의 주요 기업들은 1889년에 에디슨 제너럴 일렉트릭(Edison General Electric)으로 통합되었다.[48)]

---

48) 에디슨의 이러한 면모에 본격적으로 주목한 사람은 저명한 기술사학자인 휴즈(Thomas P. Hughes)였다. 그는 기술시스템(technological system) 이론을 제창하면서 에디슨을 '시스템 구축가' 혹은 '발명가 겸 기업가(inventor-entrepreneur)'로 규정했다. 휴즈에 따르면, "시스템 구축가가 갖는 일차적 특징 중의 하나는 다양성에서 동일성을, 다원주의에 맞서 중앙집권주의를, 혼란으로부터 일관성을 구성해 내고 강제할 수 있는 능력이다." 에디슨이 구축한 전등 시스템은 직류 방식에 입각하고 있었는데, 얼마 지나지 않아

▸ 1882년 뉴욕에서 노동자들이 에디슨 사의 전선을 지하에 설치하는 광경

물불인가, 건달불인가

우리나라에서는 개항 후 시작된 근대화 노력의 일환으로 전기가 도입되었다. 조선 왕실은 미국의 문물을 시찰했던 보빙사의 건의에 따라 1884년에 에디슨 전등 회사와 전등 설비를 위한 계약을 맺었다. 이어 1896년 11월에는 미국의 전등기사인 매케이(William McKay)가 초빙되었고, 1887년 1월에는 경복궁의 향원정과 영훈당 사이에 우리나라 최초의 전기등소(電氣燈所)가 완공되었다. 경복궁 전기등소는 16촉광의 조명도를 가진 백열등 750개를 점등할 수 있는 발전 규모를 보유하고 있었다.

테슬라와 웨스팅하우스 전기회사에 의해 교류 방식이 개발되었다. 직류 시스템과 교류 시스템 사이의 경쟁은 전쟁을 방불케 할 정도로 매우 격렬하게 전개되었으며, 이에 대해 역사가들은 '전류전쟁(current war)'이란 이름을 붙였다. 전류전쟁은 1895년에 나이아가라 폭포에 수력 발전소를 건설하는 공사는 웨스팅하우스가 발주하는 것으로 일단락되었다. 휴즈는 기술시스템의 진화 과정을 발명, 개발, 혁신, 성장, 경쟁, 공고화 등의 단계로 구분하면서 성숙한 기술시스템은 일종의 모멘텀(momentum)을 가지게 된다고 진단했다.

전등을 처음 본 조선 사람들은 “해처럼 밝은 빛”이라 하면서 놀라움을 금치 못했다. 당시에 전력은 향원정의 연못에서 물을 끌어들여 생산했기 때문에 ‘물불’로도 불렸다. 이와 더불어 ‘건달화(乾達火)’라는 우스갯소리도 등장했는데, 전등의 성능이 불안정한 탓에 불이 자주 켜졌다 꺼졌다 하는 것이 건들거리는 건달과 같다는 의미였다. 또한 발전기를 가동하면 연못의 수온이 상승하여 물고기가 떼죽음을 당했고, 이에 따라 물고기를 끓인다는 뜻의 ‘증어(蒸魚)’가 전등을 지칭하는 용어로 사용되기도 했다.

이런 식으로 궁궐에 처음 들어온 전기는 1898년에 한성전기회사(한국전력의 전신)가 설립되는 것을 계기로 민간에 보급되기 시작했다. 고종의 명을 받은 이근배와 김두승이 사업을 신청했고, 한성부 판윤 이채연이 초대 사장으로 부임했으며, 미국인 콜브란(Henry Collbran)이 회사의 운영을 맡았다. 경복궁에서는 조그만 자가발전설비로 전등이 켜졌지만, 한성전기회사는 중앙의 발전소에서 배전설비를 통해 가정과 사무실에 전기를 공급했다.

▸ 1901년에 전기가 보급된 진고개(현재의 충무로)의 모습

제너럴 일렉트릭의 산업적 연구

에디슨이 발명한 백열등을 개량하는 데 많은 노력을 기울인 기업은 제너럴 일렉트릭(General Electric, GE)이었다. GE는 1892년에 에디슨 제너럴 일렉트릭과 톰슨-휴스턴 회사(Thomson-Houston Company)가 합병되어 탄생했다. 두 기업은 모두 과도한 사업 확장으로 재정상의 어려움을 겪고 있었고 당시에 '금융 왕'으로 불렸던 모건(John P. Morgan)의 개입으로 합병의 길을 택했다. 기업 경영의 주도 세력이 발명가에서 금융가로 이동했던 셈이다.

1900년에 GE의 수석 자문기술자이던 슈타인메츠(Charles P. Steinmetz)는 경영진에게 사내 연구소를 설립할 것을 제안했고, 경영진은 이를 받아들여 뉴욕 주의 스키넥터디에 연구소를 설립했다. GE는 우수한 과학자를 유치하기 위하여 대학 교수보다 훨씬 많은 급여, 자유로운 근무시간, 그리고 연구 주제의 자율적 선택 등을 보장했다. 초대 소장으로는 MIT 교수 출신의 휘트니(Willis R. Whitney)가 임명되었는데, 그는 32년 동안이나 GE 연구소의 소장으로 일했다.

휘트니에 이어 MIT 전임강사이던 쿨리지(William Coolidge)와 스티븐스 공과대학 교수이던 랭뮤어(Irving Langmuir)가 GE 연구소에 합류했다. 연구진은 기존의 탄소 필라멘트보다 성능이 더욱 우수한 것으로 텅스텐 필라멘트에 주목했다. 쿨리지는 5년 동안 전등용 텅스텐 선을 만드는 방법에 대한 연구에 몰입했고, 1915년에 상업용 텅스텐 필라멘트를 개발하는 데 성공했다. 그러나 오랫동안 뜨거운 열을 받으면 텅스텐이 점점 약해지고 전등의 유리도 까맣게 타버리는 문제점이 있었다. 같은 해에 랭뮤어는 기존 펌프보다 성능이 약 100배 뛰어난 수은 압축 펌프를 개발한 뒤 백열등 내부에 추가할 기체를 찾는 실험을 수행했다. 결국 그는 1916년에 질소에

▸ 제너럴 일렉트릭에서 전등에 대해 토론 중인 랭뮤어(왼쪽)와 휘트니(오른쪽)

아르곤을 섞은 혼합 기체를 사용하면 전등의 효율성과 수명이 늘어난다는 점을 알아냈다.

이처럼 GE은 사내 연구소를 통해 새로운 기술을 잇달아 개발함으로써 전등 산업에 대한 독점적 지위를 계속 유지할 수 있었다. GE은 전문적인 과학자를 고용해서 산업적 연구(industrial research)를 수행한 최초의 기업으로 평가되고 있다.[49] 특히 랭뮤어는 연구소에 근무하면서 수많은 특허를

49) 기업체 연구소의 초보적인 형태는 1870년대에 출현했다. 그것은 염료산업이나 전기산업과 같은 과학기반산업(science-based industry)을 매개로 등장했다. 1870년대에 독일의 염료업체들은 대학의 연구실을 본떠 기업체 내에 연구개발을 담당하는 조직을 설치하기 시작했고, 1891년에는 바이엘이 사내 연구소를 공식적으로 출범시켰다. 또한 1876년에 에디슨은 개인적 차원이 아닌 조직적 차원의 발명을 추구할 목적으로 멘로 파크에 '발명공장(invention factory)'으로 불린 연구소를 설립했다. 그러나 독일의 기업체 연구소들은 신제품에 대한 연구보다는 품질검사에 초점을 두고 있었으며, 멘로 파크 연구소의 경우에는 기술자들이 활동을 주도하고 과학자들은 이를 보조하는 데 머물렀다. 이에 반해 1900년에 설립된 제너럴 일렉트릭 연구소는 과학자를 중심으로 기존의 기술을 개선하거나 새로운

출원함과 동시에 학술적 논문도 왕성하게 출판했으며, 1932년에는 계면화학의 발전에 크게 기여한 공로로 노벨화학상을 받았다. 이처럼 랭뮤어는 산업적 연구와 학문적 연구(academic research)를 훌륭하게 병행함으로써 과학자의 새로운 역할을 창출했다. 그것은 '랭뮤어 신화'로 불리면서 미국의 많은 기업체들이 산업적 연구를 추진하는 계기로 작용했다.

1931년 10월 21일 밤에는 미국 전역의 전등이 1분 정도 꺼졌다. 에디슨이 사망한 3일 후 추도의 의미를 담은 행사가 이루어졌던 것이다. 그 행사는 엔지니어 출신으로 당시 미국 대통령이던 후버(Herbert Hoover)의 요청으로 실현되었다. 이와 비슷한 행사는 통신기술에서도 종종 실시되었다. 예를 들어, 벨의 장례식이 거행된 날에는 미국과 캐나다의 전화 서비스가 1분 동안 중단되었고, 마르코니가 사망한 후에는 영국의 라디오 방송이 2분 동안 침묵을 지켰다.

기술을 탐색하는 연구를 추진했다. 산업적 연구가 확산되면서 기술혁신의 핵심적 주체는 독립적으로 발명활동을 수행하던 사람에서 기업체 연구소에 소속된 사람으로 서서히 변모해 갔다. 당시에 이루어진 기술혁신의 성격과 관련하여 토머스 휴즈(Thomas P. Hughes)는 독립발명가들은 정교화되지 않은 급진적 혁신(radical innovation)에 초점을 두는 반면, 기업체 연구원들은 이미 확립된 기술시스템을 개량하는 점진적 혁신(incremental innovation)을 중시한다고 지적한 바 있다.

20 내연기관

가스 엔진에서 가솔린 엔진으로

엔진 혹은 기관은 자동차의 필수적인 부분으로 종종 자동차의 심장에 비유된다. 오늘날 자동차에 주로 사용되는 엔진에는 가솔린 엔진과 디젤 엔진이 있는데, 두 엔진은 모두 내연기관(internal combustion engine, ICE)에 해당한다. 내연기관은 실린더 내부에서 연료를 연소시켜 동력을 발생시키는 엔진을 뜻한다. 내연기관과 대비되

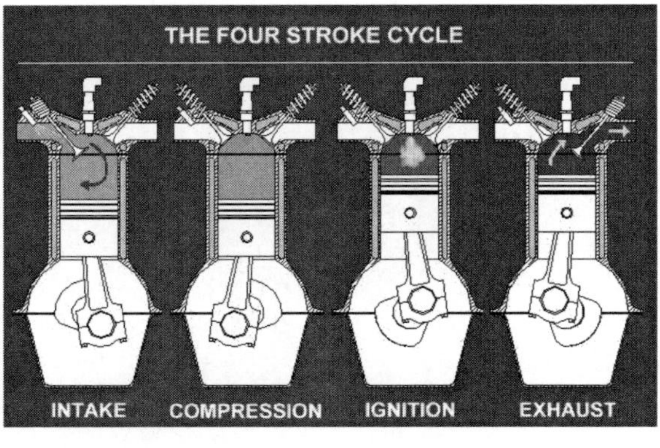

▶ 내연기관의 기본 원리가 되는 오토 사이클에 대한 개념도

는 것은 외연기관인데, 외연기관의 대표적인 예로는 증기기관을 들 수 있다.

내연기관에 대한 도전

증기기관은 열손실이 많다는 단점을 가지고 있다. 우수한 증기기관의 경우에도 열효율은 10% 정도에 지나지 않는다. 일을 끝낸 수증기가 다량의 열을 가진 채 버려지기 때문이다. 이러한 문제점을 개선할 수 있는 대안은 내연기관에 있었다. 19세기 후반부터 많은 발명가들이 내연기관의 개발을 모색한 것은 당연한 수순이었다.

역사상 최초의 내연기관으로는 벨기에 출신의 프랑스 기술자인 르누아르(Étienne Lenoir, 1822~1900)가 개발한 가스 엔진이 꼽힌다. 그는 1860년에 가스 엔진에 대한 아이디어로 특허를 취득한 후 실제로 엔진을 만들었다. 그것은 석탄가스와 공기의 혼합기체가 전기 불꽃에 의해 점화되면 폭발하면서 동력을 내는 메커니즘을 가지고 있었다. 그러나 르누아르 엔진은

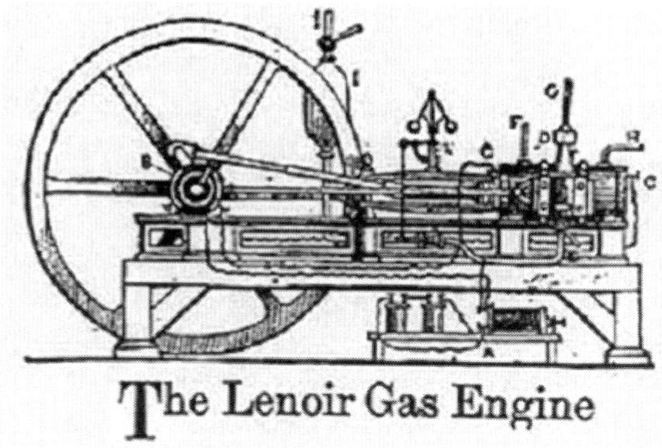

▸ 최초의 내연기관으로 평가되는 르누아르의 가스 엔진(1860년)

구조가 복잡하고 연료 소모가 많아 상업적으로 성공하지 못했다. 르누아르 엔진은 약 500개가 제작된 후 새로운 내연기관의 등장을 배경으로 자취를 감추었다.

최초로 상업적 성공을 거둔 내연기관은 독일의 기술자 오토(Nikolaus Otto, 1832～1891)가 개발했다. 그는 1864년에 랑겐(Eugen Langen)과 함께 엔진 공장을 설립한 후 르누아르 엔진을 개량하는 과정에서 흡기, 압축, 폭발(연소), 배기로 이루어진 '4행정 사이클(four stroke cycle)'이란 개념을 정립했다.[50] 오토는 1867년 파리 박람회에 4행정 가스 엔진을 출품하여 상당한 주목을 받았고, 그 후 지속적인 실험을 바탕으로 1876년에 실용적인 가스 엔진을 제작하여 이듬해에 특허를 취득했다. 그것은 '오토 사이클 엔진' 혹은 '오토 엔진'으로 불리면서 1890년까지 약 3만 개가 팔려나갈 정도로 큰 성공을 거두었다. 이에 대하여 오토의 경쟁자들은 오토가 드 로샤(Beau de Rochas)라는 프랑스 기술자가 1862년에 받은 특허를 침해했다고 주장하기도 했다.

당시의 기술자들이 증기기관과 내연기관의 사회적 기반을 대비시켰다는 점도 흥미롭다. 증기기관은 돈 많은 자본가의 전유물인 반면 내연기관은 소규모 장인이나 수공업자에게 필요한 값싼 동력원이라는 것이었다. 예를

---

50) 4행정 사이클을 간단히 설명하면 다음과 같다. ① 흡기행정: 피스톤이 상사점에서 하사점으로 이동하는 동시에 흡기밸브가 열리고 혼합기가 들어간다. ② 압축행정: 밸브가 닫히고 피스톤이 상승하면서 혼합기가 압축되기 시작한다. ③ 폭발(연소)행정: 충분히 압축된 혼합기가 점화플러그의 불꽃으로 폭발하게 된다. ④ 배기행정: 배기밸브가 열리고 연소 후 남은 배기가스가 빠져나간다. 이와 같은 흡기(피스톤의 하강), 압축(피스톤의 상승), 폭발(피스톤의 하강), 배기(피스톤의 상승)의 4행정은 1사이클을 구성하게 되는데, 내연기관이 작동하면 이러한 사이클이 반복적으로 수행된다. 예를 들어 자동차의 계기판에 1500rpm(분당 회전수, revolution per minute)이 표시된다면 1초당 25번의 회전을 하고 있는 셈이 된다. 그것은 (1500cycle/1min)×(1min/60s)=25cycle/s이란 계산을 통해 도출할 수 있다. 우리가 엑셀러레이터를 밟아 rpm을 올리면 엔진의 소리가 커지게 되는데, 그 소리의 정체를 4행정 사이클로 설명할 수 있는 것이다.

들어 독일 기계공학의 기초를 닦은 뢸로(Franz Reuleaux)는 1875년에 발간한 ≪이론운동학≫에서 다음과 같이 썼다. "크고 육중한 증기기관이 자본에게 제공하고 있는 것처럼 소규모 장인에게 저렴한 가격으로 기본 동력을 제공하자. 그러면 우리는 이 중요한 사회계급을 유지할 수 있을 것이다. 그들이 버티고 있는 곳에서는 그들을 더욱 강하게 하고, 이미 사라져가고 있는 곳에서는 그들을 다시 일으켜 세운다."

가솔린 엔진의 등장

가스 엔진에 이어 등장한 내연기관은 가솔린 엔진이었다. 가솔린은 석탄가스보다 무게가 가볍고 저장하기 쉬웠으며, 가솔린 엔진은 매우 빠른 속도로 작동할 수 있었다. 가솔린 엔진을 처음 개발한 사람으로는 독일의 기술자인 다임러(Gottlieb Daimler, 1834~1900)가 꼽힌다. 그는 1872~1882년에 오토의 회사에 근무한 후 슈투트가르트 근처에 자신의 공장을 차렸다. 그 후 다임러는 마이바흐(Wilhelm Maybach)와 함께 가솔린을 연료로 사용하는 내연기관을 개발하는 데 주력했다. 다임러는 1883년에 실제 작동이 가능한 가솔린 엔진을 제작했는데, 오토 엔진이 1분당 회전수가 150~180회였던 반면 다임러의 엔진은 1분에 900회를 회전했다. 다임러는 1885년에 타는 차(riding car)라는 뜻을 가진 '라이트바겐(Reitwagen)'을 선보였으며, 그것은 두 바퀴를 가진 자동차로 오늘날의 오토바이에 해당한다.

다임러와 비슷한 시기에 가솔린 엔진에 주목한 사람은 벤츠(Karl Benz, 1844~1929)였다. 벤츠는 처음에 2행정 가스 엔진을 만들었지만 1883년에 자동차 회사를 설립하는 것을 계기로 4행정 가솔린 엔진에 도전했다. 그로

▸ 세계 최초의 오토바이에 해당하는 다임러의 라이트바겐(1885년)

부터 2년 뒤인 1885년에 벤츠는 자신이 제작한 가솔린 엔진으로 자동차를 개발하는 데 성공했다. 그의 첫 자동차는 바퀴가 세 개 달린 삼륜차(三輪車)였는데, 그것은 벤츠가 당시에 유행하던 세발자전거(tricycle)를 바탕으로 자동차를 개발했기 때문으로 풀이되고 있다. 지금은 삼륜차가 자취를 감추었지만 1970년대만 해도 우리나라에는 삼륜차가 제법 많았다.

벤츠는 1886년 1월 29일에 자신의 자동차에 대한 특허를 받았다. 독일 정부의 공식특허 37,435번이었다. 특허명은 벤츠(Benz)가 특허(Patent)를 받은 모터(Motor) 달린 차(Wagen)라는 뜻의 '벤츠 파텐트 모토바겐 1호'였다. 이로써 벤츠는 세계 최초로 가솔린 자동차를 개발한 사람이 되었다. 이 특허는 자동차의 출생증명서로 간주되고 있다.

1886년은 기술의 역사에서 '자동차 빅뱅'의 해로 여기지고 있다. 그 해에 벤츠가 가솔린 자동차로 최초의 특허를 받았을 뿐만 아니라 다임러가 네 바퀴가 달린 가솔린 자동차를 개발했기 때문이다. 다임러는 마차를 구입한 후 자신이 제작한 가솔린기관을 장착해 네 바퀴 자동차를 완성했다. 기술적 측면에서는 다임러의 자동차가 벤츠의 자동차보다 훨씬 우수했다. 사실상 벤츠가 삼륜차를 내놓은 이유는 그의 엔진으로 네 바퀴를 작동시키

▸ 벤츠의 첫 자동차인 모토바겐 1호(1885년)

기에는 동력이 부족했기 때문이었다. 속도에서도 다임러가 앞섰다. 벤츠의 자동차는 시간당 13km의 속도를 보였던 반면, 다임러의 자동차는 시속 19km를 달릴 수 있었다. 그러나 특허를 먼저 받은 사람은 벤츠이기 때문에 '가솔린 자동차의 아버지'라는 명예는 벤츠에게 돌아갔다.

세계 최초의 장거리 주행

벤츠는 자신의 자동차를 지속적으로 개량했지만 그다지 큰 주목을 받지 못했다. 그러자 아내인 베르타(Bertha Ringer Benz)가 나섰다. 그녀는 1888년 8월에 모토바겐 3호를 타고 남편 몰래 여행을 떠났다. 13살과 15살짜리 두 아들을 데리고 만하임에서 친정이 있던 포르츠하임으로 갔던 것이다. 104km에 달하는 먼 거리였다. 게다가 연료도 충분하지 않고 부품도 준비되지 않았기 때문에 베르타는 숱한 위기를 극복해야 했다.

하이델베르크를 통과하고 비슬로흐에 도착하자 연료가 떨어졌다. 베르타는 가까운 약국으로 달려가 석유 용제의 일종인 리그로인을 구입해

▸ 자동차의 어머니로 불리는 베르타 벤츠

자동차에 주입했다. 이 약국은 '세계 최초의 주유소'라는 간판을 걸고 지금도 영업을 계속하고 있다고 한다. 이후 카를스루에를 거쳐 포르츠하임으로 가는 길은 더욱 고단했다. 기화기의 노즐이 막히면 머리핀을 이용해 구멍을 뚫었고, 와이어가 다른 부품에 닿아 간섭이 일어나면 스타킹으로 묶어 고정시켰다. 브레이크가 닳아 성능이 떨어졌을 때에는 구두 수선공을 찾아가 가죽 끈을 설치하기도 했다. 결국 해가 떨어질 무렵에 베르타는 고된 여행의 마침표를 찍을 수 있었고, 남편에게 무사히 도착했다는 전보를 쳤다.

베르타는 3일 동안 친정에서 머문 후 다시 만하임으로 돌아갔다. 이번에는 라인강 주변을 지나는 90km 길이의 지름길을 택했다. 이 길에는 2008년에 '베르타 벤츠 메모리얼 루트(Berta Benz Memorial Route)'라는 이름이 붙여졌고, 격년마다 자동차의 어머니 베르타를 기념하는 퍼레이드가 개최되고 있다. 이 길은 전 세계의 자동차 애호가들이 한 번은 꼭 달리고 싶은 길로 꼽히고 있다. 베르타의 여행은 자동차를 이용한 세계 최초의

장거리 주행으로 평가되며, 여성도 자동차를 운전할 수 있다는 이미지를 심어 주었다.51)

프랑스에서 더욱 많이 팔린 자동차

1890년대에 들어와 벤츠는 기존의 엔진을 개량하고 새로운 장치를 개발하여 네 바퀴 자동차를 만들기 시작했다. 그 결과 1893년에는 대형 사륜차인 빅토리아를, 1894년에는 소형 사륜차인 벨로가 생산되었다. 특히, 벨로는 무게가 가볍고 가격이 저렴하여 1901년까지 계속해서 시판되었다. 벨로는 세계 최초로 시리즈로 생산된 차종에 해당한다. 다임러도 1890년에 자동차 회사를 설립한 후 피닉스를 비롯한 새로운 차종을 개발하여 시판하기 시작했다.

벤츠와 다임러의 자동차는 독일보다는 프랑스에서 더욱 많이 팔렸다. 프랑스에서는 자동차에 대한 홍보가 적극적으로 이루어졌기 때문에 자동차에 대한 새로운 수요가 창출될 수 있었다. 파리 중심부의 대로나 쇼룸에 자동차가 전시되는가 하면, 자동차 선발 대회나 경주 대회가 수시로 개최되었던 것이다. 실제로 프랑스는 제1차 세계대전이 발발했던 1914년까지 세계에서 가장 자동차를 많이 생산하는 국가였다. 이에 대해 벤츠는 "독일은 자동차의 아버지다. 그러나 자동차의 어머니는 프랑스다."는 말을 즐겨 사용하곤 했다. 자동차를 낳은 곳은 독일이지만 기른 곳은 프랑스라는 뜻이다.

---

51) 벤츠는 ≪어느 독일 발명가의 인생역정≫이라는 자서전에서 자신의 아내에 대해 다음과 같은 글을 남겼다. "기나긴 인생을 항해하면서 우리가 탄 배가 뒤집어질 것 같은 위기가 여러 번 있었다. 그때마다 내 곁에서 나를 든든하게 붙잡아둔 사람은 바로 나의 아내이다. 용감하고 슬기로운 그녀는 위기의 순간마다 희망이란 새로운 돛을 높이 올려주었다." "세상을 움직이는 것은 남자이지만 남자를 움직이는 것은 여자"라는 말이 실감나는 대목이다.

▸ 세계 최초로 대량생산된 자동차로 평가되는 벤츠 벨로(1894년)

벤츠사는 1926년에 다임러사와 합병되어 다임러-벤츠사가 되었다. 그 때부터 다임러-벤츠사는 오늘날에도 유명한 차종인 메르세데스벤츠(Mercedes-Benz)를 생산하기 시작했다. 메르세데스는 다임러의 사업 파트너인 옐리네크(Emil Jelinek)의 딸 이름이었다. 다임러-벤츠사는 1998년에 미국의 크라이슬러(Chrysler)와 합병되어 다임러크라이슬러가 되었고, 다임러크라이슬러는 2007년에 다시 다임러 AG와 크라이슬러로 분리되었다.

21 라디오
무선전신에서 대중 방송으로

오늘날의 통신기술은 무선전신을 기본적인 전제로 삼고 있다. 무선으로 정보를 멀리 떨어진 지점까지 전송할 수 있다는 것이다. 무선전신의 가능성은 1864년에 영국의 과학자 맥스웰(James C. Maxwell)이 발표한 <전자기장에 대한 동역학적 이론>에서 비롯되었다. 이어 1888년에 독일의 과학자 헤르츠(Heinrich Hertz)는 전자기파의 존재를 실험적으로 확인했다. 헤르츠는 "우리가 사는 우주 공간에는 어디에나 과학자 맥스웰이 발견한 냄새도 없고 무게와 빛깔도 없는 에테르라는 것이 있어서 그것이 전파를 전달해 주는 역할을 한다."고 말했다. 이 말에 감동을 받고 무선전신의 상업화에 도전한 사람은 이탈리아의 발명가이자 기업가인 마르코니(Guglielmo Marconi, 1874~1937)였다.[52)]

52) 오늘날에는 라디오가 기계장치의 일종으로 간주되고 있지만, 초창기에는 라디오가 무선전신을 의미하는 용어로 사용되었다. 예를 들어 1912년 9월에 미국에서 제정된 라디오 인가법(Radio Licensing Act)도 무선전신을 규제하려는 목적을 가지고 있었다. 같은 해 4월에 타이타닉 호가 침몰하는 사고가 발생했을 때 "타이타닉의 승객은 무사하다, 지금 핼리팍스로 가고 있다."는 엉터리 메시지가 수신되었는데, 사람들은 그것이 아마추어

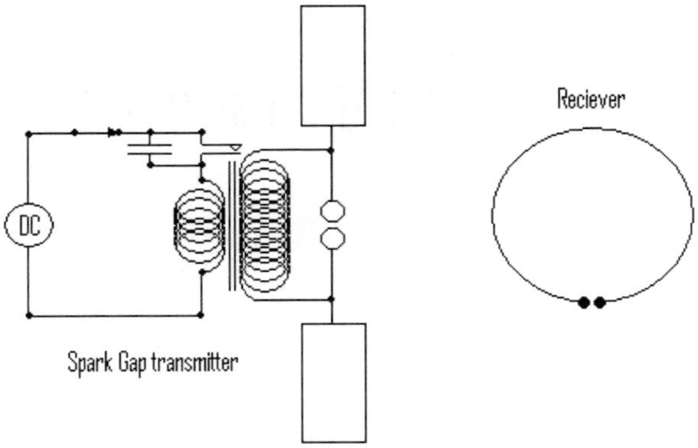

▶ 헤르츠의 전자기파 실험에 대한 개요도

무선전신의 주역, 마르코니

마르코니는 1894년부터 볼로냐 근처의 가족 사유지에서 무선전신에 대한 연구와 실험에 몰두했다. 문제는 전자기파가 전송되는 거리가 너무 짧다는 것이었다. 마르코니는 발진기(송신기)에 있는 유도 코일의 크기를 늘리고 절연 상태를 완벽하게 유지함으로써 더욱 강력한 스파크를 얻어낼 수 있었다. 그 다음 문제는 수신기(검파기)였다. 마르코니는 수신기의 민감도를 높이기 위해 수신기에 있는 튜브의 크기를 축소했다. 또한 수많은 재료에 대한 실험을 거쳐 가장 성능이 좋은 수신기를 만들 수 있는 방법을 터득했다. 그밖에 마르코니는 수신기를 두드리는 태퍼(tapper)를 발명하여 이를 계전기(relay)와 연결시켰으며, 발진기에 날개 모양의 콘덴서를 달았고 비슷한 날개를 수신기에도 적용했다.

무선사 클럽인 햄(HAM)의 장난이라고 생각했다. 라디오 인가법이 제정되면서 햄은 질이 별로 좋지 않은 200미터 파장만을 사용해야 하는 제약을 받았고, 장난 메시지를 보내는 경우에는 엄청난 벌금을 물게 되었다.

▶ 무선전신으로 세계 최초의 특허를 받은 마르코니

이와 같은 기술적 개량에도 불구하고 마르코니가 전자기파를 전송할 수 있는 거리는 0.5마일(약 800미터) 정도에 불과했다. 무선전신이 실용성을 가지기 위해서는 전송거리가 2마일(약 3.2킬로미터)까지 확대될 필요가 있었다. 2마일 정도가 되어야 배, 항구, 등대 사이의 송수신이 가능했던 것이다. 그러던 중 마르코니는 당시의 전신에서 사용되던 접지(earth)가 무선전신의 송수신에 필수적이라는 점에 주목했다. 발진기의 한쪽 끝을 전신주 꼭대기의 금속판에 연결하고 다른 한쪽 끝을 땅에 묻으면 신호가 증폭될 수 있다는 것이었다. 이러한 생각을 바탕으로 마르코니는 날개 모양의 콘덴서를 뾰족한 안테나로 진화시켰다. 오늘날의 관점에서 보면 무선안테나가 발명되었던 것이다.

마르코니는 전송거리를 점차적으로 확장하는 실험을 수행했고, 1895년 9월에는 2마일 떨어진 곳에 신호를 보내는 데 성공했다. 결국 그는 1896년 6월에 22세의 젊은 나이로 무선전신에 대한 특허를 세계 최초로 받을 수 있었다.

마르코니는 영국 정부의 지원으로 1년 정도에 걸친 실험을 수행할 수 있었다. 이러한 실험을 통해 신호를 보낼 수 있는 거리는 6.4킬로미터와

▸ 세인트존스에서 무선전신에 대한 실험을 수행하고 있는 광경

14.5킬로미터를 거쳐 19.0킬로미터까지 향상되었다. 1897년 8월에 마르코니는 세계 최초의 무선전신업체인 무선전신신호회사(1900년에 영국 마르코니 무선전신회사로 변경됨)를 설립했다. 그 회사는 등대와 등대선 사이에 무선전신시설을 설치하고 관리하는 업무를 출발점으로 하여 사세를 서서히 확장했다.

1899년 3월에 마르코니는 도버 해협에서 50킬로미터 거리의 송신에 성공하여 영국과 프랑스 사이의 무선전신 시대를 열었다. 마르코니의 사업은 더욱 번창하여 1899년에는 미국 마르코니 회사가, 1900년에는 마르코니 국제해상통신회사가 설립되었다. 1900년부터 마르코니는 유럽과 북미를 무선전신으로 연결하는 작업을 추진했다. 그는 영국 콘월 지역의 폴듀에 전송기지를, 캐나다 동쪽에 있는 세인트존스에 수신기지를 세웠다. 드디어 1901년 12월 12일에 마르코니는 세인트존스에서 희미한 S자에 해당하는 모스 부호를 들을 수 있었다. 무선전신이 대서양을 횡단하는 데 성공했던 것이다. 마르코니는 무선전신의 개발에 기여한 공로를 인정받아 1909년에 독일의 과학자인 브라운(Karl Ferdinand Braun)과 함께 노벨 물리학상을 수상했다.[53)]

누가 무선전신을 처음 발명했는가?

마르코니가 무선전신에 대한 세계 최초의 특허를 받았지만, 그와 비슷한 시기에 무선전신의 가능성을 탐구한 사람들도 제법 있었다. 프랑스의 브랑리(Édouard Branly), 크로아티아 출신의 테슬라(Nikola Tesla), 브라질의 드 무어라(Landell de Moura), 영국의 로지(Oliver Lodge), 인도의 보제(Jagadish C. Bose), 러시아의 포포프(Alexander S. Popov), 스페인의 바비에라(Julio Cervera Baviera), 독일의 브라운, 미국의 스톤(John Stone Stone) 등이 그들이다. 그중에서 주목할 만한 인물로는 테슬라와 로지를 들 수 있다.

로지는 1894년 9월에 옥스퍼드에서 있었던 영국과학진흥협회(British Association for the Advancement of Science)의 회합에서 무선전신에 대한 실험을 성공적으로 수행했다. 당시에 그는 자신이 개발한 송신기를 소개하면서 180피트(약 55미터) 떨어진 거리에서 모스 부호를 보내고 무선전신의 가능성을 논했다. 그러나 로지의 실험은 전자기파의 특성을 더욱 잘 이해하는 데 국한되어 있었고, 실용적인 장치를 개발하는 것으로 이어지지는 못했다.

이에 앞서 테슬라는 1893년 2월에 프랭클린 연구소(Franklin Institute)에서, 3월에는 국립전등협회(National Electric Light Association)에서 무선전신에 대한 시범을 보였다. 그것은 역사상 최초의 무선전신에 대한 실험으

53) 흥미롭게도 마르코니가 대서양 횡단 실험을 할 때에는 지구의 대기권에 전파를 반사하는 전리층이 존재한다는 사실이 알려져 있지 않았다. 이에 따라 당시의 과학자들은 지구의 곡률을 감안할 때 전파를 이용한 통신의 범위가 160킬로미터에서 320킬로미터 사이로 제한될 것으로 생각했다. 하지만 마르코니는 이러한 견해에 아랑곳하지 않고 실험을 추진했으며, 무려 5천 킬로미터나 떨어진 곳에서 무선으로 통신하는 데 성공했다. 대서양 횡단 무선전신의 성공으로 지구적 규모의 전파통신이 가능해졌으며, 전리층의 존재에 대한 연구가 본격적으로 추진되었다.

▸ 테슬라가 무선전신에 대해 강연하는 모습

로 평가되고 있다. 당시에 테슬라는 <빛과 다른 고주파 현상에 관하여(On Light and Other High Frequency Phenomena)>라는 논문을 통해 전선을 사용하지 않고 에너지를 전송하는 방법에 대해 논의하기도 했다. 그러나 테슬라는 너무 앞서갔다. 그는 거대한 무선전신 탑을 세워 전 세계에 메시지를 전하는 원대한 꿈을 가지고 있었던 것이다. 실제로 테슬라는 1901년에 워든클리프 타워(Wardenclyffe Tower)를 세우기 시작한 후 세계 시스템을 구축하기 위한 일련의 실험을 실시한 바 있다.

마르코니는 테슬라와 로지의 업적을 잘 알고 있었지만, 그들과는 다른 목표를 가지고 있었다. 테슬라가 너무 앞선 기술을 꿈꾸었고, 로지가 과학적 탐구의 차원에 머물렀다면, 마르코니는 중도적 노선을 택했다. 마르코니는 전송 거리를 점진적으로 증가시키는 방법을 통해 무선전신을 실제로 활용하는 데 전념했던 것이다.[54]

---

54) 필자는 2011년에 ≪네이버캐스트≫를 통해 <마르코니의 무선전신 발명>이란 글을 기고한 바 있다. 당시에는 테슬라에 대한 소개를 빠뜨렸는데, 이에 대해 "무선전신은 테슬라가 먼저 했는데…"와 같은 댓글이 쇄도했다. 현재로서는 "테슬라가 마르코니보다 2년 앞서 무선전신에 대한 실험을 했지만, 무선전신의 상업화에 최초로 성공한 사람은 마르코니이

세 사람 사이에는 특허 분쟁이 발생하기도 했다. 로지는 1897년에 자신의 연구에 대한 특허권 보호를 신청했지만, 그것이 마르코니의 특허 취소로 이어지지는 못했다. 테슬라는 1897년에 전기에너지의 무선 전송에 대한 특허를 출원했으며, 마르코니가 1901년에 무선전신의 대서양 횡단에 성공하자 특허 소송을 제기했다. 그로부터 42년이 지난 1943년에 미국 대법원은 "테슬라가 출원한 특허가 다른 것들에 우선한다."는 판결을 내렸다. 하지만 그 때는 이미 테슬라가 세상을 떠난 뒤였다. 또한 테슬라가 문제로 삼았던 특허는 마르코니의 여러 특허 중의 일부분에 지나지 않았다.

라디오가 탄생하기까지

20세기에 들어와 무선전신은 또 다른 욕망을 자극했다. 무선전신을 활용하여 인간의 음성을 전달한다는 것이었다. 캐나다 출신의 발명가로 한때 에디슨의 조수를 지냈던 페센든(Reginald Fessenden)은 1901년부터 마이크를 통해 소리를 전기 신호로 바꾼 뒤 연속적인 전파와 결합시키는 방법을 탐구했다. 드디어 1906년 크리스마스이브에 페센든은 자신이 개발한 발전기와 마이크를 이용해 바이올린을 연주하며 노래를 불렀고, 이를 무선으로 내보냈다. 당시에 대서양을 항해하던 선박의 통신사들은 모스부호가 흘러나와야 할 수신기에서 음악과 음성이 흘러나오자 크게 놀랄 수밖에 없었다. 이와 같은 페센든의 실험은 세계 최초의 '방송(broadcasting)'으로 평가되고 있다.

다."라는 식으로 결론을 내릴 수밖에 없다. 사실상 테슬라는 한 동안 기술사의 그늘에 놓여 있다가 1980년대에 들어와 본격적인 주목을 받기 시작했다. 이 때문인지 테슬라에 대해서는 과도한 신비화가 이루어지는 경우도 많은데, 현재 우리말로 번역된 학술적 전기도 에디슨보다 테슬라에 집중되어 있는 실정이다.

▸ 1920년대에 널리 사용되었던 광석 라디오인 마르코니 타입 106

최초의 라디오 수신기는 광석(鑛石) 라디오(crystal radio)였다. 그것은 광석 검파기(crystal detector)라는 광물 결정을 이용하고 있기 때문에 붙여진 이름이었다. 광석 검파기는 약한 반도체 광물을 이용해 높은 주파수의 전자기파를 우리가 쉽게 들을 수 있는 신호로 바꿔 주는 역할을 담당했다. 광석 검파기는 1904년경에 인도의 과학자인 보즈(Jagadish C. Bose)와 미국의 발명가인 피카드(Greenleaf W. Pickard) 등이 만들었다.

이와 비슷한 시기에 소리를 증폭하려는 시도도 이루어졌다. 1904년에 영국의 과학자이자 엔지니어인 플레밍(John A. Fleming)은 에디슨 효과(진공 속에서 금속이 가열할 때 전자가 방출되는 효과)를 활용하여 2극진공관(diode)을 발명했고, 1906년에는 미국의 엔지니어인 디포리스트(Lee de Forest)가 그리드를 추가하여 전류의 증폭을 가능하게 하는 3극진공관(triode)을 개발했다. 디포리스트의 3극 진공관은 20세기 중반에 트랜지스터가 등장할 때까지 라디오의 핵심 부품으로 사용되었다. 그는 사기 혐의로 고소를 당한 적도 있고 결혼도 4번이나 할 만큼 복잡한 삶을 살았지만, 300개가 넘는 특허를 출원한 전자공학의 귀재였다.

이어 1913년에는 미국의 엔지니어인 암스트롱(Edwin H. Armstrong)이

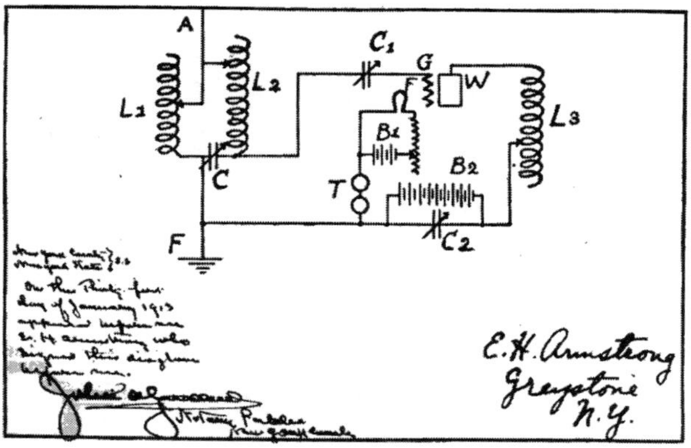

▸ 암스트롱의 되먹임 회로에 관한 도면

수신기의 감도를 1,000배까지 증가시킬 수 있는 되먹임 회로(feed back circuit)를 선보였다. 그는 1918년에 슈퍼헤테로다인 회로(superheterodyne)를 발명하여 오늘날과 같은 라디오의 원형을 제시하기도 했다. 8개의 진공관을 적절히 연결하여 수신기, 동조기(tuner), 증폭기가 한데 모인 것처럼 기능할 수 있게 했던 것이다. 암스트롱의 연구는 계속되어 1933년에 주파수 변조(frequency modulation, FM) 방식을 발명하는 것으로 이어졌다. 그것은 이전부터 사용되어 온 진폭 변조(amplitude modulation, AM) 방식에 비해 전송 거리는 짧지만, 배경 잡음을 현저히 줄일 수 있다는 장점을 가지고 있다.

라디오 방송을 이용한 정치

세계 최초의 상업적 방송은 1920년 11월 2일에 이루어졌다. 웨스팅하우스 전기회사가 암스트롱의 특허를 매입한 후 설립한 KDKA(KDKA는 미국 정부가 할당한 호출부호였다) 방송국이 미국 대통령 선거의 개표결과를 중계했던 것이다. 하딩이 대통령으로 당선되었다는 소식이 다음 날 아침에 신문이 배달되기도 전에 전달되자 미국 국민들은 라디오의 위력을 실감하게 되었다. 이를 계기로 라디오 방송은 급속히 성장하여 1924년에 이르면 미국의 곳곳에 500개에 가까운 상업방송국이 설립되었다. 1926년에는 미국라디오공사(Radio Corporation of America)에 의해 미국 전역을 포괄하는 방송국인 NBC(National Broadcasting Company)가 설립되었으며, 1928년에는 주파수를 배정하고 관리하는 연방라디오위원회(1934년에 연방통신위원회로 개편됨)가 발족되었다.

라디오의 덕을 가장 많이 본 사람으로는 루스벨트 대통령을 들 수 있다. 그는 미국의 집집마다 보급된 라디오를 잘 활용했다. 훗날 '노변담화(fireside chat)'로 불린 라디오 프로그램에서 루스벨트는 마치 난롯가에서 가족끼리 이야기를 나누는듯한 말투로 이야기를 풀어나갔다. 대공황 시절에 루스벨트는 미국 국민들에게 은행의 예금을 빼나가지 말아줄 것을 호소했고, 국민은 그를 믿고 따랐다. 이런 국민적 믿음을 바탕으로 루스벨트는 강력한 뉴딜정책을 시행할 수 있었다. 루스벨트가 하반신 장애인이었다는 점을 감안해 볼 때, 만약 당시에 텔레비전이 있었다면 그의 정치력은 상당히 약화되었을지도 모른다.

히틀러도 라디오를 잘 활용한 인물이었다. 그가 권력을 잡는 데에는 라디오를 통한 선전선동이 큰 몫을 했다. 히틀러는 권좌에 오른 후 선전장관인 괴벨스(Joseph Goebbels)를 통해 전 국민에게 라디오를 보급했다. "선전활동을 통해 많은 사람들에게 우리의 사상(나치즘)을 자연스럽게 침투시켜 사람들이 무의식적으로 받아들이게" 한다는 것이었다. 그 후 독일 국민들은 히틀러의 연설을 의무적으로 들어야 했으며, 이로 인해 히틀러는 권력을 더욱 확고히 할 수 있었다.

▸ 루스벨트 대통령이 정부와 자본주의에 대해 라디오 방송을 하는 모습(1934년)

우리나라에서는 1926년에 경성방송국(현재의 한국방송공사)이 설립되었고 1927년 2월 16일에 라디오 방송이 시작되었다. 1954년에는 국내 최초의 민간 방송인 기독교방송(CBS)이 설립되었으며, 1961년에는 국내 최초의 상업 방송인 문화방송(MBC)이 부산에서 개국했다. 최초의 국산 라디오는 금성사가 1959년에 출시한 A-501이었다. A는 교류(alternating current)의 첫 글자에서 따왔고, 5는 5구식 진공관 라디오라는 의미였으며, 01은 제품 1호를 뜻했다. 당시 라디오의 가격은 2만환이었는데, 금성사 대졸 사원의 3달치 월급에 해당했다.[55)]

55) 우리나라의 기술발전에 실제로 기여한 인물을 찾기는 쉽지 않다. 한국의 기술발전에는 집단적 학습이 중요했기 때문에 특정한 개인이 어느 정도 기여했는지를 판단하기가 쉽지 않은 것이다. 게다가 해당 사업을 이루어 낸 경영자가 부각되는 경향이 커서 실무 엔지니어의 이름이 알려지는 경우는 흔치 않다. 이러한 상황은 최근에 한국의 산업화에 기여한 엔지니어들이 자서전이나 회고록을 발간함으로써 조금씩 나아지고 있다. 국산 라디오 1호를 개발한 김해수(金海洙, 1923~2005)가 이러한 예에 속한다. 그에 대한 자전적 회고는 딸 김진주에 의해 2005년에 ≪아버지의 라디오≫라는 책으로 발간된 바 있다.

22 비행기
진정한 비행시대를 연 라이트 형제

1896년 8월 9일, 독일의 항공기술자 릴리엔탈(Otto Lilienthal)은 자신이 만든 글라이더를 타고 시험비행을 실시했다. 그러나 안타깝게도 비행 도중에 갑자기 강한 바람을 만나 추락하고 말았다. 그는 세상을 떠나기 직전에 다음과 같은 말을 남겼다. “인류의 행복을 위해 누군가 내 뒤를 이을 사람이 나타나리라고 믿는다. 이제까지의 나의 노력과 연구가 결코 헛된 일이었다고 생각하지 않는다. 그러므로 나는 기쁜 마음으로 눈을 감는다.” 이에 감동을 받고 비행기에 도전한 용감한 형제가 있었으니, 그들은 윌버 라이트(Wilbur Wright)와 오빌 라이트(Orville Wright)였다.

최초의 비행을 찾아서

라이트 형제 이전에도 유인비행은 지속적으로 시도되어 왔다. 역사상 최초의 유인비행은 1783년 프랑스에서 이루어졌으며, 당시에 사용된 비행기

▸ 비행기의 아버지로 평가되고 있는 라이트 형제. 왼쪽이 동생인 오빌이고, 오른쪽이 형인 윌버이다.

구는 몽골피에 형제(Montgolfier brothers)가 제작한 열기구(hot air balloon)였다. 이어 1852년에는 프랑스의 지파르(Henri Giffard)가 수소를 가득 채운 기구(氣球)에 곤돌라를 달아 증기기관과 프로펠러를 설치하는 방식을 통해 역사상 최초의 동력비행에 성공했다. 지파르의 경우처럼 엔진을 활용한 기구는 비행선(airship)으로 불리는데, 비행선의 대중화에 크게 기여한 사람으로는 독일의 체펠린(Ferdinand von Zeppelin)을 들 수 있다. 체펠린은 1901년에 바람을 거슬러 이동하는 최초의 비행선을 선보였고, 그것은 사람의 여행은 물론 폭탄의 수송에도 사용되었다.

이에 앞선 1890년에 프랑스의 아델(Clément Ader)은 증기기관으로 작동하는 비행기계인 에올(Éole)로 하늘을 날았는데, 이에 대해서는 일시적 도약에 불과했다는 평가가 지배적이다. 지파르와 체펠린이 공기보다 '가벼운' 비행체를 활용했다면, 아델의 비행은 공기보다 '무거운' 동력비행에 해당하는 것이었다. 아델은 1897년에 보다 성능이 개선된 아비온(Avion)을 개발하기도 했으며, 지금도 프랑스 사람들은 라이트 형제 대신에 아델을

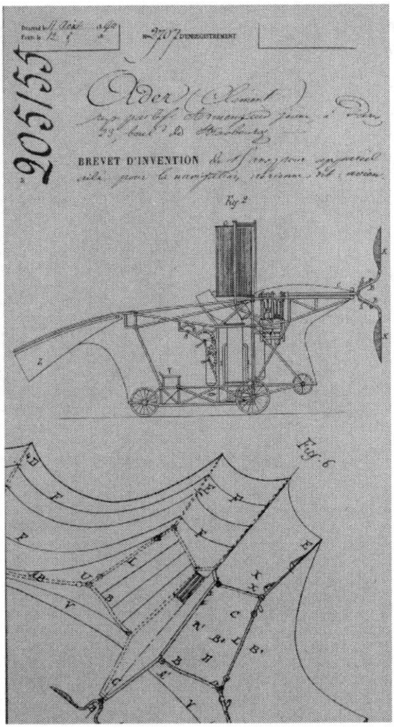

▸ 아델의 에올에 대한 특허 도면(1890년)

'비행기의 아버지'로 받들고 있다. 서두에서 언급한 독일의 릴리엔탈은 1894년에 글라이더(glider)를 활용한 비행에 성공했는데, 그것은 공기보다 무거운 '무동력' 비행으로 평가할 수 있다.

그렇다면 라이트 형제의 비행은 어떤 의미를 가지고 있을까? 1903년에 있었던 라이트 형제의 비행도 아델의 비행과 마찬가지로 공기보다 무거운 동력비행이었다. 다만 아델은 증기기관을, 라이트 형제는 가솔린기관을 사용했다는 차이점을 가지고 있다. 이보다 더욱 중요한 사실은 라이트 형제의 경우에는 비행사가 지속적으로 비행을 조정할 수 있었다는 점에서 찾을 수 있다. 라이트 형제의 비행은 유인비행, 동력비행, 공기보다 무거운 비행체, 지속적 비행 조정 등과 같이 오늘날의 비행과 동등한 성격을 띠고 있었던 것이다.

우리나라의 경우에도 비행기에 대한 기록이 있다. 16세기에 정평구(鄭平九)가 발명한 비거(飛車)가 그것이다. 정평구는 1592년 임진왜란 때 진주에서 비거를 사용해 외부와 연락을 하는 한편, 고립된 성에 갇혀 있던 성주를 30리 밖으로 탈출하게 했다고 한다. 그러나 비거의 형태와 구조에 대해서는 자세한 기록이 없다. 또한 중국 진(晉)나라의 장화(張華)가 쓴 ≪박물지(博物志)≫에도 비거나 나오는 것으로 보아 비거의 역사는 매우 오래되었다고 볼 수 있다.

자전거에서 비행기로

윌버는 1867년에, 오빌은 1871년에 태어났다. 두 사람은 모두 독신으로 살았으며, 평생 동안 친구처럼 사이좋게 지냈다. 라이트 가족은 1884년부터 데이턴에 정착했다. 윌버와 오빌은 모두 고등학교를 다니다가 학업을 중단했다. 형제가 처음 선택한 일은 인쇄 사업이었다. 그들은 기계 폐품을 모아 활자 인쇄기를 만든 후 교회에 필요한 인쇄물을 제작하여 공급했다. 1889년 3월에는 ≪웨스트사이드 뉴스≫라는 주간 신문을 발간했으며, 그것이 좋은 반응을 얻자 다음해 4월에는 신문을 일간으로 바꾸었다.

1892년 12월에 형제는 라이트 자전거 가게(Wright Cycle Exchange)를 차렸다. 친구가 타고 다니다가 고장 난 자전거를 분해하고 부속품을 갈아 깨끗이 수리해 준 것이 계기로 작용했다. 당시에는 각 지역별로 자전거 경주 대회가 열릴 정도로 자전거에 대한 열풍이 대단했다. 오빌은 자신이 만든 자전거로 경주 대회에서 우승을 하는 기염을 토했다. 이를 계기로 라이트 형제의 가게는 급속히 번창하기 시작했다.

라이트 형제는 자전거 사업에서 거둔 수익으로 릴리엔탈의 뒤를 이어 하늘을 나는 기계를 연구하기로 결심했다. 고등학교도 졸업하지 못한 라이트 형제는 독학으로 수학과 물리학을 열심히 공부했다. 이와 함께 그들은 비행과 관련된 문헌을 닥치는 대로 수집하여 집중적으로 탐구했다. 거기에는 릴리엔탈의 ≪항공의 기초로서의 새의 비행≫, 샤누트(Octave Chanute)의 ≪비행기계 발전의 현황≫, 랭글리(Samuel P. Langley)의 ≪항공역학 실험≫ 등이 포함되어 있었다. 샤누트는 라이트 형제에게 비행기술에 대한 자문을 제공했으며, 라이트 형제가 성공한 이후에도 대변인 역할을 담당했다.

▸ 라이트 형제의 자전거에 대한 광고

“오직 우리의 연구만을 믿는다.”

1900년 9월에 라이트 형제는 본격적인 비행실험을 위해 노스캐롤라이나 주의 키티호크로 갔다. 처음에 형제는 쌍날개가 달린 글라이더를 제작하여 실험을 했는데, 1호기(1900 글라이더)의 비행거리는 30m밖에 되지 않았고, 2호기(1901 글라이더)의 경우에도 180m에 지나지 않았다. 결국 라이트 형제는 비행 문제를 원점에서 다시 생각하기로 했다. 오빌의 회고에 따르면, “우리는 모든 것을 팽개치고 오직 우리의 연구만을 바탕으로 하기로 결심했다.”

라이트 형제는 1901년 10월에 약 2m의 풍동(風洞, wind tunnel)을 만들어 200여 개의 날개 모형에 대한 체계적인 실험을 수행했다. 풍동은 자전거 부품들과 철 조각들로 만들어져 볼품없어 보였지만, 비행기에 못지않게 중요한 라이트 형제의 발명품이었다. 그들은 풍동 장치를 통해 날개가 받는 양력(lift force)과 항력(drag force)을 정확하게 계산할 수 있었고, 길고 폭이 좁은 날개가 항공학적으로 효율이 가장 높다는 사실을 알아냈다.

▸ 라이트 형제의 풍동에 관한 복제품으로 버지니아 항공우주센터에 전시되어 있다.

▸ 랭글리가 제작한 그레이트 에어로드롬으로 피츠버그 대학에 전시되어 있다.

이러한 실험을 바탕으로 만들어진 3호기(1902 글라이더)는 대성공이었다.

라이트 형제의 최대 경쟁자는 랭글리였다. 랭글리는 펜실베이니아 웨스턴 대학(현재의 피츠버그 대학)의 교수를 거쳐 스미소니언 협회의 사무총장을 맡고 있었던 유명한 과학자였다. 그는 '그레이트 에어로드롬(Great Aerodrome)'이라는 비행기를 만든 후, 1903년 10월 7일과 12월 8일에 공개적인 비행실험을 했다. 그의 비행실험은 모두 실패로 끝나고 말았지만, 라이트 형제에게는 좋은 자극이 되었다.

사실상 공식적 지식의 측면에서는 라이트 형제보다 랭글리가 뛰어났다. 그렇다면 왜 랭글리는 실패했는가? 랭글리는 모형 비행기를 제작한 후 그것을 그대로 확장하여 실물 비행기를 만들었다. 그에게는 비행기를 실제로 조정하는 일이 부차적인 문제에 불과했다. 이에 반해 라이트 형제는 모형 비행기가 아니라 실물의 글라이더에서 출발했다. 이론과 실제는 다른 법이다.[56]

56) 라이트 형제가 조종의 문제를 중시한 것은 자전거에 대한 경험에서 비롯되었다고 할 수 있다. 자전거의 방향을 전환하려면 몸을 움직여 균형을 잡아주어야 하듯이, 형제의

비행기인가, 거짓말쟁이인가

드디어 1903년 12월 17일, 키티호크에서 라이트 플라이어(Wright Flyer) 1호가 하늘을 나는 행사가 거행되었다. 비행사는 동생인 오빌, 비행시간은 12초, 날아간 거리는 36.5m로 기록되었다. 역사에 남는 최초의 비행사를 정하기 위해 동전을 던졌다는 일화도 전해진다. 오빌의 첫째 비행에 이어 윌버, 오빌, 윌버의 순으로 추가적인 비행이 실시되었다. 네 번째 비행에서 체공시간은 59초였고, 비행거리는 259m를 기록했다.

라이트 형제는 플라이어 1호의 문제점을 분석한 후 1904년에 플라이어 2호를 만들었다. 플라이어 2호의 경우에는 상체를 일으켜 비행기를 조종할

▸ 1903년 12월 17일에 있었던 플라이어 1호의 처녀비행 장면. 오빌이 비행기를 조정하고 있고, 윌버는 날개 끝에서 달려가고 있다.

비행기도 조종사가 몸을 이동할 수 있도록 설계되었다. 또한 방향키(rudder)가 앞에 있고 체인으로 동력을 전달하는 등 라이트 형제가 만든 비행기의 구조에도 자전거의 흔적이 남아 있었다. 형제는 양력(lift, 유체 속을 운동하는 물체에 수직 방향으로 작용하는 힘)과 항력(drag, 유체 속을 운동하는 물체에 반대쪽으로 작용하는 유체의 저항력)이 평행이 되는 각도를 계산할 때에도 자전거를 활용했다. 자전거의 핸들 위에 옆으로 누인 바퀴를 매달고 거기에 날개 모형과 항력 판을 부착한 뒤 자전거를 타고 달리면서 실험을 했던 것이다.

수 있도록 했으며, 비행기에 바퀴를 달아 어디에서나 날 수 있도록 했다. 1905년에는 플라이어 3호가 제작되었다. 이 때 라이트 형제는 날개 비틀기를 방향키와 분리하여 따로 작동하도록 조치했다. 형제는 플라이어 3호로 선회 비행과 8자 비행에도 성공했다.

1908년 5월에 윌버는 플라이어 3호를 배에 싣고 프랑스로 건너갔다. 불행하게도 여행 중에 비행기의 일부가 파손되는 바람에 그것을 수리하는 데 몇 주일이 걸렸다. 그러자 프랑스의 언론들은 <비행기인가 거짓말쟁이인가?(Flyer or Liar?)>라는 제목의 기사를 실으면서 라이트 형제를 허풍쟁이로 몰아세웠다. 그러나 플라이어 3호는 8월 8일에 르망 근처의 경마장에서 하늘을 멋지게 날았으며, 이를 지켜본 프랑스 사람들은 감탄사를 연발했다.

1908년 9월 17일에는 워싱턴 시 외곽의 포트 마이어에 1천 명에 달하는 구경꾼들이 모여 들었다. 라이트 형제는 1년 전에 미국 국방부와 계약을 체결했는데, 그것이 적절히 달성되었는지를 평가하기 위한 시범비행이 있었던 것이다. 오빌과 육군 중위 셀프리지(Thomas E. Selfridge)가 동승한 모델 A는 계약에 명시된 기준을 넘어서는 성과를 보였다. 그러나 마지막 순간에 비행기의 프로펠러가 파손되는 바람에 셀프리지가 목숨을 잃고 말았다. 그것은 세계 최초의 동력 비행에 의한 사고로 기록되고 있다. 이러한 사고에도 불구하고 미국 국방부는 비행기를 군사 무기로 채택하기로 결정했다.[57)]

---

57) 당시에 비행 사고의 소식을 접한 아버지는 오빌에게 다음과 같은 편지를 보냈다. "네가 느끼는 고통에, 그리고 항공술에서의 최종적인 성공이 지연되었다는 실망에 나 역시 괴로워하고 있단다. 하지만 우리는 네 목숨이 붙어 있다는 사실에 매우 감사드리고, 네가 신속하게 회복될 것임을 믿으며, 아울러 과거와 마찬가지로 미래에도 너의 승리를 자신하고 있단다." 이어 윌버는 ≪파리 헤럴드≫와의 인터뷰에서 다음과 같이 말했다. "저 불쌍한 셀프리지 씨의 죽음은 저에게도 다소간 책임이 있다고 생각됩니다. 다만, 지금으로선 저도 그 사고를 명확하게 설명하지는 못하겠습니다. 물론 비행기를 다룰 때는 물론이고, 사실상 기계적인 것을 다룰 때는 언제나 뭔가가 고장 날 가능성은 항상 있게 마련입니다. 하지만 우리는 모든 위험을 제거했다고 상상하곤 하죠."

다음 날 비행을 기다리며

형제는 본격적인 비행기 사업을 위하여 1909년 11월 22일에 라이트 회사(Wright Company)를 설립했다. 윌버가 사장, 오빌이 부사장이었다. 라이트 회사는 기존의 모델을 더욱 개선한 모델 B를 선보였고, 1910년 11월 7일에 모델 B는 역사상 최초로 상업적인 항공화물을 운송하는 데 성공했다. 이후에 라이트 회사의 비행기 제조공장은 미국을 넘어 프랑스, 독일, 영국 등지에서 잇달아 설립되었다.

하지만 이 무렵에 라이트 형제의 특허를 침해하는 사람들이 나타났다. 형제가 가장 치열하게 특허 분쟁을 벌인 상대는 커티스(Glenn H. Curtiss)였다. 모터사이클 선수로 명성을 날렸던 커티스는 벨(Alexander G. Bell)이 결성한 항공협회(Aeronautic Society)를 매개로 비행기를 개발하는 데 몰두

▸ 1910년경에 제작된 라이트 엔진으로 뉴잉글랜드 항공박물관에 전시되어 있다.

했다. 1908년에 커티스가 비행 실험에 성공하자 라이트 형제는 특허료를 지불할 것을 요청했다. 그러나 커티스는 이를 거부하고 자신이 제작한 비행기를 항공협회에 판매했다.

이에 라이트 형제는 커티스에 대해 특허권 침해 소송을 제기했다. 5년 동안의 긴 공방이 있은 후 1913년에 라이트 형제는 커티스에게 승소했다. 그러나 커티스는 판정에 불복하면서 항소를 제기했다. 두 진영의 특허분쟁은 미국이 제1차 세계대전에 참전했던 1917년에 미국 정부의 중재로 상호 특허사용 협정이 체결되면서 마무리되었다. 1929년에 라이트 형제와 커티스의 두 회사가 합병되어 커티스-라이트 회사(Curtiss-Wright Corporation)로 탄생했다는 점도 역사의 아이러니가 아닐 수 없다.

비행기는 제1차 세계대전을 계기로 본격적으로 개발되기 시작했고, 1920년대에는 프로펠러와 동력장치를 앞에 달고 꼬리날개를 뒤에 다는 비행기가 보편화되었다. 1927년에는 린드버그(Charles A. Lindbergh)는 대서양 횡단 비행에 성공함으로써 비행에 대한 열기를 고조시키기도 했다. 제2차 세계대전 때에는 제트 엔진과 로켓 엔진을 비롯한 고속 엔진의 개발이 추진되었고, 이후에 제트 엔진은 장거리 공중운송수단에, 로켓 엔진은 미사일이나 인공위성의 발사체로 사용되었다.58)

58) 콘스턴트(Edward W. Constant)라는 기술사학자는 1980년에 발간한 ≪터보제트 혁명의 기원들(Origins of the Turbojet Revolution)≫에서 제트 엔진의 개발에 대해 흥미로운 해석을 제안한 바 있다. 그에 따르면, 1920년대만 해도 프로펠러 비행기에 별다른 기술적 문제가 없었지만, 휘틀(Frank Whittle)을 비롯한 몇몇 엔지니어들이 "만일 비행기의 운항 속도가 계속 증가한다면 프로펠러는 더 이상 비행기의 추진 장치로 사용할 수 없다."는 점을 인식하면서 제트 엔진에 대한 연구에 착수했다. 기존의 기술패러다임이 잘 확립되어 있었음에도 불구하고 향후에 발생할 변칙을 미리 추정함으로써 새로운 기술패러다임이 모색되었다는 것이다. 콘스턴트는 이를 '추정적 변칙(presumptive anomaly)'으로 불렀는데, 그것은 쿤이 ≪과학혁명의 구조≫에서 개념화한 변칙의 유형을 더욱 확장했다는 의미를 가지고 있다.

한번은 오빌이 기자들로부터 “비행기를 개발하는 과정에서 언제 가장 큰 흥분을 느꼈냐?”는 질문을 받았다. 많은 사람들은 역사상 최초의 비행에서 기체가 이륙하던 순간이었을 것으로 예상했다. 그러나 오빌은 예상을 깨고 다음과 같이 대답했다. “비행을 하지 않을 때 더 전율을 느꼈습니다. 무슨 얘기냐고요? 비행 전날 침대에 드러누워 다음 날 비행이 얼마나 짜릿할지를 생각해 볼 때가 가장 흥분되었으니까요.”

23 화학비료
하버와 암모니아 합성법의 개발

19세기 말 인류는 '식량부족'이라는 어두운 그림자에 둘러싸여 있었다. 세계 인구는 15억 정도로 크게 늘어났지만 농업생산성은 더 이상 향상되지 않았던 것이다. "식량은 산술급수적으로 증가하는 반면 인구는 기하급수적으로 팽창한다."는 맬서스의 예언이 들어맞는 듯했다. 이러한 배경에서 당시의 과학계에서는 화학비료를 개발하여 전 세계의 인구를 먹여 살리는 것이 중요한 과제로 떠올랐다. 그것은 독일의 화학자인 프리츠 하버(Fritz Haber, 1868~1934)가 1909년에 공기 중의 질소로 암모니아를 합성하는 데 성공함으로써 해결되기 시작했다.

비료의 3요소

식물이 성장하기 위해서는 탄소, 수소, 산소, 질소, 인, 칼륨 등의 원소가 필요하다. 그 중 탄소는 공기 중에서 이산화탄소의 형태로, 수소와 산소는 뿌리를 통해 물의 형태로, 그 밖의 원소들은 토양에서 무기 염류의 형태로

▸ 암모니아 합성법으로 1918년 노벨 화학상을 수상한 프리츠 하버

흡수된다. 그런데 농작물의 경우에는 식량용으로 매번 거두어들여지기 때문에 토양 속의 양분이 부족해져 이를 인위적으로 공급해 주는 것이 필요하다. 이처럼 농작물에 양분을 주기 위해 토양에 뿌리는 물질을 비료(肥料, fertilizer)라고 한다.

인류는 오랫동안 식물의 퇴적물이나 동물의 분뇨를 비료로 사용해 왔다. 18세기에는 "퇴비는 돈의 어머니이다."는 속담이 생겨날 정도로 천연비료의 사용이 본격화되었다. 그러나 산업화의 진전과 위생상태의 개선으로 인구가 가파르게 증가하면서 천연비료에 의존하는 농업은 한계에 봉착했다. 이에 대응하여 19세기 이후에는 비료를 과학적으로 분석하고 인공적으로 합성하기 위한 시도가 계속되었다. 1840년에 독일의 화학자 리비히(Justus von Liebig)는 질소, 인, 칼륨이 농작물의 성장을 촉진한다는 점을 체계적으로 밝혔다. 질소, 인, 칼륨은 비료의 3요소로 불리는데, 리비히는 그 중 어느 하나라도 부족하면 농작물이 제대로 성장하지 못한다는 '최소량의 법칙'을 주창하기도 했다.

▸ 최소량의 법칙을 설명하는 데 널리 사용되고 있는 리비히의 물통(Liebig's barrel). 여러 개의 나무판을 잇대어 만든 나무 물통이 있을 때, 나무 물통에 채워지는 물의 양은 가장 낮은 나무에 의해 결정된다.

비료의 3요소 중 유럽 사회에서 가장 문제가 된 것은 질소였다. 인산비료와 칼륨비료는 비교적 쉽게 확보할 수 있었지만, 질소비료의 경우에는 그렇지 않았던 것이다. 당시 유럽은 칠레 초석(칠레에서 산출되는 천연 질산나트륨 광을 정제한 것)으로 알려진 질소비료의 원료를 남아메리카로부터 수입해서 사용하고 있었다. 그러나 칠레 초석에 대한 수요가 엄청났기 때문에 칠레 초석이 곧 고갈될 것은 자명한 이치였다. 1879~1883년에는 아타카마 사막에 있는 칠레 초석의 생산지를 둘러싸고 페루, 칠레, 볼리비아가 피비린내 나는 전쟁을 벌이기도 했다.

질소 고정법을 찾아서

질소비료를 개발하기 위한 근본적인 해결책은 공기 중의 약 78%를 차지하는 질소를 활용하는 데 있었다. 질소를 고정하는 방법으로 과학자들이 처음 주목한 것은 산화질소 합성법이었다. 산화질소는 18세기 중엽에 영국의 과학자 캐번디시(Henry Cavendish)가 전기방전을 이용해 합성한 것으로 고온에서 공기 중의 질소와 산소가 반응해서 생성된다. 산화질소를 물에 녹이면 질산이나 아질산이 생기고, 그것을 가공하면 질소비료를 생산할 수 있다. 19세기 말에는 오스트발트(Wilhelm Ostwald)와 네른스트(Walter Nernst)를 비롯한 많은 화학자들이 산화질소의 합성에 뛰어 들었다. 그러나 산화질소 합성법은 엄청난 양의 전기를 요구했기 때문에 경제성을 결여하고 있었다.

산화질소 합성법의 대안으로 고려된 것은 암모니아 합성법이었다. 질소를 수소와 결합시켜 비료의 원료인 암모니아를 만든다는 것이었다(이를 화학반응식으로 표현하면 $N_2+3H_2 \rightleftarrows 2NH_3$이 된다). 사실상 리비히 이래 많은 화학자들이 암모니아 합성법에 도전했지만 아무도 성공하지 못했다. 질소 분자를 이루고 있는 두 원자는 매우 강한 화학결합으로 묶여 있기 때문에 암모니아를 다량으로 만들 수 있을 정도로 질소 분자를 분리하는 것은 매우 어려운 일이었다. 열을 가함으로써 질소 원자와 수소 원자를 잠깐 동안 결합시킬 수는 있었지만, 암모니아는 금방 질소와 수소로 다시 분해되었던 것이다.

하버는 1903년부터 암모니아 합성법에 관심을 보였다. 그는 질화칼슘과 수소를 고온에서 반응시켜 암모니아를 얻었지만, 생성되는 암모니아의 양이 너무 적었다. 곧이어 질소와 수소를 직접 반응시켜 암모니아를 합성했지만, 이번에는 수율(收率)이 낮아 별다른 쓸모가 없었다. 하버는 암모니아 합성법에 대한 연구를 일단 보류하다가 1907년부터 다시 도전했다. 그 해에 함부르크에서 열린 독일 물리화학회에서 하버는 암모니아 생성 반응에서 농도가 어떻게 변화하는가에 대하여 네른스트와 논쟁을 벌였고, 그것이 계기가 되어 암모니아 합성에 더욱 박차를 가했던 것이다.

▸ 하버가 암모니아 합성실험에 사용한 장치

암모니아를 합성하기까지

당시에 하버는 상당히 높은 압력을 활용하면 암모니아의 수율을 높일 수 있다고 생각했다. 그는 학회를 마치고 카를스루에 대학으로 돌아오자마자 기계기술자인 키르헨바우어(Friedrich Kirchenbauer)의 도움으로 고압 반응 기구를 제작했다. 이어 영국 출신의 화학자 르 로시뇰(Robert Le Rossignol)과 함께 밤낮없이 암모니아 합성실험을 진행했다. 밤중에 열쇠를 두고 나오는 바람에 지하실 창문을 통과해 실험실로 들어가는 일도 종종 있었다고 한다.

하버가 직면한 또 다른 과제는 고온에서도 효과적으로 작용할 수 있는 촉매를 찾는 것이었다. 당시에 널리 사용된 촉매에는 철, 니켈, 망간 등이 있었다. 그러나 그것들은 높은 온도에 이르면 기능이 크게 떨어지는 문제점을 보였다. 하버는 수많은 화학물질로 실험을 수행한 끝에 암모니아 합성에 사용할 수 있는 촉매로 오스뮴 가루를 찾아냈다.

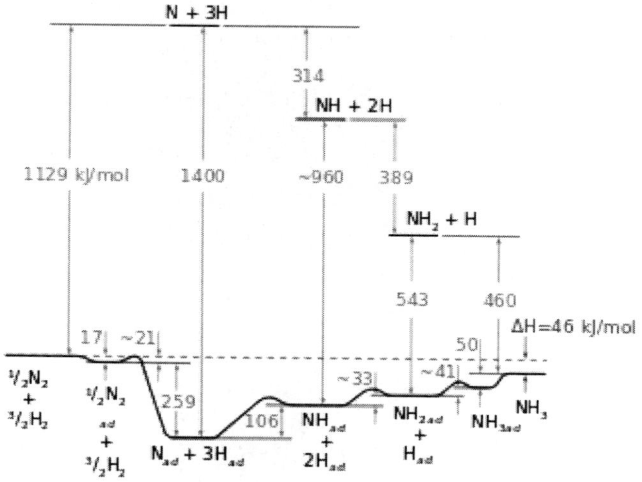

▸ 암모니아 합성에 대한 에너지 다이어그램

1909년 3월에 하버의 연구진은 550℃, 175기압의 조건에서 오스뮴을 촉매로 사용하면 암모니아의 수율을 8%로 높일 수 있다는 결론을 도출했다. 당시에 하버는 암모니아가 생성되는 것을 눈으로 직접 확인하기 위하여 반응 기구에 냉각장치를 설치했다. 실험이 성공하여 응축된 암모니아가 한 방울씩 떨어지기 시작하자 이를 확인한 하버가 "떨어진다. 떨어진다!"고 환성을 질렀다는 유명한 일화도 전해진다. 하버 연구진의 작업은 "대학교에서 공업적인 반응공정이 이처럼 완벽하게 개발된 경우는 없다."라는 찬사를 받을 정도로 완성도가 높은 것이었다.

질소비료의 대량생산

하버는 실험결과를 상업화하기 위하여 1909년 7월에 BASF(Badische Anilin und Soda Fabrik, 바덴 아닐린 소다 공장)의 지원을 얻어냈다. BASF

▸ "밀이 이렇게 멋지게 자랄 수 있습니다." 1927년에 BASF가 출시한 화학비료 니트로포스카(Nitrophoska)를 선전하는 포스터

는 당시 독일에서 가장 규모가 큰 화학업체로 인공염료에 이어 화학비료에 적극적인 관심을 보이고 있었다. 하버가 사용한 촉매인 오스뮴은 구하기가 어려워 암모니아의 대량생산에는 적합하지 않았다. BASF는 수석 화학자인 보슈(Carl Bosch)를 중심으로 암모니아의 대량생산을 위한 연구를 진행했다. 보슈의 연구진은 약 2만 번의 실험을 수행한 끝에 산화알루미늄이 소량 함유되어 있는 산화철이 효과적인 촉매라는 점을 알아냈다.

BASF는 1910년 여름에 파일럿 플랜트에서 암모니아를 시험적으로 생산한 후 1913년 9월에 하루 20톤의 규모로 암모니아를 대량으로 생산하는 단계에 진입했다. 이 때 사용된 공정은 '하버-보슈 공정(Haber-Bosch Process)'으로 불리는데, 지금도 암모니아 합성을 위한 가장 저렴하고도 효율적인 방법으로 남아 있다.[59] 하버와 보슈는 암모니아 합성법을 개발한 공로로 각각 1918년과 1931년에 노벨 화학상을 수상했다. 하버의 발명 덕분에 인류는 만성적인 식량 부족에서 벗어날 수 있었고, 하버는 "공기로 빵을 만든 과학자"로 칭송받았다.

전쟁의 소용돌이 속에서

제1차 세계대전을 계기로 하버의 운명은 농업의 영역에서 전쟁의 영역으로 급속히 편입되어 갔다. 암모니아의 대량생산이 시작된 1913년은 독일 정부에게도 매우 적절한 시기였다. 암모니아는 식량 증산에 필요한 비료뿐만 아니라 화약 제조에 필수적인 질산의 원료로도 중요한 물질이기 때문이었다. 만약 하버-보슈 공정이 조금이라도 늦게 개발되었더라면 독일은 전쟁에 사용할 화약을 충분히 공급하지 못했을 것이다. 전쟁이 시작되기 직전에 BASF의 생산 품목은 비료에서 화약으로 어렵지 않게 전환되었고, 독일에는 수많은 화약 공장이 건설되었다.

당시 독일 육군은 전쟁에 사용할 새로운 무기로 독가스에 주목했고,

---

59) 하버-보슈 공정을 암모니아에 대한 화학반응식인 $N_2+3H_2 \rightleftarrows 2NH_3$을 통해 설명하면 다음과 같다. 르샤틀리에의 원리(Le Chatelier's principle)에 따르면, 외부에서 농도, 온도, 압력 등을 변화시키면 그 변화를 없애는 방향으로 화학반응이 일어나 새로운 평형에 도달하게 된다. 앞의 화학반응식에서 정반응은 발열반응이기 때문에 암모니아를 최대한 얻기 위해서는 반응온도를 낮추어야 한다. 그러나 온도를 너무 낮추면 반응속도가 느려지는 문제점이 발생하기 때문에 이를 절충한 온도는 500℃ 정도가 된다. 이와 함께 철과 같은 촉매를 사용하면 활성화 에너지를 낮추어 반응속도를 촉진할 수 있다. 다시 앞의 화학반응식을 보면, 왼쪽에서 4몰의 기체가 반응하여 오른쪽에서 2몰의 기체가 생산되는 것을 알 수 있다. 르샤틀리에의 원리에 따라 압력을 높이면 정반응이, 압력을 낮추면 역반응이 진행되므로, 암모니아를 많이 얻기 위해서는 압력을 높여야 한다. 하지만 공장을 가동할 때의 위험성을 최소화하려면 200기압 정도가 적당하다. 이와 같이 500℃, 200기압의 조건에서 철을 촉매로 사용하면 암모니아의 수율은 10~20%가 된다.

하버는 1914년 말에 네른스트의 뒤를 이어 독가스 연구의 책임자가 되었다. 하버의 연구진은 여러 물질을 다각도로 검토한 끝에 염소를 독가스의 원료로 선정했다. 하버의 연구진은 1915년 1월에 독가스를 시험적으로 생산하는 데 성공했으며, 같은 해 4월 22일에는 벨기에의 이프르 전선에서 세계 최초로 독가스가 살포되었다. 이로 인해 7천 명의 병사가 독가스 공격에 노출되어 그 중 350명이 사망했다. 최초의 화학전이 있은 직후부터 참전국들은 독가스와 방독면 개발을 경쟁적으로 추진했고, 방독면을 쓴 병사들의 모습은 전쟁의 무자비함과 비인간성을 보여주는 상징적인 존재가 되었다.60)

▸ 제1차 세계대전 때 방독면을 쓰고 있는 병사들

60) 하버의 독가스 개발은 그의 부인인 클라라(Clara Immerwahr)와 불화가 심화되는 것으로 이어졌다. 클라라는 1900년에 화학으로 박사학위를 받았으며, 이듬해에 하버와 결혼했다. 그녀는 독가스와 같은 무기에 대한 연구가 과학 본연의 임무에서 크게 벗어난 것이라고 비판했다. 이에 대해 하버는 그녀가 지나치게 이상적인 생각을 가지고 있으며, 독일이 커다란 곤경에 빠졌는데도 모른 체 한다고 비난했다. 클라라는 남편이 독가스 개발을 그만두도록 많은 노력을 했지만, 하버는 끝내 마음을 바꾸지 않았다. 1915년에 세계 최초의 독가스 공격이 성공적으로 끝나고 하버가 개선장군처럼 돌아왔을 때 클라라는 더 이상 자신을 지탱할 수 있는 힘을 잃고 말았다. 결국 5월 2일 새벽에 그녀는 마지막 작별의 글을 남긴 후 남편의 권총을 가지고 정원으로 나가 방아쇠를 당겼다.

24 인슐린
당뇨병 치료의 문을 연 밴팅

서양의학의 중요한 기반이 되는 이론으로는 '특정병인론(特定病因論)'을 들 수 있다. 특정한 원인이 특정한 질병을 일으킨다는 것이다. 그렇다면 특정 원인을 제거하거나 교정하는 치료법도 있을 터인데, 여기에 사용되는 약물은 '마법의 탄환(magic bullet)'으로 불린다. 사실상 마법의 탄환을 찾고 개발하는 일은 20세기에 들어와 본격적으로 전개되었다. 항생제의 일종인 페니실린(penicillin)과 호르몬의 일종인 인슐린(insulin)이 그 대표적인 예이다. 그중 인슐린을 추출하여 당뇨병 치료의 문을 여는 데에는 프레더릭 밴팅(Frederick Banting, 1891~1941)의 역할이 컸다.

달콤한 오줌

성인병의 3대 주범으로는 고혈압, 고혈당, 고지혈(콜레스테롤)이 꼽힌다. 그 중 고혈당을 제대로 조절하지 못할 때 생기는 병이 당뇨병이다.

▸ 세계 최초로 인슐린을 추출하고 임상 시험에 적용한 프레더릭 밴팅

당뇨병(糖尿病)은 이름 그대로 오줌에 당이 섞여 나오는 병이다. 당뇨병의 의학명인 diabetes mellitus도 소변을 뜻하는 그리스어인 diabetes와 달콤하다는 뜻을 가진 라틴어인 mellitus를 합친 것이다. 17세기 영국의 의사인 윌리스(Thomas Willis)는 환자의 소변에서 설탕이나 벌꿀처럼 단맛이 난다는 이유로 당뇨병이란 이름을 만들었다.

당뇨병은 몸에서 에너지로 쓰이는 포도당을 정상적으로 이용하지 못할 때 생긴다. 밥을 먹으면 탄수화물이 당으로 변해 피 속으로 보내진다. 이 때 췌장(이자)에서 분비되는 인슐린이라는 호르몬이 세포가 당을 에너지로 사용하거나 저장하도록 도와준다. 그런데 췌장이 망가져 인슐린이 제대로 나오지 않거나 나오기는 해도 그 효과가 작을 경우에 피 속의 당이 제대로 쓰이지 못하면서 여러 가지 장애가 나타난다. 피 속에 당이 넘쳐 소변으로 빠져나가고 갈증이 심해진다. 세포는 에너지를 공급받지 못해 오래 굶은 사람처럼 온 몸에 힘이 없어진다. 그러다 눈이 멀기도 하고 혼수상태에 빠지기도 하며 심할 경우 죽기까지 한다.

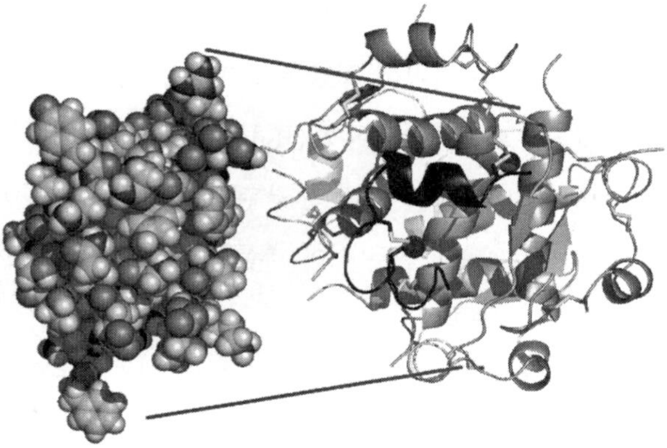

▸ 인슐린의 구조를 나타난 그림으로 탄소는 녹색, 수소는 흰색, 산소는 빨간색, 질소는 파란색으로 표시되어 있다.

세포를 난로에, 포도당을 석탄에, 인슐린을 삽에 비유하면, 당뇨병은 석탄을 난로에 퍼 넣을 삽이 없어서 생기는 병에 해당한다. 난로는 열을 제대로 내지 못하고 주위의 석탄이 쌓여서 시커멓게 되는 것이다.

당뇨병의 원인을 찾아서

1889년에 프랑스 스트라스부르 대학의 메링(Joseph von Mering)과 민코브스키(Oscar Minkowski)는 당뇨병의 원인에 대한 단서를 찾았다. 그들은 개를 이용해 동물의 내장 기관이 어떤 기능을 하는지 알아내는 실험을 수행하고 있었다. 그러던 중 우연찮게 췌장을 제거한 개의 소변 주위에 파리 떼가 유난히 극성을 부린다는 점을 발견했다. 췌장을 제거한 수술 때문에 개에게 당뇨병이 발생했고, 소변 속에 포함된 포도당의 단맛 때문에 파리들이 몰려든 것이었다.

이어 1908년에는 독일의 의사인 주엘처(Georg Zülzer)는 췌장의 추출물을 뽑아 환자에게 투여하는 실험을 했다. 처음에는 약간의 효과가 있었지만 곧이어 부작용이 나타나는 바람에 치료를 중지하고 말았다. 췌장에는 인슐린을 생성하는 β 세포와 함께 글루카곤(glucagon)을 분비하는 α 세포도 존재하기 때문이었다. 인슐린은 혈당을 낮추는 물질이고 글루카곤은 혈당을 높이는 물질인데, 이 둘이 모두 섞인 추출물은 당뇨병 환자에게 별다른 도움이 되지 못했던 것이다.

그렇다면 복합물질인 췌장액 속에서 혈당을 낮추는 기능을 하는 물질은 무엇일까? 1910년에 영국의 생리학자 샤피-셰이퍼(Edward Sharpey-Schafer)는 췌장의 랑게르한스섬에 이상이 생기면 당뇨병이 나타난다는 점에 주목했다. 그는 랑게르한스섬에서 당뇨병과 연관된 물질이 분비될 것으로 추측하면서 이 물질에 '인슐린'이란 이름을 붙였다. 1916년에는 루마니아의 생리학자인 파울레스쿠(Nicolas Paulescu)가 인슐린을 추출하는 데 거의 성공했으나, 루마니아가 제1차 세계대전에 휘말리는 바람에 연구를 중단하고 말았다.

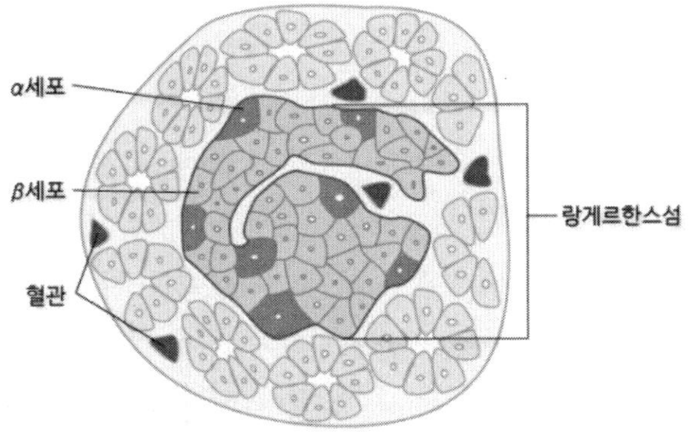

▸ 췌장 부위를 확대한 그림. 랑게르한스섬은 1869년에 독일의 병리학자인 랑게르한스(Paul Langerhans)가 췌장에 섬처럼 많은 점들이 존재한다는 것을 발견했기 때문에 붙여진 이름이다. 랑게르한스섬의 β세포에서는 인슐린이, α세포에서는 글루카곤이 분비된다.

외과의사에서 당뇨병 연구자로

결국 인슐린을 최초로 추출하고 임상 시험에 성공한 영예는 밴팅에게 돌아갔다. 그는 1891년에 캐나다 온타리오 주 앨리스턴에서 태어났고, 1912년에 토론토 대학교의 의과대학에 입학했다. 밴팅은 1916년에 군의관으로 입대하여 제1차 세계대전의 격전지 중의 하나였던 프랑스에서 활동했으며, 1919년에 정형외과 수련의를 거쳐 온타리오 주 런던에서 개업했다. 그러나 그는 병을 즉각적으로 치료하는 것보다는 병의 원인을 집요하게 탐구하는 성향을 가지고 있었다.

밴팅은 연구자의 길을 가기로 마음먹고, 웨스턴 온타리오 대학의 생리학 연구실에 문을 두드렸다. 그는 밀러(Frederick Miller) 교수 밑에서 조교 노릇을 하면서 점차 자신의 연구 영역을 확대했다. 당시에 밴팅이 많은 관심을 기울인 주제는 당뇨병이었다. 자신의 절친한 친구였던 죠(Joe)가 당뇨병으로 고생하고 있었기 때문이었다. 밴팅과 죠는 어렸을 때부터 단짝이었고 의과대학도 같이 다녔다. 그런 친구가 당뇨병으로 서서히 죽어가고 있는 것을 그냥 지나칠 수 없었던 것이다.

1920년 11월 초에 밴팅은 췌장에 있는 랑게르한스섬에서 분비되는 물질이 당뇨병과 관련되어 있다는 요지의 논문을 읽었다. 논문을 읽으면서 밴팅은 "그 물질을 추출하기 어려운 이유가 추출하는 과정에서 췌장액에 의해 분해되는 것은 아닐까?" 라는 의문을 가졌다. 다음날 밴팅은 도서관을 뒤지면서 여러 문헌을 찾아본 뒤 췌장에서 단백질을 분해하는 효소인 트립신이 분비된다는 점을 알아낼 수 있었다. 여기서 밴팅은 "만일 췌장관(이자관)을 묶어 트립신의 분비를 막는다면 랑게르한스섬에서 분비되는 그 물질을 추출할 수 있지 않을까" 라고 추론했다.

밴팅은 밀러와 상의하면서 자신의 가설이 새로운 시도라는 확신을 가졌

▶ 밴팅과 베스트가 인슐린 연구를 수행했던 실험실의 광경

다. 밴팅은 1920년 11월 6일에 밀러의 소개로 탄수화물 신진대사의 권위자인 토론토 대학의 매클라우드(John Macleod) 교수를 찾아갔다. 매클라우드는 밴팅이 세운 가설의 의미를 곧바로 알아챈 뒤 밴팅에게 "5개월 정도 연구에 집중할 생각이 있으면 다시 연락하라"고 말했다.

1921년 5월 14일에 밴팅은 토론토로 가서 당뇨병 연구원으로 변신했다. 매클라우드는 밴팅에게 실험실, 실험장비, 실험동물을 제공하는 것은 물론 당뇨병 개를 만드는 방법과 췌장 묶는 방법을 시범적으로 보여주었다. 이와 함께 매클라우드는 혈당 및 요당 측정에 경험이 있는 대학원생인 베스트(Charles Best)를 조수로 붙여 주었다. 그러나 밴팅과 베스트에게 별도의 급여나 연구비가 지급되지는 않았다. 그 때 밴팅은 30세, 베스트는 22세였다.

92번째 개로 성공한 실험

밴팅과 베스트는 1921년 5월 16일부터 본격적인 실험에 착수했다. 그들은 개의 췌관을 졸라맨 뒤 췌장에서 생성되는 소화액과 세포가 퇴화될 때까지 몇 주일을 기다렸다가 랑게르한스섬의 반점이 남아있는 부분을 떼어냈다. 그런 다음 그것을 얼음으로 냉각한 생리식염수에 갈아서 당뇨병 개에 주사하고 혈당의 변화를 관찰했다.

실험은 10마리의 개로 시작되었지만, 91마리가 되도록 별다른 진척을 보이지 않았다. 그러던 중 92번째 당뇨병 개에게 랑게르한스섬에서 추출한 물질을 주사했더니 몇 시간 후에 개가 제 발로 일어서서 꼬리를 흔드는 것이 아닌가? 그 때가 1921년 7월 27일이었다. 밴팅은 당뇨병의 치료제가 될 이 물질을 섬(랑게르한스섬)에서 생성되는 화학물질이라는 뜻에서 '아일레틴(isletin)'으로 명명했다.

밴팅과 베스트는 아일레틴을 지속적으로 주사하면서 92번째 개의 상태를 면밀히 관찰했다. 그런데 20일이 채 되지 못해 그 개는 당분이 너무 많아 죽어버렸다. 개에게 충분한 아일레틴을 주사하지 못했기 때문이었다.

▶ 밴팅(오른쪽)과 베스트(왼쪽)가 당뇨병 개에 대한 실험을 성공한 직후에 찍은 사진

"어떻게 하면 충분한 양의 아일레틴을 얻을 수 있을까?" 하고 고민하기 시작했다. 그 때 문득 그는 도살된 소로부터 충분한 아일레틴을 얻을 수 있겠다고 생각했다. 밴팅은 소의 췌장에서 당뇨병 개를 치료하는 데 충분한 아일레틴을 얻을 수 있었다.

밴팅의 실험이 성공할 가능성이 높아지자 매클라우드도 적극적인 지원을 약속했다. 당시에 매클라우드는 밴팅의 아일레틴이 샤피-세이퍼가 추측했던 물질이었을 것이니 인슐린으로 명명하자고 제안했다. 때마침 1921년 12월에는 미국생물학회가 뉴헤이븐에서 열리게 되었다. 초록을 제출하는 시점이 너무 임박했기 때문에 밴팅은 매클라우드에게 초록을 작성해 줄 것을 요청했고, 이에 따라 매클라우드의 이름도 논문에 실리게 되었다.

최연소로 받은 노벨 생리의학상

이제 밴팅의 연구팀에게는 인슐린을 투여하여 그 효과를 확인하는 일이 남았다. 1922년 1월 11일에는 중증의 당뇨병으로 토론토 대학병원에 입원 중이던 14세의 소년인 톰슨(Leonard Thompson)에게 인슐린이 주사되었다. 처음에는 혈당과 요당이 일시적으로 감소했으나 주사 부위에 종기가 생겨 주사를 계속 놓을 수 없었다. 매클라우드는 추출물이 완전히 정제되지 않았기 때문으로 판단한 후 생화학자인 콜립(James Collip)에게 추출물을 정제해 달라고 요청했다. 콜립은 밴팅과 베스트가 만든 물-알코올 추출액에 다시 몇 배의 순수 알코올을 가하여 인슐린을 순수하게 분리하는 데 성공했다. 콜립이 만든 인슐린을 톰슨에게 주사하자 소년의 병세는 급격히 호전되었다.

밴팅은 인슐린을 발견한 공로로 토론토 대학으로부터 의학 박사학위를

▸ 밴팅과 함께 1923년 노벨 생리의학상을 수상한 매클라우드

받았다. 밴팅의 연구팀은 토론토 대학병원에 입원하고 있었던 50명의 당뇨병 환자에게 인슐린을 주사하여 46명의 환자의 증세가 호전되는 성과를 거두었다. 인슐린의 효과가 전해지자 당뇨병 환자들이 구름 같이 몰려들었고, 밴팅의 연구팀은 불과 몇 달 동안에 수백 명에 달하는 환자의 생명을 구할 수 있었다. 그 중에는 밴팅의 친구인 죠와 영국 왕 조지 5세가 포함되어 있었다.

인슐린의 임상효과가 밝혀지자 1923년 노벨상 위원회는 밴팅과 매클라우드에게 생리의학상을 수여하기로 결정했다. 그러나 밴팅은 매클라우드가 베스트 대신에 노벨상 수상자로 결정되었다는 사실에 분통을 터뜨렸다. 밴팅은 자신이 받은 노벨상 상금 중 절반을 베스트에게 주고 그가 진짜 인슐린 발견자라 공언했다. 이에 질세라 매클라우드도 자신의 상금을 콜립과 균등하게 나누는 것으로 응수했다.[61]

61) 밴팅은 노벨상에 대한 세 가지 기록을 가지고 있다. 첫째는 그가 최연소 노벨 생리의학상 수상자라는 점이다. 밴팅이 1923년 노벨 생리의학상을 받았을 때 그의 나이는 32세에

계속되는 인슐린의 진화

인슐린에 관한 연구와 혁신은 계속되었다. 1936년에는 프로타민이 첨가된 인슐린이 개발되어 약물의 작용시간이 연장되었다. 1938년에는 프로타민 인슐린에서 아연을 제거한 1일 1회 주사용 인슐린도 개발되었다. 이어 1963년에는 미국의 의사인 카디시(Arnold Kadish)가 인슐린 펌프를 발명함으로써 24시간 내내 인슐린을 주입받을 수 있는 길이 열렸다. 오늘날과 같이 마이크로칩을 사용하는 소형 인슐린 펌프는 1976년에 미국의 발명가인 카멘(Dean Kamen)에 의해 고안되었다.[62]

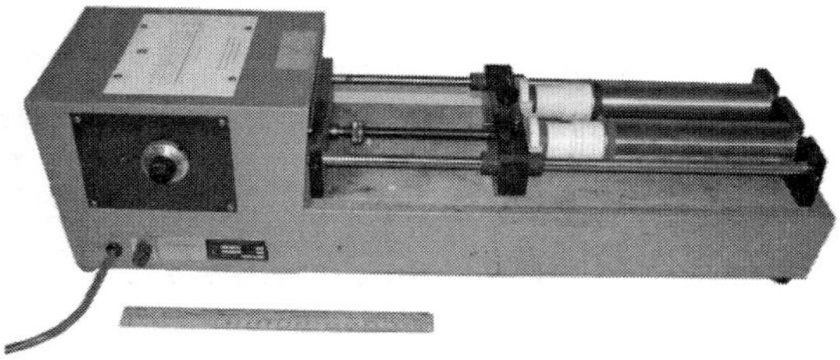

▸ 초기의 인슐린 펌프는 너무 커서 배낭처럼 등에 메고 다녀야 했다.

불과했다. 참고로 노벨상 전체를 통틀어 보면, 25세의 나이로 1915년 노벨 물리학상을 수상한 윌리엄 로렌스 브래그(William Lawrence Bragg)가 최연소 수상자가 된다. 둘째, 인슐린은 최단 기간에 그 가치를 인정받아 노벨상의 대상이 되었다. 밴팅이 실험에 착수한 후 노벨상을 수상하는 데 소요된 기간은 3년도 되지 않았던 것이다. 셋째는 1923년 노벨 생리의학상 시상식이 주인공 없는 잔치로 끝났다는 점이다. 밴팅은 매클라우드가 공동 수상자로 선정되었다는 사실 때문에 시상식에 불참했고, 이에 분노한 매클라우드도 시상식에 나타나지 않았다.

62) 인슐린은 또 다른 노벨상으로 이어지기도 했다. 영국의 생화학자 프레더릭 생어(Frederick Sanger)가 1953년에 인슐린의 아미노산 배열 순서를 규명하여 1958년에 노벨 화학상을 받았던 것이다. 이후에 생어는 DNA의 염기서열을 결정하는 방법을 탐구했으며, DNA의 구조와 기능을 연구한 공로로 1980년에 두 번째 노벨 화학상을 수상했다. 생어 이외에 두 번의 노벨상을 받은 과학자로는 마리 퀴리(Marie Curie, 1903년 노벨 물리학상과 1911년 노벨 화학상), 라이너스 폴링(Linus Pauling, 1954년 노벨 화학상과 1962년 노벨 평화상), 존 바딘(John Bardeen, 1956년과 1972년 노벨 물리학상) 등이 있다.

1980년대 이전에는 인슐린을 주로 소나 돼지의 췌장에서 추출하는 방법이 사용되었다. 이 방법으로는 8kg의 이자에서 1g의 인슐린밖에 추출할 수 없었고, 이에 따라 많은 환자들이 당뇨병 치료의 혜택을 받기는 어려웠다. 게다가 소나 돼지의 인슐린이 사람의 인슐린과 동일하지 않아 예기치 않았던 부작용을 일으키기도 했다. 그러다 1982년부터는 사람의 인슐린 유전자를 대장균 안에 끼워 넣은 뒤 유전자재조합기술을 이용해 인슐린을 대량으로 생산할 수 있게 되었다. 인슐린은 유전공학이 급속히 발달할 수 있는 계기로도 작용했던 것이다.

25 냉장고

왕실용 석빙고에서 대중용 냉장고까지

오늘날 냉장고는 대부분 전기 압축식에 해당한다. 그것은 압축기(compressor), 응축기(condenser), 증발기(evaporator) 등으로 구성되어 있다. 압축기는 전기 모터의 힘으로 엄청난 압력을 응축기에 가하는 역할을 한다. 응축기는 냉장고 뒷부분에 작은 파이프의 형태로 구불구불하게 연결되어 있는데, 여기서 냉매 가스가 열을 발산하면서 액체로 변한다. 액체로 바뀐 냉매는 냉장고의 안쪽에 있는 증발기로 옮겨가 주변의 열을 빼앗으면서 기체로 바뀐 후 다시 압축기로 향하게 된다.

차가운 것에 대한 욕망

냉장고가 발명되기 전에 인류가 사용한 것은 자연 상태의 얼음이었다. 냉장에 관한 기록 중 가장 오래된 것으로는 중국 전국시대에 발간된 ≪예기(禮記)≫를 들 수 있다. 여기에는 '벌빙지가(伐氷之家)'라는 용어가 나오는

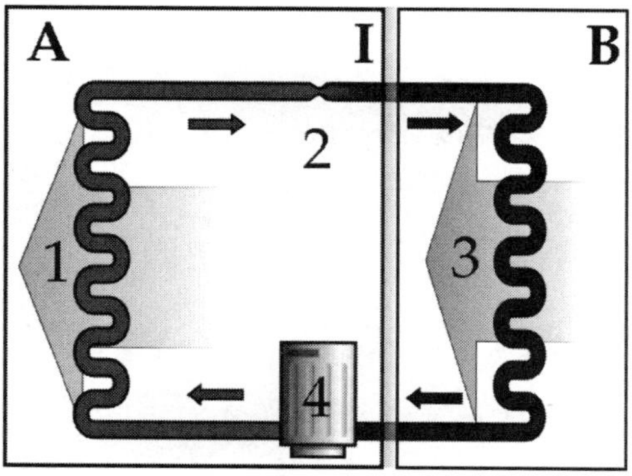

▸ 압축 냉동 사이클의 개요도. A: 열 방출 공간(부엌), B: 열 흡수 공간(냉장고 안), I: 절연(단열재), 1: 응축기, 2: 팽창 밸브, 3: 증발기, 4: 압축기

데, 그것은 겨울에 얼음을 수확한 후 이를 저장했다가 여름에 사용하는 집안을 뜻한다. 우리나라의 경우에는 신라 시대에 이미 석빙고(石氷庫)가 있었고, 조선 시대에는 동빙고(東氷庫)와 서빙고(西氷庫)를 만들어 한강의 얼음을 저장하여 사용했다.

당시에 얼음은 엄청난 사치품이었다. 주로 궁궐이나 왕실에서 사용되었고, 일부는 고위 관료들에게 하사되었다. 이에 반해 일반 사람들은 얼음이라고 하면 고된 노동을 떠올렸다. 한강에 있는 얼음을 자르는 것도 큰일이었지만, 이를 빙고까지 운반하는 것도 쉬운 일이 아니었다. 좁은 빙고 안에서 무겁고 차가운 얼음덩어리들을 차곡차곡 쌓는 일도 무척 고통스러웠다. 이에 따라 겨울철이 되면 한강 인근의 장정들은 채빙 부역을 피해 도망을 다니곤 했다. 덕분에 이러한 장정들을 기다리는 어린 부인들을 일컫는 '빙고청상(氷庫靑孀)'이란 말까지 생겨났다.

서양에서도 사정은 크게 다르지 않았다. 고대 시절에는 산에서 가져온 눈을 뭉쳐 벽 사이에 넣고 짚이나 흙으로 단열처리를 한 저장고를 만들어

▸ 1850년대 초반에 미국 매사추세츠 주의 웬햄에서 얼음을 수확하는 광경

포도주를 차갑게 보관했다고 한다. 알렉산더 대왕이나 네로 황제 등이 발 빠른 사람들로 하여금 알프스 산에 있는 만년설을 가져오게 하여 전투의 승리자에게 주었다는 기록도 남아 있다. 19세기 중엽 미국의 뉴잉글랜드 지방에서는 수많은 인부들이 호숫가에서 톱으로 얼음을 잘라 배에 실어 호주나 인도로 수출하는 광경이 연출되기도 했다.

최초의 냉장고를 찾아서

역사상 최초로 인공적인 얼음에 도전한 사람은 영국의 과학자 컬런(William Cullen)으로 전해진다. 1748년에 그는 땀이 마르면서 피부의 열을 빼앗듯이, 액체가 기체로 바뀌는 과정에서 주변의 열을 흡수한다는 점에 착안했다. 컬런은 가장 빠른 속도로 증발하는 물질을 찾던 중 알코올의 일종인 에틸에테르에 주목했고, 그것을 반(半)진공 상태에서 기화시켜 물을 냉동시키는 데 성공했다. 그러나 그는 얼음 덩어리를 만드는 것에 만족했으며, 이를 산업적으로 발전시킬 생각은 하지 않았다.

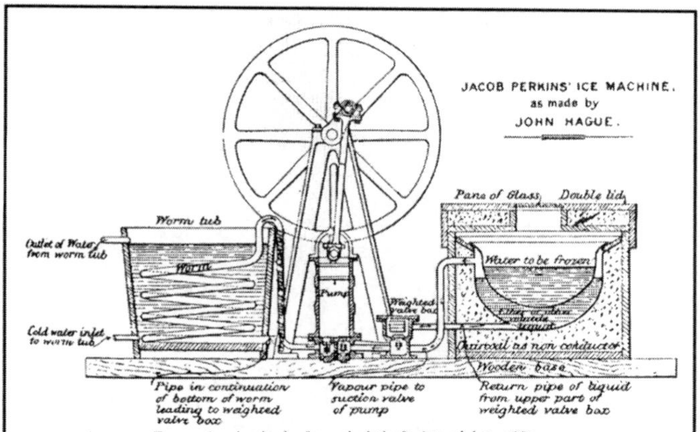

From a drawing in the *Journal of the Society of Arts*, 1882.

▸ 퍼킨스가 1834년에 설계한 얼음 기계로, 1862년경에 헤이그(John Hague)에 의해 실제로 제작된 것으로 전해진다.

냉장고의 아버지가 누구인가에 대해서는 의견이 분분하다. 이에 대한 답은 설계, 특허, 작동원리, 상업화 중 어느 것에 주목하느냐에 따라 달라지기 때문이다. 미국의 발명가인 에번스(Oliver Evans)는 1805년에 냉장고에 대한 최초의 설계도를 남겼으며, 영국에서 미국으로 이주한 기술자인 퍼킨스(Jacob Perkins)는 1834년에 얼음 기계(ice machine)로 최초의 특허를 받았다. 1851년에는 스코틀랜드 출신의 인쇄공인 해리슨(James Harrison)이 냉매를 에테르로 하고 공기 압축기를 장착한 냉장고를 선보임으로써 압축식 냉장고의 길을 열었다. 이어 1875년에는 독일의 엔지니어이자 사업가인 린데(Karl von Linde)가 암모니아를 냉매로 채택한 냉장고를 제작했는데, 그것은 양조장을 비롯한 산업 현장에서 널리 사용되었다.

20세기에 들어서는 냉장 산업이 급속히 성장하는 가운데 가정용 냉장고가 출시되었다.[63] 최초의 가정용 냉장고로는 미국의 발명가인 울프(Fred Wolf)가 1913년에 개발한 도멜레(Domelre)가 꼽힌다. 이어 1918년에는

▸ 냉장고의 대중화를 선도한 모니터 탑

프리지데어(Frigidaire)와 켈비네이터(Kelvinator)가 시판되기 시작함으로써 가정용 냉장고 시장에 대한 경쟁이 불붙었다. 그러나 1920년대 중반까지 가정용 냉장고는 널리 확산되지 못했다. 무엇보다도 비싼 가격이 문제였다. 예를 들어 가장 많이 팔린 켈비네이터의 경우에도 1920년의 가격은 1천 달러였고, 1925년의 가격은 5백 달러였다. 연간 2천 달러 이하의 수입을 얻는 대부분의 사람들에게는 굉장한 부담이었던 것이다.

1925년에 제너럴 일렉트릭이 출시한 전기 압축식 냉장고인 모니터 탑(Monitor Top)은 역사상 최초의 대중용 냉장고로 평가되고 있다. 모니터

63) 1910년에 ≪뉴욕 트리뷴≫은 다음과 같이 보도했다. "냉장 산업의 효과는 문명화된 사람들의 생활 습관을 완전히 바꿔 놓았다. 문명화 시대의 사람들은 1년 내내 달걀을 먹지만, 그 할머니 세대는 겨울에 케이크를 구울 때만 달걀을 썼다. 마찬가지로 요즘 사람들은 오뉴월에 사과를 먹는 것이 당연하지만, 이전 세대에서는 그렇지 않았다." 이에 반해 1909년에 ≪아이스≫에 실린 기사는 냉장 식품을 비판하는 글을 실었다. "불행하게도, 최고로 풍부한 맛은 덩굴이나 나무에서 익은 과일에서만 느낄 수 있다. 따라서 뉴욕 사람들은 캘리포니아의 익은 과일을 먹지만, 제대로 된 캘리포니아의 과일이 얼마나 좋은지 알지 못한다."

탑은 작동 부품이 냉장고의 꼭대기에 위치한 원형상자에 설치되었기 때문에 붙여졌던 이름이다. 제너럴 일렉트릭은 오디프렌(Abbe Audiffren)의 특허를 매입한 후 8년 동안의 노력 끝에 모니터 탑을 개발할 수 있었다. 모니터 탑의 첫 출시 가격은 3백 달러였으며, 매월 10달러를 받고 모니터 탑을 대여해 주는 제도도 생겨났다. 모니터 탑은 1929년 한 해 동안 5만 대가 팔려나갔으며, 1931년에는 누적 생산량이 1백만 대를 넘어섰다. 가정용 냉장고 시장이 확대되면서 제너럴 모터스, 웨스팅하우스 등과 같은 대기업도 냉장고 사업에 가세했다.

냉장고는 왜 윙윙거릴까?

흥미로운 점은 전기 압축식 냉장고가 성공한 이면에는 가스 흡수식 냉장고의 실패가 있었다는 사실이다. 20세기 초만 하더라도 냉장고 전문가들은 전기 압축식보다 가스 흡수식의 우세를 점치고 있었다. 전기 압축식에서는 압축기라는 별도의 전기 펌프가 냉매의 기화와 응고를 조절했던 반면, 가스 흡수식은 냉매가 가스 불꽃에 의해 가열되고 물에 흡수되면서 농축되는 매우 간단한 구조를 가지고 있었다. 또한 전기 압축식에서는 압축기로 인하여 윙윙하는 소리가 심하게 났지만, 가스 흡수식의 경우에는 작동 부품이 거의 없었고 정비도 용이했다.

그렇다면 가스냉장고는 왜 실패했는가? 이에 대하여 저명한 여성 기술사학자인 루스 코완(Ruth S. Cowan)은 기술적 이유가 아니라 경제적·조직적 이유 때문에 가스냉장고가 적절한 개발의 시기를 놓쳤다고 분석한 바 있다. 전기냉장고 제조업체들은 전기산업의 성장을 배경으로 탄생한 대기업들로 냉장고의 개발과 판매에 막대한 자원을 투자했다. 또한 대기업들

사이의 생산적인 경쟁과 전기설비회사들의 적극적인 지원은 전기냉장고에 대한 후속 혁신과 시장의 팽창을 촉진했다. 이에 반해 가스냉장고 제조업체들은 대부분 중소기업이어서 막대한 연구개발비를 적시에 공급하지 못했고, 도중에 사업을 포기하는 업체가 많아서 건전한 경쟁이 유발되지 않았으며, 보수적인 가스설비회사들은 전기서비스의 도전에 자신을 방어하기에 급급했다.

제너럴 일렉트릭을 비롯한 전기냉장고 제조업체들이 기발한 판촉 활동을 벌였다는 점에도 주목할 필요가 있다. 전기냉장고 제조업체들은 “가스는 구시대, 전기는 신세계”라는 이분법을 활용하여 시대의 흐름이 전기냉장고에 있다고 선전했다. 전기설비가 없는 오래된 형태의 부엌에서 주부가 지쳐있는 모습과 냉장고가 설치된 부엌에서 여성이나 아동이 즐거워하는 모습이 대비되기도 했다. 전기냉장고를 선전하는 데에는 당시의 유명 인사들도 동원되었다. 예를 들어, 1931년에는 특별 라디오 방송을 통해 백만 번째 모니터 탑이 근대화의 상징적 인물인 헨리 포드(Henry Ford)에게 기증되었다. 1935년에는 <코미디와 로맨스를 능가하는 완전한 전기 부엌에 관한 재미있는 이야기>라는 컬러 필름이 제작되었는데, 그 영화의 배역은 할리우드의 주연급 스타들이 맡았다.[64]

---

64) 이와 함께 코완은 가스냉장고의 사례가 폐기된 다른 가정용 장치들의 경우와 구조적으로 비슷하다는 점을 지적했다. 1920년대와 1930년대에 생산된 세척용 기계들은 모두 수직으로 회전하는 드럼을 사용했는데, 그것은 드럼의 설계에 관한 권리를 보유하고 있던 메이택(Maytag) 사의 저돌적인 사업 관행 때문이었다. 또한 후버(Hoover)나 아펙스(Apex)와 같은 기업들이 호별 방문이나 상점 진열과 같은 마케팅 기법을 사용함에 따라, 기술전문가들이 선호했던 중앙 진공청소기는 시끄럽고 다루기 힘든 휴대용 청소기에 의해 기반을 잃었다. 이에 대하여 바살라(George Basalla)는 ≪기술의 진화≫에서 다음과 같이 썼다. “만약 선택과 복제에 의해서 계속 유지되는 ‘승리하는’ 혁신물에 중점을 두는 대신, 이들 혁신물에 대한 실용 가능한 대체물을 부지런히 연구했더라면, 기술의 역사는 지금과는 다른 식으로 씌어졌을 것이다.”

▸ 제너럴 일렉트릭의 냉장고에 관한 광고(1929년)

냉장고의 혁신과 영향

냉장고의 혁신은 계속되었다. 제너럴 일렉트릭은 1926년에 세계 최초로 밀봉된 냉장고 압축기를 생산했고, 1939년에 냉장실과 냉동실이 구분되어 있는 냉장고를 선보였다. 또한 1930년에는 제너럴 모터스에 근무하던 미즐리(Thomas Midgley)가 안전하고 독성이 없는 냉장고용 냉매로 염화불화탄소(chlorofluorocarbon, CFC)를 합성했으며, 제너럴 모터스는 거대 화학업체인 듀폰과 연합하여 프레온(Freon)이라는 상표명으로 시판하기 시작했다. 1980년대에 들어와 프레온 가스는 오존층 파괴의 주범으로 밝혀졌고, 이후에는 프레온 가스를 대체할 수 있는 물질에 대한 탐구가 이어지고 있다.

냉장고의 대중화로 현대인은 신선한 식품을 섭취함으로써 건강한 생활을 누릴 수 있게 되었다. 가정주부들이 매일 시장을 볼 필요도 없어졌고, 식료품 장수들은 계절에 관계없이 다양한 먹거리를 공급할 수 있었다. 냉장고는 질병의 발생률을 낮춘 일등공신으로 평가되기도 한다. 냉장고가 대중화되면서 현격하게 감소한 질병으로는 식중독과 설사병을 들 수 있다. 이와 함께 백신을 효과적으로 생산하고 저장할 수 있게 됨으로써 아동의 사망률도 크게 줄어들었다.

냉장고는 20세기 식량산업의 세계화에서도 매우 중요한 자리를 차지하고 있다. 냉장고는 육류, 생선, 과일, 버터, 치즈, 달걀 등을 운반하고 보관하는 데 널리 사용되고 있는 것이다. 특히 20세기 후반에는 이른바 '저온 유통 체계' 하에서 온갖 재료를 나르는 냉동 트럭이 전 세계를 누볐는데, 수많은 냉동 트럭은 서모킹(Thermo-King)이라는 회사가 만든 장치를 싣고 다녔다. 미국의 발명가 존스(Frederick Jones)는 1938년에 트럭용 냉동 장치로 특허를 받은 후 누메로(Joseph Numero)와 함께 서모킹을 설립했다. 존스는 미국의 국가기술훈장(National Medal of Technology)을 받은 최초의 흑인으로도 유명하다.

▸ 첫 국산 냉장고인 GR-120 눈표냉장고에 관한 광고(1965년)

우리나라에서는 1965년에 금성사(현재의 LG전자)가 첫 국산냉장고인 눈표냉장고(모델명 GR-120)를 출시했다. 이어 대한전선과 삼성전자가 냉장고 사업에 뛰어들었고, 1980년대가 되면 거의 모든 가정에 냉장고가 보급되는 양상을 보였다. 초기의 냉장고는 크기도 묵직하고 소리도 심하게 났지만, 점점 기술적으로 뛰어나고 감각적으로 세련된 냉장고들이 잇달아 출시되었다. 최근에는 와인색이나 하늘색과 같은 컬러판 냉장고가 등장하여 '백색가전'이란 말을 무색하게 하고 있다.

26 텔레비전
우리 생활의 일부가 된 안방극장

1920년을 전후하여 사람들은 라디오에 커다란 의미를 부여했다. 라디오가 통신의 궁극적 양식이며, 사회를 혁명적으로 바꿀 수단이라는 것이었다. 당시의 한 엔지니어는 다음과 같이 썼다. "라디오는 공감과 사랑을 전달하고, 외로운 사람들을 위로하며, 사람들과 국가들 사이에 상호이해, 평화, 선의를 촉진할 것이다." 그러나 이러한 진단은 얼마 지나지 않아 텔레비전이 개발됨으로써 무색해졌다. 텔레비전은 전파를 통해 음성은 물론 영상까지 전달할 수 있는 매체인 것이다.[65]

---

65) 텔레비전은 그 동안의 전파기술과 영상기술을 집대성한 성격을 띠고 있다. 전파기술은 전신, 전화, 무선전신, 라디오 등으로 발전해 왔다. 전신이 모스부호와 같은 신호를 다룬다면 전화는 인간의 음성을 매개한다. 무선전신을 사용하면 전신선 없이 신호를 보낼 수 있고, 라디오로는 무선으로 음성까지 전달할 수 있다. 영상기술은 사진에서 시작된 후 영화로 이어졌다. 사진이 사물의 형상을 고정시킨 것이라면 영화는 움직이는 사진(활동사진)을 활용한 것에 해당한다.

▸ 미국의 한 가정에서 텔레비전을 시청하는 모습(1958년)

텔레비전의 기원을 찾아서

텔레비전의 역사는 1817년에 셀레늄 원소가 발견되면서 시작되었다고 볼 수 있다. 셀레늄은 소량의 빛이 닿으면 전류가 흐르는 민감한 성질을 가지고 있다. 셀레늄이 발견되자 많은 과학자들과 기술자들은 화상(畵像)을 먼 곳까지 보낼 수 있는 장치에 관심을 기울이기 시작했다.

1884년에 독일의 발명가인 니프코브(Paul G. Nipkow)는 '니프코브 원판(Nipkow disk)'으로 불린 장치를 설계하여 특허를 받았다. 니프코브 원판은 두 개의 동일한 원판으로 구성되어 있었으며, 각 원판에는 24개의 작은 구멍이 나선형으로 뚫려 있었다. 회전하는 원판의 작은 구멍을 통해 화상을 주사하면 그 구멍을 통과한 빛이 셀레늄 전지에 전기를 일으키게 함으로써 화상을 복원할 수 있었다. 그러나 니프코브 원판은 너무 느리게 작동해서 제대로 된 화면을 얻기는 어려웠다.

1897년에는 독일의 물리학자인 브라운(Karl Ferdinand Braun)이 '브라

▶ 베어드가 텔레바이저로 실험하고 있는 광경(1925년)

운관(Braun tube)'으로 불린 수상기를 개발했다. 그것은 진공으로 된 유리구(球)의 안쪽에 형광물질을 발라 전기신호를 영상으로 나타내는 장치였다. 브라운관의 표면에 '화소(畵素, picture element)'라고 불리는 수많은 점들이 있으며 그것들이 전자와 충돌하여 빛을 발하는 방식이었다.

텔레비전을 최초로 상업화한 사람은 영국의 기술자인 존 베어드(John L. Baird)였다. 그는 1925년에 니프코브 원판 대신에 거울로 가득 찬 드럼을 활용하여 '텔레바이저(televiser)'로 불린 기계식 텔레비전을 개발했다. 버밍엄의 셀프리지 백화점은 1주일에 20파운드를 주는 조건으로 베어드에게 텔레바이저를 전시해달라고 제안했다. 드디어 1926년 1월 26일에는 하루에 3번 전시되는 텔레바이저를 보기 위해 사람들이 길게 늘어서서 차례를 기다렸다. 베어드는 '빌'이라는 꼭두각시 인형을 방영했는데, 그 인형은 세계 최초의 텔레비전 스타로 평가되기도 한다. 이후에는 백화점 직원이 화면상에 등장했으며, 마지막에는 베어드가 직접 주인공으로 나섰다.

1929년에는 영국방송공사(British Broadcasting Corporation, BBC)가 세계 최초로 텔레비전 방송에 대한 실험을 전개했다. 베어드는 스스로 다양한 프로그램을 개발하여 방영하기도 했으며 그의 텔레비전은 1,900대 정도가 팔렸다. 그러나 베어드가 누린 영광은 잠깐이었다. 그의 기계식 텔레비전으로는 선명한 화면을 얻을 수 없었던 것이다. 당시에는 이미 많은 사람들이 영화를 통해 좋은 화질에 익숙해져 있었다. BBC의 기술자들도 기계식 텔레비전의 상업화에 회의적인 모습을 보였다. 그들은 전자식 텔레비전이 고객의 욕구를 충족시킬 수 있는 유일한 대안이라고 생각했다. 문제는 전자를 이용하여 영상을 전송할 수 있는 실용적인 장치를 개발하는 데 있었다.

전자식 텔레비전의 출현

전자식 텔레비전의 개발을 주도한 사람으로는 러시아 출신의 기술자인 즈보리킨(Vladimir Zworykin)이 거론되어 왔다. 그는 러시아의 유명한 발명가인 로징(Boris L. Rosing)으로부터 텔레비전의 원리에 대해 배웠으며, 1918년에 미국으로 건너온 후 텔레비전의 개발에 몰두했다. 즈보리킨은 1923년에 '아이코노스코프(iconoscope)'라는 카메라 튜브를 발명하여 특허를 출원했고, 1925년에 원시적인 전자식 텔레비전 시스템에 대한 특허를 신청한 후 1928년에 승인을 받았다. 그러나 즈보리킨의 텔레비전은 작동하기 어려웠고 해상도도 떨어졌다.

즈보리킨에 앞서 실제로 작동 가능한 전자식 텔레비전을 개발한 사람은 미국의 기술자인 판즈워스(Philo Farnsworth)였다. 그는 고등학생이던 1922년에 이미 전자식 텔레비전에 대한 설계도를 작성했던 천부적인 발명가였다. 판즈워스는 투자가들의 지원을 바탕으로 1926년부터 본격적인 실험에 착수하여 '영상분해기(image dissector)'라는 송신기와 '영상수상기

▸ 자신이 개발한 텔레비전을 점검하고 있는 판즈워스(1935년)

(image oscillator)'라는 수신기를 개발하는 데 성공했다.

판즈워스는 1927년 9월 7일에 자신이 개발한 송신기와 수신기로 시연을 했다. 투자가들이 지켜보는 가운데 달러 표시($)가 선명하게 전송되었다. 판즈워스의 업적이 널리 알려지면서 1928년 9월 3일자의 ≪샌프란시스코 신문≫은 "SF맨이 텔레비전에 혁명을 일으켰다"는 머리기사를 실었다. 사전에 '텔레비전'이라는 새로운 단어가 추가되는 순간이었다. 1930년 8월에는 특허청이 판즈워스의 텔레비전 장치에 두 개의 특허를 내주었다.

1927년은 미국에서 텔레비전에 대한 분위기가 무르익었던 연도로 볼 수 있다. 그해에는 ≪텔레비전(Television)≫이라는 정기간행물이 발간되기 시작했고, 텔레비전을 고려하여 기존의 라디오법(Radio Act)이 개정되었던 것이다. 개정된 법은 라디오를 "점들을 연결하는 전선의 도움 없이, 전기 에너지에 의해 한 점에서 다른 점으로 전송되는 모든 정보, 메시지, 신호, 동력, 사진, 그 외 모든 성격의 통신"으로 정의했다. 이 정의에 '사진'이 포함된 이유는 텔레비전이라는 새로운 매체가 곧 현실화될 것이라는 기대가 있었기 때문이었다.

특허 분쟁에 휘말린 텔레비전

전자식 텔레비전에 가장 많은 관심을 기울인 기업은 미국라디오공사(Radio Corporation of America, RCA)였다. RCA에는 '방송가의 황제'로 불린 사노프(David Sarnoff, '사르노프'로 표기되기도 한다)가 있었다. 그는 이미 1923년에 텔레비전의 시대를 예언하는 선견지명을 가지고 있었다. "나는 라디오로 듣는 대신 눈으로 본다는 의미를 가진 텔레비전이라는 것이 정해진 수순을 따라 다가올 것으로 믿는다. 가까운 미래에 유럽, 남아메리카 또는 동양의 중요한 사건들을 다룬 뉴스가 미국으로 타진될 때, 그 사건들에 대한 사진도 무선으로 전송되어 동시에 도착할 것이다. 무선을 통한 움직이는 사진의 전송과 수신은 10년 이내에 현실로 다가올 것이다."

사노프는 1930년에 즈보리킨을 고용하여 텔레비전 사업에 본격적으로 투자했다. 즈보리킨은 텔레비전에 대한 연구동향을 검토한 후 판즈워스의 연구실을 찾아가 영상분해기를 관찰했다. 당시에 즈보리킨은 자신의 고용주가 누구인지를 밝히지 않은 채 텔레비전에 관심이 있는 기술자라고만 소개했다. 그는 판즈워스의 장치를 모방하면서도 특허법을 위반하지 않기 위하여 두 개의 진공관을 사용하는 방법을 강구했다. 이를 바탕으로 RCA는 1932년에 120줄짜리 전자식 텔레비전을 시연하는 데 성공했다. 120줄은 판즈워스의 장치보다 두 배나 많은 것이었다.

1934년에 RCA는 텔레비전 특허에 대한 우선권 소송을 제기했다. 즈보리킨이 판즈워스보다 앞선 1923년에 전자식 텔레비전을 개발했다는 것이었다. 특허청은 판즈워스의 손을 들어 주었다. 즈보리킨이 1923년에 전자식 텔레비전에 대한 특허를 신청하긴 했지만 당시에 그가 작동이 되는 기계장치를 만들었다는 증거는 없었다. 판즈워스가 소송에서 이길 수 있었던 것은 고등학교 은사인 톨만(Justin Tolman) 덕분이었다. 톨만은 법정에

▸ RCA의 텔레비전 방송에 관한 광고(1939년)

서 자신의 제자가 1922년에 그렸던 전자식 텔레비전에 대한 스케치를 제시했던 것이다.

RCA는 가만히 있지 않았다. RCA는 항소와 상고를 하면서 재판을 질질 끌었다. 1939년 4월에는 RCA가 뉴욕에서 개최된 세계 박람회에서 텔레비전을 선보였다. 사노프는 "우리는 이제 소리에다 볼거리를 더했습니다."는 선언과 함께 텔레비전을 발명한 기업으로 RCA를 치켜세웠다. 당시에 RCA는 NBC(National Broadcasting Company)를 통해 루스벨트 대통령의 연설을 방송하여 미국인들의 열렬한 환호를 받기도 했다. 사노프는 박람회가 끝난 뒤인 1939년 10월에야 판즈워스에게 백만 달러의 로열티를 지불하는 데 동의했다.

오늘날의 텔레비전 방송이 있기까지

텔레비전으로 정기적인 방송을 처음 시작한 국가는 독일이었다. 독일은 1935년부터 일주일에 3일간 매일 1시간 30분씩 방송을 보냈다. 독일은 텔레비전을 통해 히틀러의 얼굴을 독일 전역에 선전하기 위해 정기 방송을 서둘렀던 것이다. 그 뒤를 이어 1937년에는 영국의 BBC가, 1939년에는 미국의 NBC가 정기 방송을 시작했다.

그러나 텔레비전의 확산은 제2차 세계대전에 의해 제동이 걸렸다. 미국에서는 1941년의 참전을 계기로 기계 공장이 무기 공장으로 전환되었고 대부분의 방송국도 문을 닫았다. 2차 대전은 판즈워스에게 치명적이었다. 그의 특허는 1947년에 만기가 되는데 2차 대전이 종료된 후 2년 만에 판즈워스가 텔레비전을 대량으로 생산하기는 매우 어려웠던 것이다. 이처럼 판즈워스는 RCA와의 소송과 2차 대전을 배경으로 자신의 꿈을 이루지 못했다.

미국의 텔레비전 사업은 1940년대 후반에 들어와 급속히 성장하기 시작했다. 1946년에 8천 대에 불과했던 텔레비전 판매대수는 1947년의 17만 5천대를 거쳐 1950년에는 7백만 대로 급증했다. 1952년 한 해 동안 미국에서 텔레비전을 소유한 사람은 1,500만 명에서 2,100만 명으로 늘어났다. 당시에 미국의 가정의 절반 정도가 텔레비전을 보유하고 있었는데, 그중 절반은 RCA의 제품이었다.

텔레비전이 확산되는 과정에서는 표준을 둘러싼 경쟁도 수반되었다. 당시의 방송사들은 자신의 방식이 표준으로 채택되도록 치열한 공방을 벌였다. 1950년에 연방통신위원회는 CBS(Columbia Broadcasting System)의 방식을 표준으로 선택했다. 그러나 CBS 시스템은 흑백텔레비전과 컬러텔레비전을 호환할 수 없는 단점을 가지고 있었다. RCA의 사노프는 텔레비

▸ 1946~1947년에 판매되었던 RCA 630-TS. 그것은 세계 최초로 대량생산된 텔레비전 수상기에 해당한다.

전의 미래가 흑백-컬러의 호환성에 있다고 주장하면서 이를 실현하는 데 집중적으로 투자했다. 결국 연방통신위원회도 사노프의 주장을 받아들여 1953년에 RCA의 시스템을 표준으로 변경했다.

1954년에는 컬러텔레비전이 첫 선을 보였지만 판매량은 당초의 기대에 미치지 못했다. 컬러텔레비전의 품질이 별로 좋지 않았던 데다 프로그램도 부족했기 때문이었다. RCA는 1956년에 텔레비전 화면의 선명도를 높여주는 광선 확대기와 값싼 테이프에 비디오 신호를 기록할 수 있는 장치를 개발했다. 이어 1960년에는 월터 디즈니가 RCA를 매개로 <디즈니의 재미있는 세계>라는 프로그램을 컬러로 방영하기에 이르렀다.

"당신이 없었더라면 우리는 일자리가 없었겠군요."

1960년을 전후하여 텔레비전은 가장 인기 있는 매스미디어로 부상했다. 라디오가 가정의 필수품이 되는 데에는 두 세대가 걸렸지만, 텔레비전의 경우에는 그 기간이 한 세대로 단축되었다. 1960년에 미국의 텔레비전 판매대수는 4,570만대로 증가했으며, RCA는 텔레비전 시장의 약 80%를 장악하는 기업으로 부상했다. RCA는 대대적인 선전을 통해 사노프와 즈보리킨이 텔레비전 개발의 주역이라는 관념을 부추겼다. 전자식 텔레비전을 처음으로 발명한 판즈워스는 세상 사람들의 기억에서 멀어져만 갔다.

1957년에 판즈워스는 CBS의 게임 쇼인 <나는 비밀이 있어요>에 출연했다. 그 프로그램은 출연자가 누구인지를 맞추는 게임이었다. 아무도 판즈워스가 누구인지를 알아맞히지 못했다. 덕분에 판즈워스는 80달러의 상금을 타게 되었다. 당시에 사회를 본 사람은 유명한 영화배우인 게리 무어였다. 그는 판즈워스가 텔레비전의 발명가임을 알고는 진심으로 고마워하며 다음과 같이 말했다. "당신이 없었더라면 우리는 일자리가 없었겠군요."

텔레비전은 이후에도 수많은 변화를 거쳤다. 1960년대 이후에는 케이블 방송이 널리 확산되어 텔레비전 수신 상태가 개선되고 전문성을 띤 프로그램이 보급되기 시작했다. 1980년대 이후에는 위성에서 직접 가정의 소형 안테나로 전달되는 위성 방송 시스템이 정착되면서 텔레비전 프로그램이 찾아가는 공간의 범위가 한층 더 넓어졌다. 최근에는 실물처럼 깨끗하고 선명한 영상을 재현할 수 있는 고(高)화질 텔레비전(High Definition TeleVision, HDTV)이 잇달아 출시되고 있다.

▸ 아파트 단지에 설치된 위성방송 수신 안테나

우리나라의 경우에는 1956년에 RCA의 한국 대리점이 최초로 텔레비전 방송을 시작했다. 이어 1966년에는 금성사가 최초의 국산 흑백텔레비전인 VD-191을 시판했는데, V는 진공관(vacuum tube), D는 데스크 타입(desk type), 19는 19인치, 1은 첫 번째 모델을 뜻했다. 우리나라에서는 1970년대만 해도 텔레비전을 가진 집이 많지 않았고, 동네 사람들이 텔레비전이 있는 집에 모여서 함께 보는 경우가 허다했다. 1980년대 이후에는 컬러텔레비전이 보급되기 시작했으며, 지금은 텔레비전이 어디서나 흔히 볼 수 있는 물건이 되었다. 텔레비전이 없는 삶은 상상하기조차 어렵게 된 것이다.66)

66) 어빙 팽(Irving Fang)은 ≪매스커뮤니케이션의 역사≫에서 텔레비전의 역기능에 대한 견해를 다음과 같이 소개하고 있다. "어느 사회가 깨어 있는 삶의 절반을 하나의 수동적인 활동에 빠지게 했던 적이 있었던가? 어떤 기술적 도구가 우리가 생각하고 행동하는 방식에 이렇게 막대한 영향을 끼쳤던가? 많은 사람들이 거부할 수 없는 텔레비전의 매력은 문화적인 죽음을 바탕으로 이루어지고 있다. 텔레비전은 범죄율을 높이고, 우리의 주의력을 감퇴시키고, 말과 옷에서 지역적인 차이를 퇴색시키고, 유년 시절의 놀이를 빼앗아가고, 사춘기의 비만을 고무시킨다. 텔레비전은 정치, 교육, 경제, 종교 등을 다루기만 하면 타락시키는 525 주사선의 발광점을 가진 경박한 것으로 비난받고 있다."

27 테플론

원자탄, 프라이팬, 고어텍스의 공통분모

원자탄, 프라이팬, 고어텍스를 만드는 데 공통적으로 사용된 물질은 무엇일까? … 이 문제에 대한 답은 테플론(Teflon)이다. 테플론은 폴리테트라플루오르에틸렌(polytetrafluoroethylene, PTFE)이란 고분자물질의 상표명에 해당한다. 탄소 사슬이 불소 원자들로 둘러싸여 있는 테플론은 매우 독특한 특성을 가지고 있다. 테플론은 거의 모든 화학물질에 반응하지 않을 정도로 안정성이 뛰어나며, 매우 낮은 온도에서도 유동성을 잃지 않는다.

새로운 냉매 물질을 찾아서

테플론을 처음 발명한 사람은 미국의 화학자인 로이 플렁킷(Roy J. Plunkett, 1910～1994)이다. 플렁킷은 1936년에 오하이오 주립대학에서 화학 박사학위를 받은 후 굴지의 화학업체인 뒤퐁에 입사했다. 그는 뉴저지

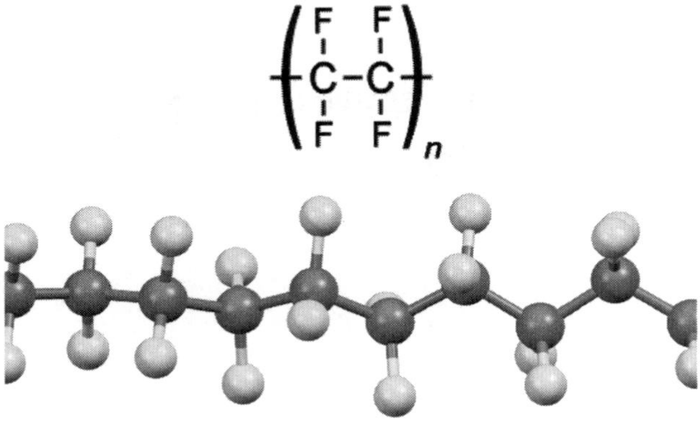

▸ 테플론의 구조와 모형

주의 잭슨 연구소에서 냉매 물질을 탐색하는 연구를 수행했다. 당시에 뒤퐁은 제너럴모터스가 특허권을 가진 프레온 가스를 생산하고 있었는데, 이와는 별도로 새로운 냉매 물질을 찾아내기 위한 연구를 추진하고 있었다.

플렁킷은 테트라플루오르에틸렌(tetrafluoroethylene, TFE)과 염산을 반응시키면 답이 나올 것으로 생각했다. 뒤퐁은 플렁킷의 실험 계획을 승인했고, 값비싼 재료인 TFE를 50킬로그램이나 제공했다. 플렁킷은 TFE 가스를 1킬로그램씩 나누어 금속 실린더에 채워 넣고 상자에 담은 뒤 영하 80도의 냉장고에 보관했다. 그리고 TFE와 염산의 비율을 달리하면서 새로운 냉매 물질을 찾는 일련의 실험을 실시했다.

그러던 중 1938년 4월 6일에 예기치 못한 일이 발생했다. 플렁킷은 이틀 전에 보관해 둔 TFE 실린더 하나를 조심스럽게 꺼내 실험실로 가져왔다. 조수인 잭 리복(Jack Rebok)이 실린더의 밸브에 가느다란 배출관을 연결한 후 밸브를 열었다. 그런데 밸브를 열었는데도 아무런 소리가 나지 않는 것이 아닌가? 가스 실린더의 밸브를 열면 특유의 '피식'하는 소리가 나야 정상이었던 것이다. 도대체 뭐가 잘못된 것일까?

▶ 테플론 제조기술을 개발한 로이 플렁킷

창고로 보내진 신기한 물질

처음에 플렁킷은 밸브가 막혔을 가능성을 생각했다. 그러나 작은 금속 조각으로 밸브를 뚫어보아도 여전히 소리는 나지 않았다. 이어 플렁킷은 혹시나 하는 마음에서 다른 실린더들도 차례차례 확인해 보았다. 그러나 어떤 실린더를 뚫어보아도 가스가 새는 소리는 나지 않았다. 이번에는 실린더마다 무게를 재어보았다. 그랬더니 모든 경우에 실린더 자체의 무게와 이틀 전에 주입한 가스의 무게를 더한 만큼의 값을 정확히 나타냈다.

이러한 상황을 설명할 수 있는 방법은 하나밖에 없었다. 가스는 여전히 실린더 안에 들어 있지만, 물질의 상태에 변화가 생긴 것으로 해석하는 방법이었다. 그래서 플렁킷은 실린더 하나를 톱으로 자르는 모험을 감행했다. 그랬더니 실린더 안에는 하얀 밀랍 같은 물질이 달라붙어 있었다.

이로써 플렁킷은 기체 상태의 TFE가 중합 반응을 일으켜 고체 상태의 PTFE로 변환된다는 점을 알아냈다. 기체 상태의 TFE가 지나치게 오랫동안 사슬 형태로 보존되는 사이에 중합 반응이 일어났던 것이다. 플렁컷은 TFE의 중합 반응이 일어나는 적절한 압력과 온도를 확인한 후 PTFE가 어떤 특성을 가지고 있는지를 분석했다. 그 결과 PTFE가 매우 신기한 특성을 지녔다는 점을 확인했지만, 그것을 어디에 사용해야 할지는 알 수 없었다. 결국 PTFE는 뒤퐁의 창고에 보내지는 신세로 전락하고 말았다. 다만 플렁컷이 1941년에 PTFE 제조기술로 특허를 받았을 뿐이었다.[67)]

▸ 테플론으로 만들어진 덮개는 매우 강력한 복사선을 실험하는 데에도 사용되고 있다. 그림은 복사선 실험으로 테플론 덮개에 분화구 모양의 구멍이 나 있는 모습이다.

67) 플렁컷의 테플론은 '세렌디피티(serendipity)'를 잘 보여주는 사례에 해당한다. 세렌디피티는 사전적으로는 행운을 우연히 발견하는 능력으로 정의되고 있지만, 과학기술의 역사에서는 우연으로 얻어지는 중대한 발견이나 발명을 뜻하는 말로 쓰인다. 발견이나 발명이 언제나 합리적 추론의 결과로 얻어지지는 않는다는 것이다. 그러나 완전한 우연에 의해 세렌디피티가 이루어지는 경우는 거의 없다. 세렌디피티가 일어나기 위해서는 성실한 준비와 열린 마음이 전제되어야 하는 것이다. 과학기술의 역사에서는 테플론 이외에도 굿이어의 인조고무 발명, 퍼킨의 인공염료 발명, 노벨의 다이너마이트 발명, 케쿨레의 벤젠 구조 발견, 뢴트겐의 X선 발견, 플레밍의 페니실린 발견 등이 세렌디피티의 주요 사례로 간주되고 있다.

군사기밀이 된 테플론

원자탄을 만들기 위해 맨해튼 계획에 참여했던 과학자들은 1943년에 난감한 문제에 봉착했다. 핵분열에 필요한 고농축 우라늄을 생산하기 위해서는 육불화우라늄(UF6)으로 실험을 해야 했는데, 이 물질의 강한 파괴력 때문에 용기나 관이 닿기만 하면 금세 부서지고 말았다. 이에 원자탄 연구자들은 화학업체에게 도움을 청했고, 뒤퐁은 1938년에 발명된 신기한 물질이 회사 창고에 있다는 사실을 상기했다.

뒤퐁은 수차례의 시도 끝에 원자탄 연구에 사용되는 용기나 관의 표면을 PTFE로 처리하는 데 성공했다. 그 후 뒤퐁은 PTFE의 생산을 가속화하여 미 국방부에 납품했다. PTFE 생산은 군사기밀에 붙여졌고, 암호명은 K416이었다. 뒤퐁은 1944년에 PTFE에 '테플론'이란 상표를 붙이고 이를 등록했다. PTFE가 너무 복잡한 이름이어서 마케팅에는 적절하지 않다고 판단했던 것이다. 테플론이란 명칭의 앞부분은 PTFE에서, 뒷부분은 나일론의 어미에서 가져왔다.

▶ 뒤퐁이 등록한 테플론에 대한 상표

"절대 달라붙지 않습니다."

제2차 세계대전이 종료되고 1946년에는 테플론의 존재를 공표하는 것이 허용되었다. 그러나 뒤퐁은 테플론의 새로운 수요를 창출하는 데 크게 성공하지 못했다. 뒤퐁은 도료나 절연체와 같은 전문적인 분야에서만 활용 방법을 모색했던 것이다.

테플론이 일반인으로 확산된 데에는 프랑스의 화학자인 마르크 그레구아르(Marc Grégoire)의 공이 컸다. 대단한 낚시꾼이었던 그는 낚싯줄이 엉키는 문제를 해결하는 방법을 모색하던 중에 테플론을 떠올렸다. 그레구아르는 알루미늄 판을 염산으로 부식시킨 다음 테플론을 입혀 보았다. 결과는 기대 이상이었다. 알루미늄에 생긴 미세한 흠집들이 테플론을 고정시키는 역할을 했던 것이다.

이번에는 그레구아르의 부인이 나섰다. 요리사가 직업이었던 그녀는 테플론을 알루미늄 프라이팬에 사용하자는 아이디어를 내놓았다. 그레구아르는 일련의 연구 끝에 테플론 막을 입힌 프라이팬으로 1954년에 특허를 받았다. 그는 1956년에 테팔(Tefal)이란 기업을 설립했는데, 테팔은 테플론과 알루미늄의 앞 글자를 딴 것이다.

그레구아르는 "절대 달라붙지 않는 프라이팬 테팔(The Tefal pan: The pan that really doesn't stick)"이란 광고로 소비자들의 관심을 끌었다. 테팔 프라이팬은 1956년 100만 개, 다음 해에는 300만 개가 팔려나갔다. 1960년에는 크리스마스에 맞추어 미국의 메이시스 백화점을 공략했고, 한 달 만에 100만 개가 넘는 주문을 받았다. 1968년에 테팔은 프랑스 최고의 주방용품 회사가 되었으며, 같은 해에 프랑스의 가전제품 회사인 세브가 테팔을 인수했다.

▶ 테플론으로 만든 프라이팬은 요리에 혁명을 가져온 것으로 선전되었다.

테플론의 용도는 어디까지

테플론의 용도는 고어 부자에 의해 더욱 확대되었다. 아버지인 윌버트 고어(Wilbert L. Gore)와 아들인 로버트 고어(Robert W. Gore)가 그들이다. 윌버트는 뒤퐁의 테플론 연구팀에서 일하고 있었는데, 1957년에 뒤퐁은 테플론 팀을 해체하고 말았다. 윌버트는 45세의 나이로 뒤퐁을 떠나 테플론 전선 사업을 벌였고, 여기에는 장남인 로버트도 참여했다. 1960년대에 들어와 전자공학의 시대가 열리면서 고어 부자의 사업은 확대일로에 들어섰다.

1969년에 로버트는 테플론 막대를 가열하면서 양쪽 끝에서 잡아당기는

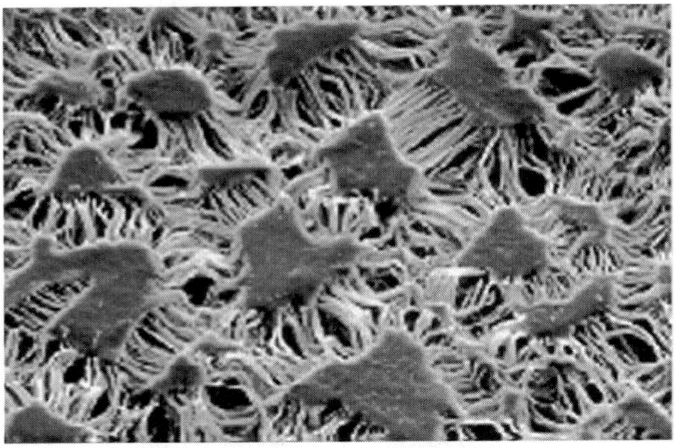

▸ 고어텍스 원단을 전자현미경으로 찍은 사진

실험을 했다. 하지만 테플론은 몇 센티미터 늘어난 뒤에 곧바로 깨어져 버렸다. 그 후 로버트는 실험 조건을 달리하여 수십 차례의 실험을 했고, 결국에는 테플론 막대를 최대한 잡아당겨 얇은 피막을 얻는 데 성공했다. 얇은 테플론 피막은 저항력이 매우 강해서 밀폐용 부품으로 쓰기에 적당했다. 고어 부자는 이러한 테플론 피막에 고어텍스(Gore-Tex)라는 이름을 붙였다.

고어 부자는 테플론으로 케이블 리본을 만들 수 있다면 직물도 가능하겠다는 생각에 이르렀다. 로버트는 고어텍스로 텐트를 만든 후 그 속에서 지내면서 일련의 현장실험을 수행했다. 결국 로버트는 비는 막아주지만 땀은 배출할 수 있는 특성을 가진 테플론 피막을 개발하여 1972년에 특허를 받았다. 이제 테플론 피막을 원단에 입혀서 텐트나 겉옷을 만드는 일만 남았다. 1976년에는 고어텍스 텐트, 이듬해에는 고어텍스 우비가 출시되어 날개 돋친 듯이 팔려 나갔다.

테플론이 조리 기구, 전선 절연체, 아웃도어에서만 활약하고 있는 것은 아니다. 매년 수백만 명의 사람들은 테플론을 소재로 한 인공혈관이나 인공관절로 도움을 받고 있다. 테플론은 레이더망에도 포착되지 않는 스텔스 기능을 가지고 있기 때문에 무기개발에도 빠지지 않는다. 또한 테플론은 우주복이나 우주선에도 사용되어 달, 화성, 목성 등지를 다녀온 이력을 가지고 있다. 1981년에 개항된 사우디아라비아의 킹 압둘 아지즈 국제공항의 천장도 테플론으로 코팅되어 있다.[68]

68) 테플론(PTFE)은 매우 안정적인 물질이지만 온도가 260℃에 도달하면 안정성이 약화되기 시작하고 350℃가 넘으면 코팅이 플루오르카본(fluorocarbon) 기체로 분해된다. 이 기체는 조류에게 치명적이며, 사람에게는 독감과 같은 증상을 유발한다. 2003년에 미국의 환경연구단체인 EWG(Environmental Working Group)는 테플론으로 코팅된 가정용 취사도구가 가열되었을 때 사람과 새에게 위험하다는 경고문을 넣게 해달라는 청원서를 소비자제품안전위원회에 제출했다. 또한 2004년에 미국의 환경보호청은 테플론 제조에 사용되는 화학물질인 PFOA(perfluorooctanoic acid)가 인체에 유해성을 지닌다는 사실을 뒤퐁이 지난 20년 동안 공개하지 않았다고 발표한 바 있다.

28 DDT
영욕의 역사를 가진 살충제

DDT는 기적의 살충제로 각광을 받다가 생태계와 인간에 해를 끼치는 주범으로 전락한 영욕의 역사를 가지고 있다. DDT의 폐해는 '환경운동의 어머니'로 불리는 레이첼 카슨(Rachel Carson, 1907~1964)이 1962년에 ≪침묵의 봄(Silent Spring)≫을 발간하면서 본격적인 주목을 받았다. 그녀는 책에서 다음과 같이 썼다.

"DDT는 1874년 독일 화학자에 의해 처음으로 합성되었지만 살충제로서의 효능이 발견된 것은 1939년이었다. 그 즉시 DDT는 질병을 옮기고 한밤중에 식량을 축내는 해충들에 대항해 승리를 안겨줄 수 있는 수단으로 인정받았다. 발견자인 스위스의 파울 뮐러(Paul Müller, 1899~1965)는 노벨상을 받았다. … 소화기관이나 폐를 통해 천천히 흡수되는 이 물질은 일단 몸속으로 들어가면 대부분 부신, 고환, 갑상선 등 지방이 충분한 신체장기에 축적된다(DDT 자체가 지용성이기 때문이다). 또 상대적으로 많은 양이 간과 신장, 그리고 장기를 감싸고 있는 커다란 보호막인 장간막에도 쌓인다."

▸ 1940년대 후반에 게재된 DDT에 대한 광고. 왼쪽 광고는 DDT가 해충을 효과적으로 박멸할 수 있다는 점을 강조하고 있으며, 오른쪽 광고는 DDT를 사용하면 쾌적한 주거 환경을 조성할 수 있다는 점을 부각시키고 있다.

왜 살충제가 필요했을까?

DDT는 디클로로디페닐트리클로로에탄(dichloro-diphenyl-trichloroethane)의 줄임말이다. 그것은 염소를 한 개씩 달고 있는 벤젠 고리 2개와 3개의 염소가 결합한 형태의 유기화합물이다. DDT는 1874년에 오스트리아 출신의 화학자인 자이들러(Othmar Zeidler)가 독일의 스트라스부르 대학에서 처음 합성한 것으로 전해진다. 그는 DDT의 다양한 화학적 성질에 대해 분석했지만, 살충제로서의 가능성에는 주목하지 못했다. 이에 반해 스위스의 화학자이자 생물학자인 뮐러는 1939년에 DDT를 효과적인 살충제로 개발하는 데 성공했다. 그는 "여러 절지동물의 접촉 독성을 나타내는 DDT의 높은 효과를 발견"한 공로로 1948년 노벨 생리의학상을 받았다.

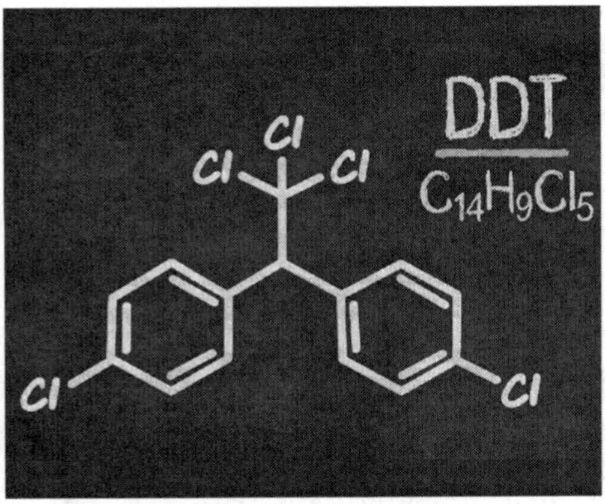

▸ DDT의 분자식과 구조식

뮐러는 1925년에 바젤 대학을 졸업한 후 세계적 제약회사 노바티스(Novatis)의 전신인 가이기(J. R. Geigy) 사에 취직했다. 뮐러가 한창 연구에 매진하던 1920~1930년대는 효과적인 살충제의 필요성이 점점 커지던 시기였다. 그의 고국인 스위스는 국토의 대부분이 산악지대여서 농작물을 재배하기가 쉽지 않았다. 특히 농작물을 갉아 먹는 해충의 피해를 최소화하는 것이 중요한 과제로 부상했다.

이보다 더욱 중요한 이유로는 제1차 세계대전과 같은 전쟁의 여파로 전염병이 창궐했다는 점을 들 수 있다. 많은 사람들의 몸에는 이(lice)와 벼룩(flea)이 들끓었고, 집에는 바퀴벌레, 모기, 파리 등이 득시글거렸다. 특히 이가 전염시키는 발진티푸스는 무시무시한 죽음의 사자와 같았다. 제1차 세계대전 이후 유럽 지역에서만 발진티푸스에 의해 약 300만 명이 사망했다는 통계도 있다.

제1차 세계대전 때 사용된 독가스도 살충제의 개발에 영향을 미쳤다. 새로운 독가스를 개발하는 과정에서는 기존의 살충제들이 유력한 후보 물질로 고려되었고, 전쟁 중에 개발된 독가스가 이후에 살충제로 용도가 바뀐 것도 있었다. 당시에 화학전 부대는 비인간적인 독가스를 평화적인 살충제로 전용한다는 이미지 쇄신책을 내놓기도 했다. 해충을 마치 적군처럼 '근절' 혹은 '박멸'해야 한다고 생각했던 것도 전쟁의 영향이라 볼 수 있다.

350번째의 화학물질

뮐러는 1935년에 살충제 연구를 시작하면서 이상적인 살충제가 어떤 특성을 가져야 하는지 고민했다. 그가 작성한 목록은 다음과 같은 7가지 항목으로 구성되어 있었다. "1. 살충 효과가 엄청나게 뛰어나야 함. 2. 독성이 아주 빨리 작용해야 함. 3. 포유류나 식물에게는 독성이 없거나 아주 미미해야 함. 4. 사용 시 자극이 없어야 하고 냄새도 거의 없어야 함(어쨌거나 불쾌한 느낌을 주면 안 됨). 5. 응용범위가 되도록 아주 넓어야 함. 다양한 절지동물에 작용해야 함. 6. 화학구조가 안정되어 오랫동안 작용해야 함. 7. 경제적이어야 함(가격이 저렴해야 함)." 이 중에서 1~4번과 7번은 살충제의 특성으로 널리 인정되고 있었지만, 5번과 6번은 뮐러가 추가한 조건에 해당했다.

뮐러는 어떤 연구를 시작하면 주변을 전혀 의식하지 않고 몰입하는 성격을 가지고 있었다. 이 때문에 그는 '눈가리개를 단 말'과 같다는 평가를 받기도 했다. 뮐러는 1세제곱미터 크기의 유리 상자를 만들고 그 속에 곤충을 넣은 후, 다양한 화학물질을 분사하여 그 물질이 살충 효과를 지니고 있는지 시험했다. 한 화학물질이 유망해보이면, 그와 관련된 비슷한 물질들을 샅샅이 조사하면서 천연 살충제인 로테논이나 제충국에 대한 대조실험을 실시했다. 이와 같은 실험은 4년 동안이나 꾸준히 수행되었다. 결국 뮐러는 1939년 겨울에 350번째의 화학물질이 자신이 그토록 찾던 이상적

▸ 살충제의 후보 물질을 탐색하고 있는 뮐러

인 살충제라는 점을 알아냈다. 그것이 바로 DDT였다.

뮐러는 추가연구를 통해 DDT의 독특한 성질을 밝혀냈다. 기존의 살충제들은 곤충이 먹어야 효과를 가질 수 있었기 때문에 살충 효과가 나타나는 데에는 제법 시간이 걸렸다. 이에 반해 DDT는 뿌리는 즉시 효과를 보였다. DDT는 곤충이 직접 먹지 않고 단지 몸에 닿기만 해도 효과를 나타내는 접촉성 살충제였다. 그것은 DDT가 물에는 잘 녹지 않은 대신 곤충의 표면을 이루는 지방층에는 잘 흡수되기 때문이었다.[69] 가이기 사는 1940년에 DDT의 살충 효과에 대한 특허를 출원했고, 1942년부터 DDT가 섞인 살충제를 판매하기 시작했다.

---

69) 곤충은 물에 젖지 않도록 몸체의 표면이 얇은 지방층으로 덮여 있는데, DDT는 곤충의 지방층을 통해 몸속으로 직접 침투하여 살충 효과를 발휘할 수 있었다. 곤충의 몸속에 들어간 DDT는 신경세포에 존재하는 나트륨 이온의 흐름을 방해하고 결국 신경을 마비시켜 곤충을 죽게 만들었다. 이러한 원리는 사람에게도 적용될 수 있지만, 인간의 신경세포는 곤충과 달리 몸속 깊숙이 존재하기 때문에 DDT가 위해를 미칠 확률은 매우 낮아 보였다. 이와 같은 연구결과를 바탕으로 DDT는 살충 효과가 뛰어나지만 인간에게는 해롭지 않다는 평가가 내려졌다.

DDT의 전성시대

DDT는 사용자들의 감탄을 자아낼 정도로 대단한 효력을 발휘했다. DDT는 농작물에 피해를 입히는 해충을 거의 완벽하게 박멸했으며, 발진티푸스와 같은 질병의 발생률도 수직선에 가까울 정도로 낙하시켰다. 이와 같은 기적적인 효과에 접한 사람들은 너나할 것 없이 DDT를 사용하기 시작했고, 다른 화학회사들도 앞을 다투어 살충제 연구에 뛰어 들었다. DDT를 비롯한 살충제의 매출액은 1939년 4,000만 달러에서 1954년에는 2억 5,000만 달러로 껑충 뛰었다.

DDT의 사회적 지위는 제2차 세계대전을 통해 더욱 높아졌다. DDT는 1943년 겨울에 연합군이 점령하고 있던 이탈리아의 나폴리에서 번지기 시작한 발진티푸스를 잠재우는 데 결정적인 역할을 했다. 겨울에 창궐한 발진티푸스의 확산을 중단시킨 것은 역사상 처음 있는 일이었다. 연합군이 독일의 수용소를 해방시켰을 때 제일 먼저 한 일도 사람들에게 DDT를 뿌리는 것이었다. 사실상 수용소에서 발진티푸스는 인명을 앗아가는 주범으로 악명을 떨쳤다. 예를 들어, 아우슈비츠 수용소에서는 약 300만 명이 목숨을 잃었는데, 그 중 2/3는 독가스 등을 활용한 처형에 의한 것이었고, 나머지 1/3의 대부분은 발진티푸스에 의한 것이었다.

DDT는 말라리아를 옮기는 모기를 퇴치하는 데에도 큰 성과를 보였다. 사실상 말라리아는 태평양 전쟁 초기의 여러 전투에서 미군이 참패한 주요 원인으로 작용했다. 맥아더 장군이 “말라리아를 잡지 못하면, 전투에 참여하는 사단 하나당 말라리아에 걸려 병원에 누워 있는 사단 하나, 그리고 병에서 회복 중에 있는 사단 하나가 필요할 것”이라고 말할 정도였다. 이러한 상황은 연합군이 군용기를 통해 DDT를 대량으로 살포하는 방식을 채택함으로써 급격히 호전될 수 있었다.

▸ 제2차 세계대전 당시에는 몸에 붙은 이를 제거하기 위해 DDT를 옷이나 몸에 직접 뿌리는 경우가 많았다.

제2차 세계대전이 종료되고 각종 규제가 풀리게 되자 DDT는 더욱 광범위하게 사용되었다. 농부들은 생산성을 높이기 위해 DDT와 같은 살충제의 사용에 적극적으로 나섰으며, 가정주부들은 정원이나 집안의 해충을 박멸하기 위한 '전투'에 가담했다. 급기야 미국의 몇몇 주정부는 모기 통제 프로그램(mosquito control program)을 내걸고 DDT를 마구잡이로 살포하기에 이르렀다. 미국의 살충제 생산량은 1947년 5만 5,800톤에서 1960년 28만 7,000톤으로 무려 5배나 증가했다.[70)]

70) 우리나라의 경우에는 1945년 8·15 해방 직후에 미군이 DDT를 들여왔다. 1946년 2월에는 군정청 위생국 화학연구소가 DDT를 자체적으로 생산하는 데 성공했다. 그 후 오랜 기간 동안 한국인들은 수시로 DDT의 세례를 받았다. DDT는 1969년에 사용금지 농약품목에 포함되면서 우리 주변에서 멀어지기 시작했다. 다음은 1946년 3월 8일자 ≪동아일보≫에 실린 기사이다. "요즈음 발진티푸스 등 전염병이 돌고 있으므로 이를 방지하기 위하여서는 반드시 이, 벼룩, 빈대를 박멸해야 한다. 군정청 위생과에서는 아동의 위생을 도모코자 7일 하오 2시부터 시내 각 학교 아동들을 운동장에 줄지어 세워놓고 머리서부터 발끝까지, 또 옷 속까지 흰 가루약을 뒤집어 씌웠다. 이 약은 흰 횟가루가 아니고 디디티로 만든 이 죽이는 약이다."

▸ 모기 통제 프로그램의 일환으로 DDT를 살포하는 광경(1945년)

DDT는 열대지방에서 말라리아를 퇴치하는 데에도 극적인 효과를 보였다. 베네수엘라에서는 말라리아 환자 수가 1943년에 800만 명을 넘어섰던 것이 15년 후에는 불과 800명으로 현저하게 줄어들었다. 인도에서는 1935년에 1,000만 명 이상의 말라리아 환자가 있었는데, 1969년에는 28만 6,000명의 환자만 보고되었다. 오늘날 세계보건기구(WHO)는 DDT 덕분에 말라리아로부터 1억 명에 달하는 인명을 구했다고 평가하고 있다.

DDT의 어두운 그림자

그러나 DDT의 영광은 오래가지 않았다. 우선 곤충들이 DDT와 같은 살충제에 내성을 가진다는 사실이 밝혀졌기 시작했다. DDT가 대량으로 살포될수록 곤충들은 빠른 속도로 내성을 가지게 되었던 것이다. DDT의 효력이 떨어지자 이보다 수십 배나 강한 살충제들이 차례로 도입되었다. 알드린, 디엘드린, 클로르데인, 헵타클로르, 파라티온, 말라티온 등이 여기에 속한다.

뮐러가 이상적인 살충제의 조건으로 추가한 두 가지 사항도 도마에 올랐다. 뮐러는 이상적인 살충제가 많은 종류의 곤충에게 효과가 있어야 한다고 했는데, DDT가 해충은 물론 그 천적마저 죽여 버림으로써 살충제 살포를 중단한 후에는 오히려 해충이 창궐하는 상황이 발생했다. 또한 뮐러는 이상적인 살충제가 화학적으로 안정되어 오랫동안 작용할 수 있어야 한다고 했지만, 그것은 DDT가 곤충 이외의 다른 야생동물에게도 해를 끼치는 결과를 유발했다. 이러한 점은 1960년을 전후하여 거론된 생물농축(biological concentration) 혹은 생물증폭(biological magnification) 현상과 직결되어 있다. 분해가 잘 되지 않는 오염물질이 생물체 내로 들어올 경우에는 먹이연쇄 과정을 거치면서 그 양이 점점 축적된다는 것이었다.

1950년대 후반의 미국에서는 살충제가 대량으로 살포된 지역에 야생동물이 피해를 입는 사태가 발생해 주민들의 항의가 잇따랐다. 사람들은

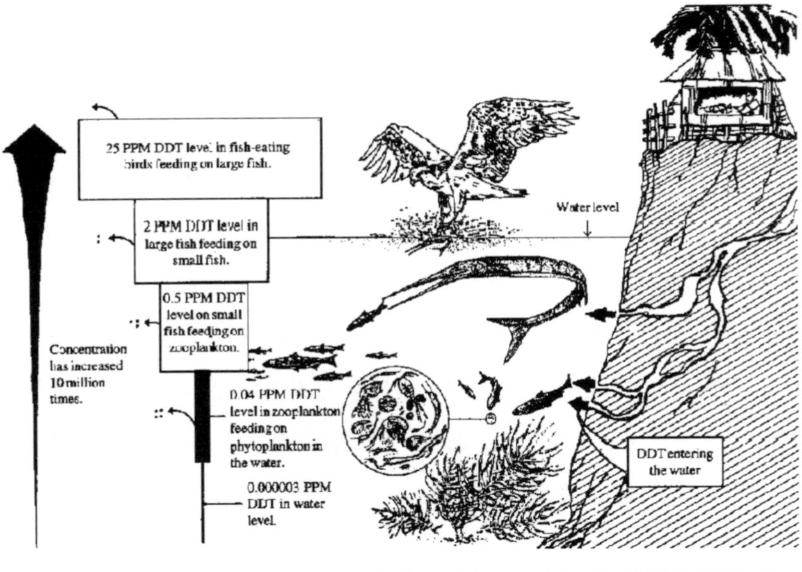

▸ 생물농축 현상에 대한 개요도. 먹이연쇄를 따라 DDT의 농도는 동물성 플랑크톤 0.04ppm, 작은 어류 0.5ppm, 큰 어류 2ppm, 조류 25ppm으로 증가하게 된다.

물고기가 떼죽음을 당해 수면 위에 떠오르고 주변에서 흔히 보던 새가 사라지는 것을 목격하면서 상당한 불안감을 느꼈다. 특히 봄의 전령사로 사랑받았던 울새와 미국을 상징하는 동물인 흰머리수리의 개체 수가 급감한 것은 미국인에게 커다란 충격으로 다가왔다. 그러나 정부 당국은 DDT가 곤충 이외의 다른 생명체에 유해하다는 증거는 없다면서 고압적인 태도로 일관했다.

봄이 침묵하는 까닭은?

이러한 상황에서 DDT의 폐해를 널리 알리는 데 헌신했던 사람은 미국의 여성 생물학자이자 베스트셀러 작가인 카슨이었다. 그녀는 4년 동안 미국의 전 지역을 돌아다니며 자료를 수집하고 피해자들과 과학자들의 의견을 수집한 후 1962년에 ≪침묵의 봄≫이라는 화제작을 발간했다.

▸ 레이첼 카슨과 ≪침묵의 봄≫ 초판. ≪침묵의 봄≫은 카슨의 고발정신, 과학적 지식, 문학적 재주가 한데 어우러진 작품이다.

카슨은 탁월한 저술가답게 ≪침묵의 봄≫을 다음과 같은 흥미로운 이야기로 시작했다. "옛날 한때 미국의 어느 산간지방에 생명력을 지닌 모든 사물들이 주변 환경과 조화를 잘 이루며 살아가는 마을이 있었다. … 그런데 웬일인지 원인을 알 수 없는 불길한 그림자가 이 마을을 덮으면서 모든 것이 변하기 시작했다. … 이 마을은 어떤 나쁜 마술적 주문에 걸린 것 같았다. 병아리 떼가 원인 모를 병에 걸렸고, 소나 양들이 죽어갔다. 사방이 죽음의 장막으로 덮여졌다. … 그리하여 자연은 소름이 끼칠 정도로 이상하리만큼 조용해 졌다. 그처럼 즐겁게 재잘거리며 날던 새들은 다 어디로 갔는가? … 봄은 왔는데 침묵만이 감돌았다. … 이처럼 참혹하게 찌들어진 세계, 새로운 생명이 탄생하는 소리를 들을 수 없게 된 침묵의 세계는 어떤 마술의 장난도 아니고 적의 침입 때문도 아니며 바로 인간들 자신이 그렇게 만든 것이다. … 미국이 수없이 넓은 땅에서 살아 움직이는 봄의 소리를 침묵시킨 것은 무엇일까? 그 이유를 파헤쳐 설명하는 것이 이 책의 목적이다."[71)]

≪침묵의 봄≫은 환경정책과 환경운동을 태동시킨 기폭제로 작용했다. 1969년 1월에는 국가환경정책법이 미국 의회를 통과하여 살충제, 제초제, 살균제 등이 야생동물에게 미치는 영향을 지속적으로 조사하기 위한 체제

71) 카슨은 과학과 저술의 의미에 대해 다음과 같은 감동적인 말을 남기기도 했다. "우리는 과학의 시대에 살고 있지만, 아직까지 과학을 몇몇 사람들의 특권이라고 생각합니다. 과학자들이 실험실에 고립되어 있거나 성직자처럼 산다는 것입니다. 그러나 이것은 사실이 아닙니다. 과학의 재료는 삶 그 자체의 재료들입니다. 과학은 살아 있는 실재의 일부분입니다. 무엇이, 어떻게, 왜라는 것이 매일 우리의 경험 속에 있습니다. 자신의 환경에 대한 이해 없이, 육체적으로나 정신적으로 자신을 형성하는 힘에 대한 이해 없이 인간을 이해한다는 것은 불가능합니다. 과학의 목적은 진실을 설명하고 발견하는 데 있습니다. 문학의 목적도 이와 같습니다. 과학과 저술은 분리되어 있지 않습니다. … 저의 책에 아름다운 부분이 있다면, 그것은 제가 일부러 집어넣은 것이 아니라 지금까지 아무도 자연 세계를 진실하게 표현하지 못했기 때문입니다."

가 갖추어졌다. 1970년 4월 22일에는 제1회 지구의 날 행사가 개최되어 미국 역사상 최대 규모인 2천만 명 이상이 참여했으며, 같은 해 12월에는 환경문제를 전담하는 연방기구로 환경보호청(Environmental Protection Agency, EPA)이 설립되었다. 결국 미국 정부는 1972년에 DDT의 사용을 금지하기에 이르렀다.

뮐러는 ≪침묵의 봄≫이 발간되기 1년 전인 1961년에 가이기 사에서 은퇴했다. 그는 조그마한 집을 구입하여 개인 실험실로 개조한 후 식물 뿌리를 통해 흡수되는 살충제에 대한 연구를 계속했다. 그러나 뮐러에 대한 주변 사람들의 시선은 점점 냉혹해졌다. 한때 DDT를 기적의 살충제로 칭송했던 사람들이 갑자기 돌변하여 뮐러를 환경파괴의 주범으로 몰아세웠다. 그는 1965년에 뇌졸중을 잠깐 앓다가 66세의 일기로 세상을 떠났다. 유족들은 뮐러의 죽음을 무척 슬퍼했지만 한편으로는 안도의 한숨을 쉴 수 있었다. 뮐러가 더욱 맹렬해지고 있는 DDT에 대한 공격을 참아낼 필요가 없었다는 점이 큰 위안으로 작용했던 것이다.

29 원자탄
인류 역사상 최악의 과학기술 드라마

원자탄(atomic bomb)은 제2차 세계대전을 상징하는 기술에 해당한다. 원자탄을 보다 구체적으로 표현하면 '핵폭탄'이며, 더욱 엄밀하게 표현하면 '핵분열폭탄'이다. 원자탄은 원자 전체가 아니라 원자핵과 관련되어 있고, 원자핵의 반응 중에서도 핵분열 반응을 기초로 삼고 있기 때문이다. 원자탄의 개발과 투하는 과학기술의 역사에서 중대한 전환점으로 평가되고 있다. 거대과학(big science)의 출현을 알리는 신호탄이 되었고, 정부가 과학연구를 지속적으로 지원하는 계기로 작용했으며, 과학자의 사회적 책임을 중요한 화두로 만들었던 것이다.

원자탄의 원리를 찾아서

'기적의 해'로 불리는 1905년에 아인슈타인은 5편의 논문을 썼다. 그중 하나인 <물체의 관성은 에너지 함량에 의존하는가?>에서 아인슈타인은 '질량-에너지 등가원리'를 나타내는 $E=mc^2$를 제안했다. 질량과 에너지가

▸ 1945년 8월 6일에 히로시마에 투하된 원자탄 꼬마(왼쪽)와 8월 9일에 나가사키에 투하된 원자탄 뚱보(오른쪽)에 대한 모형으로 미국 국립원자력박물관에 소장되어 있다.

서로 변환될 수 있으며, 둘 사이의 관계는 광속의 제곱이라는 엄청난 숫자에 의해 매개된다는 것이었다. 그렇다면 아주 작은 질량을 가진 물체라도 이를 변환한다면 대단히 큰 에너지를 방출할 수 있게 된다. 그러나 당시만 해도 $E=mc^2$은 순전히 이론적인 영역에 머물러 있었다.

그러던 중 1934년에 이탈리아의 페르미(Enrico Fermi)는 당시에 가장 무거운 원소로 알려진 우라늄 원자에 중성자를 쏘는 일련의 실험을 했다. 그 결과 페르미는 중성자를 흡수한 우라늄 원자핵이 불안정해져서 크게 흔들리다가 붕괴하는 현상을 목격했다. 여기서 흥미로운 사실은 페르미가 핵분열 현상을 인지하지 못했다는 점이다. 그는 자신의 실험 결과를 우라늄보다 더 무거운 초우라늄 원소가 생성된 것으로 해석하고 말았다.

1938년 12월에 독일의 화학자 한(Otto Hahn)과 슈트라스만(Fritz Strassmann)은 우라늄을 중성자로 포격할 때 생성되는 물질에 대해 정밀한 화학분석을 실시했다. 그 결과 그들은 우라늄의 중성자 포격에서 바륨과

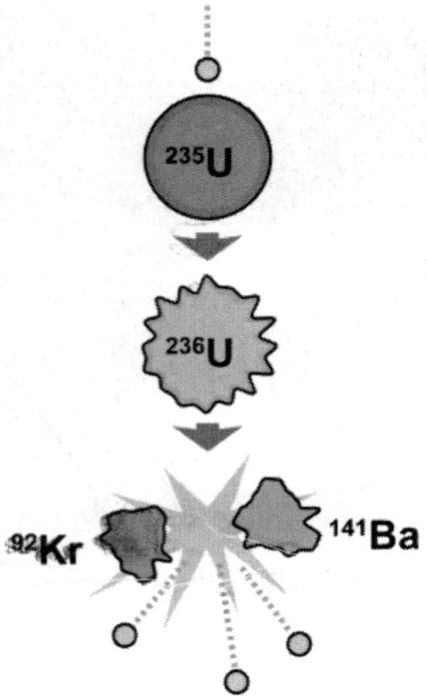

▸ 우라늄 핵분열 반응의 개념도

크립톤이 생성된다는 믿을 수 없는 사실을 알아냈다. 한은 실험 결과를 스웨덴으로 망명해 있던 동료 물리학자인 마이트너(Lise Meitner)에게 알리면서 이론적인 설명을 요청했다. 마이트너는 조카인 프리슈(Otto Frisch)와 함께 이 문제를 곰곰이 생각한 후 우라늄 원자핵이 분열될 때 생기는 질량결손으로 막대한 에너지가 생성된다는 결론을 얻어냈다. 마이트너는 이러한 반응에 '핵분열(nuclear fission)'이라는 용어를 붙였다.

이제 과학자들의 관심은 2차 중성자에 의한 연쇄반응(chain reaction)으로 쏠렸다. 만약 핵분열 반응에서 복수의 중성자가 나온다면 추가적인 중성자를 투입하지 않고도 핵분열 반응이 기하급수적으로 진행될 것이었다. 1939년 3월에 마리 퀴리의 사위인 프레데리크 졸리오퀴리(Frédéric Joliot-Curie)와 헝가리 출신의 물리학자인 실라르드(Leó Szilárd)는 각기 독립적으로 핵분열 연쇄반응의 존재를 확인했다. 실라르드가 이미 1933년

9월에 연쇄반응에 대한 최초의 아이디어를 떠올린 후 1934년 3월에 연쇄반응의 개념에 대한 특허를 출원했다는 것도 흥미로운 사실이다.

원자탄 개발이 결정되기까지

1939년 4월 독일에서는 핵분열 연구를 위한 우라늄 클럽(Uranverein)이 조직되었고, 같은 해 7월에는 이에 대한 소문이 나돌기 시작했다. 당시 미국으로 망명해 있던 실라르드는 원자탄이 히틀러의 수중에 들어간다면 돌이킬 수 없는 재앙이 빚어질 것으로 걱정했다. 그는 헝가리 출신의 동료인 위그너(Eugene Wigner)와 이 문제에 대해 상의한 후 아인슈타인을 움직여 루스벨트 대통령에게 편지를 보내기로 결심했다. 그 결과 1939년 8월에는 실라르드가 준비하고 아인슈타인이 일부 보완한 편지가 미국

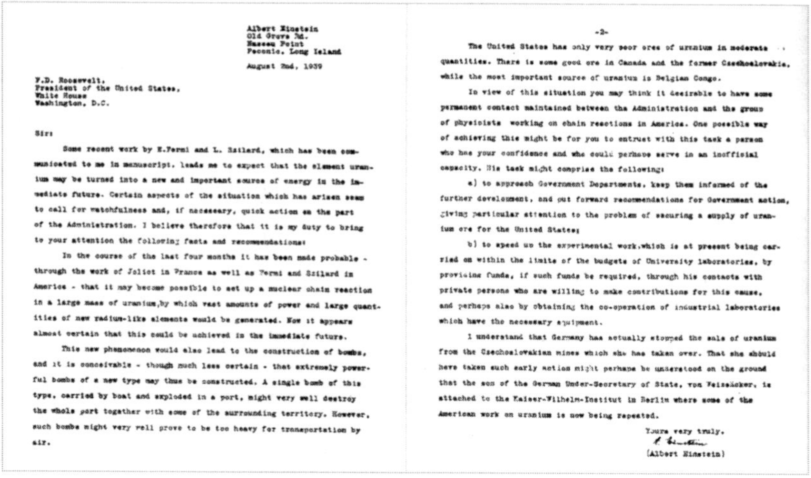

Albert Einstein
Old Grove Rd.
Nassau Point
Peconic, Long Island

August 2nd, 1939

F.D. Roosevelt,
President of the United States,
White House
Washington, D.C.

Sir:

Some recent work by E.Fermi and L. Szilard, which has been communicated to me in manuscript, leads me to expect that the element uranium may be turned into a new and important source of energy in the immediate future. Certain aspects of the situation which has arisen seem to call for watchfulness and, if necessary, quick action on the part of the Administration. I believe therefore that it is my duty to bring to your attention the following facts and recommendations:

In the course of the last four months it has been made probable - through the work of Joliot in France as well as Fermi and Szilard in America - that it may become possible to set up a nuclear chain reaction in a large mass of uranium, by which vast amounts of power and large quantities of new radium-like elements would be generated. Now it appears almost certain that this could be achieved in the immediate future.

This new phenomenon would also lead to the construction of bombs, and it is conceivable - though much less certain - that extremely powerful bombs of a new type may thus be constructed. A single bomb of this type, carried by boat and exploded in a port, might very well destroy the whole port together with some of the surrounding territory. However, such bombs might very well prove to be too heavy for transportation by air.

-2-

The United States has only very poor ores of uranium in moderate quantities. There is some good ore in Canada and the former Czechoslovakia, while the most important source of uranium is Belgian Congo.

In view of this situation you may think it desirable to have some permanent contact maintained between the Administration and the group of physicists working on chain reactions in America. One possible way of achieving this might be for you to entrust with this task a person who has your confidence and who could perhaps serve in an inofficial capacity. His task might comprise the following:

a) to approach Government Departments, keep them informed of the further development, and put forward recommendations for Government action, giving particular attention to the problem of securing a supply of uranium ore for the United States;

b) to speed up the experimental work, which is at present being carried on within the limits of the budgets of University laboratories, by providing funds, if such funds be required, through his contacts with private persons who are willing to make contributions for this cause, and perhaps also by obtaining the co-operation of industrial laboratories which have the necessary equipment.

I understand that Germany has actually stopped the sale of uranium from the Czechoslovakian mines which she has taken over. That she should have taken such early action might perhaps be understood on the ground that the son of the German Under-Secretary of State, von Weizsäcker, is attached to the Kaiser-Wilhelm-Institut in Berlin where some of the American work on uranium is now being repeated.

Yours very truly,
(Albert Einstein)

▸ 실라르드와 아인슈타인이 루스벨트 대통령에게 보낸 편지(1939년 8월 2일). 훗날 아인슈타인은 이 편지를 보낸 것이 자신의 커다란 실수였다고 말했다.

정부에게 전해졌으며, 같은 해 10월에 미국 정부는 우라늄위원회(Uranium Committee)를 발족했다.

한편, 영국에서 활동하던 프리슈와 파이얼스(Rudolf Peierls)는 1940년 3월에 우라늄 235의 임계질량이 5킬로그램 정도임을 밝혀냈고 우라늄 235를 분리하는 방법을 고안하는 데 성공했다. 이에 자극을 받은 영국 정부는 같은 해 4월에 모드 위원회(MAUD Committee)를 설치했는데, 모드는 우라늄 폭발의 군사적 응용(Military Application of Uranium Detonation)을 의미했다. 그러나 대부분의 과학자들은 원자탄의 제조가 당분간 어려울 것이라고 생각했다. 그것은 천연 우라늄 중에서 우라늄 235와 우라늄 238의 비율이 1: 140 정도였기 때문이었다.

이러한 한계는 1941년 3월에 미국의 젊은 화학자인 시보그(Glenn Seaborg)가 플루토늄을 추출하면서 극복되기 시작했다. 그는 버클리 대학에서 로렌스(Ernst Lawrence)가 만들었던 60인치 사이클로트론(cyclotron)으로 우라늄을 가속시키는 실험을 하고 있었다. 그러던 중 시보그는 가속된 우라늄 238이 플루토늄으로 변환되며 플루토늄이 우라늄 235와 같은 연쇄 반응을 일으킨다는 점을 발견했다. 이 실험에는 원자탄의 아버지로 불리는 오펜하이머(Robert Oppenheimer)도 관여하고 있었다.

1941년 여름에 로렌스는 부시(Vannevar Bush), 코넌트(James Conant) 등과 상의하여 원자탄 제조에 관한 연구의 필요성과 가능성을 이끌어냈다. 그들은 당시에 미국 사회를 주도했던 엘리트 과학자들이었다. 당시에 과학연구개발국(Office of Scientific Research and Development)의 책임자였던 부시는 미국이 원자탄 개발을 서둘러야 한다고 루스벨트 대통령을 설득했다. 결국 미국 정부는 진주만 습격이 있기 하루 전인 1941년 12월 6일에 원자탄 개발을 추진하기로 결정했다.[72]

맨해튼 계획의 전개

1942년 6월에 루스벨트는 부시에 의해 준비된 사업계획서를 승인했고, 원자탄 개발 사업을 위한 추진체로 S-1 집행위원회(S-1 Executive Committee)가 발족되었다. 이어 같은 해 8월에는 미 육군에 의해 원자탄 개발을 목적으로 한 맨해튼 계획(Manhattan Project)이 시작되었다. 맨해튼 계획의 총책임자는 국방성(펜타곤) 건물의 공사를 담당했던 그로브스(Leslie Groves) 대령(이후 장군으로 승진)이 맡았다. 과학기술에 관한 문제를 책임지는 사람으로는 로렌스가 추천한 오펜하이머가 선택되었다. 오펜하이머는 맨해튼 계획의 물자와 인력을 배치하는 데 깊이 관여했고, 1942년 11월에 준공된 로스알라모스 연구소의 소장으로 임명되었다.

맨해튼 계획을 매개로 오크리지, 핸퍼드, 로스알라모스 등지에서는 우라늄 235와 플루토늄을 추출하고 폭탄을 설계, 제작하는 일이 진행되었다. 맨해튼 계획에는 미국의 대학, 연구소, 산업체, 군대 등이 총동원되었는데, 3년이라는 짧은 기간 동안에 12만 5천명의 인원과 20억 달러(현재의 가치로 환산하면 200억 달러)라는 자금이 소요되었다. 이러한 점에서 맨해튼 계획은 군산학복합체에 의해 추진된 거대과학의 본보기로 평가되고 있다.

맨해튼 계획은 거의 완벽한 비밀유지, 막대한 예산지원, 유능한 과학자의 참여를 통해 원자탄 개발과 관련된 많은 세부적인 문제들을 하나씩 해결해 나갔다. 1943년에는 영국이 모드 위원회의 자료 전부를 미국에

---

72) 부시는 1945년 7월에 ≪과학, 끝없는 프런티어(Science, the Endless Frontier)≫라는 보고서를 루스벨트 대통령에게 제출하면서 과학연구에 대한 정부의 강력한 지원책을 주문하기도 했다. 그 보고서에서는 과학기술정책이 연방정부의 지원 → 기초연구 → 응용연구 → 개발 → 기술 → 적용 → 사회적 이득으로 이어지는 선형 모형에 입각하고 있었다. 부시의 제안은 연구 과제를 관리하는 주체를 놓고 많은 논란을 거친 후에 1950년에 국립과학재단(National Science Foundation, NSF)이 설립되는 것으로 이어졌으며, 20세기 후반에 다른 국가에서 과학기술정책을 수립하는 데에도 많은 영향을 미쳤다.

▸ 맨해튼 계획의 주역, 그로브스 장군(오른쪽)과 오펜하이머(왼쪽)

넘겨줌으로써 원자탄 개발은 더욱 가속화되었다. 가장 어려운 과학적 문제 중의 하나는 폭탄 물질을 결합하는 방법이었는데, 그것은 1944년 4월에 네더마이어(Seth Neddermeyrer)가 내파결합 방식(implosion assembly type)을 제안함으로써 해결될 수 있었다.

"나는 세상의 파괴자가 되었다"

1944년 여름에 미국은 원자탄을 제조할 수 있는 준비를 모두 갖추었다. 그러나 당시에 독일은 원자탄을 만들지 않고 있었을 뿐만 아니라 원자탄을 제조할 능력도 보유하지 못했다.[73] 몇몇 과학자들이 원자탄을 반대하는

73) 독일이 원자탄 개발에 성공하지 못한 까닭은 무엇일까? 이에 대하여 독일의 우라늄 클럽에서 활동했던 하이젠베르크(Werner Heisenberg)는 원자탄 연구에 대해 일종의 지연작전을 전개했다고 주장한 바 있다. 나치가 원자탄을 보유하게 되면 어떤 불상사가

움직임을 보이기 시작했다. 맨해튼 계획의 자문역을 맡았던 보어(Niels Bohr)는 원자탄 문제로 1944년 10월에 처칠 수상과 회담을 가졌으며 11월에는 루스벨트 대통령과 면담했다. 초기에 원자탄 개발을 적극 주장했던 실라르드도 이제는 원자탄 반대자가 되어 1945년 봄에 트루먼 행정부와 접촉했다. 그러나 이러한 시도들은 모두 실패로 돌아갔다.

실라르드와 프랑크(James Franck)를 비롯한 시카고 대학의 과학자들은 1945년 6월에 프랑크 위원회를 만들고 전후(戰後)의 핵 통제를 주제로 한 보고서를 제출했다. 프랑크 보고서는 원자탄을 일본에 투하하지 말고 일본 대표가 참관하는 사막이나 섬에서 폭파시킴으로써 일본의 항복을 받아내자는 주장을 담고 있었다. 이와 함께 그 보고서는 원자탄의 투하가 부추길 군비경쟁을 우려하면서 전후 원자탄에 대한 국제적 통제방안을 마련하자는 제안도 내놓았다.

그러나 프랑크 보고서가 워싱턴에 도착하기 전인 7월 16일에 뉴멕시코 주 앨라모고도의 사막에서는 '트리니티(Trinity)'라는 암호명으로 원자탄 투하 실험이 실시되었다. 플루토늄으로 만들어진 원자탄은 TNT 2만 톤 수준의 폭발을 일으켰고, 이를 목격한 과학자들은 원자탄의 가공할 만한 위력에 깜짝 놀랐다. 당시에 오펜하이머는 힌두교 경전 ≪바가바드 기타≫를 인용하여 "나는 죽음의 신이요, 세상의 파괴자가 되었도다."라고 중얼거

발생할지 모르기 때문에 고의적으로 태업을 벌였다는 것이다. 그러나 이를 액면 그대로 받아들이기에는 무리가 있다. 이보다 더욱 수긍이 가는 이유로는 다음의 세 가지를 들 수 있다. 첫째, 많은 과학자들의 망명으로 연구능력이 크게 약해진 상태에서 독일이 원자탄 개발이라는 대규모 연구를 수행하기 어려웠다. 둘째, 독일의 연구팀은 이론물리학자들이 주도했기 때문에 우라늄 연구가 실험실 수준에 머물렀고 그것을 산업적·군사적 수준으로 발전시킬 수 없었다. 셋째, 1942년만 해도 독일이 전쟁에서 유리한 상황에 있었기 때문에 별도의 대규모 투자가 요구되는 원자탄 개발에 적극적인 자세를 보이지 않았다.

▸ 1945년 7월 16일에 있었던 트리니티 실험의 광경

렸으며, 베인브리지(Kenneth Bainbridge)는 "음, 이제 우리는 모두 개자식들이야"하고 자책했던 것으로 전해진다.

죽음의 도시가 된 히로시마와 나가사키

트리니티 실험 후에 열린 대책 회의에서 국방부 장관은 대통령에게 일본에 원자탄을 즉각적으로 투하할 것을 종용했다. 그 회의에서 원자탄 투하 여부는 토론의 대상도 되지 않았으며, 투하 장소, 투하 일정, 추후 관리 등이 주로 논의되었다. 그렇다면 원자탄의 투하가 기정사실로 굳혀진 이유는 무엇일까? 아마도 원자탄을 사용하지 않는다면 맨해튼 계획에 지출된 엄청난 예산의 효과를 검증할 수 없기 때문이었을 것이다.

투하 장소로는 교토, 히로시마, 고쿠라, 니가타, 나가사키 등이 후보로 올랐으며, 최종적으로는 히로시마와 나가사키가 선정되었다. 1945년 8월 6일에는 농축우라늄으로 제조한 원폭 '꼬마(Little Boy)'가 히로시마에 투하되었고, 8월 9일에는 플루토늄 원폭 '뚱보(Fat Man)'가 나가사키에 투하되었다. 그 결과 8월 15일에 일본은 무조건 항복을 선언했고, 이로써 제2차 세계대전은 끝이 났다. 원자탄의 투하로 인해 1945년에만 히로시마에서 14만 명, 나가사키에서 7만 명이 목숨을 잃었다. 그중에는 4만 명의 한국인도 포함되어 있었다.

수많은 인명을 앗아간 맨해튼 계획은 인류 역사상 최악의 과학기술 드라마로 평가되고 있다. 당시에 히로시마에 살던 목격자는 다음과 같이 증언했다. "거기엔 마치 죽은 개와 고양이처럼 시체들이 둥둥 떠가고 있었다. 옷 조각들이 넝마처럼 그들 몸에 간댕거리고 있었다. 나는 둑 근처 모래톱에서 얼굴을 위로 하고 떠내려가는 한 여인을 보았다. 잘려나간 그녀의 가슴에서 피가 뿜어져 나오고 있었다. 세상에 어떻게 이런 끔직한 모습이 있을 수 있는 걸까?"

원자탄을 둘러싼 과학자들의 행동방식은 매우 다양했다. 1938년에 핵분열 현상을 발견했던 한은 자신의 발견으로 수많은 사람들이 사망하는 결과가 발생했다는 사실에 크게 괴로워했다. 사이클로트론의 개발자로 맨해튼 계획의 출범에 기여했던 로렌스는 원자탄이 전쟁을 조기에 종료시켜 미국인 희생자를 줄였다고 주장했다. 미국의 원자탄 독점이 야기할 문제점을 곰곰이 생각했던 푹스(Klaus Fuchs)는 1944년부터 맨해튼 계획의 내용을 소련에 보고하는 스파이 노릇을 했다. 맨해튼 계획의 과학기술 부분 책임자였던 오펜하이머는 나중에 수소폭탄 개발에 반대함으로써 공산주의자라는 누명을 쓰고 공직에서 물러나야 했다. 이에 반해 오펜하이머의 경쟁자였던 텔러(Edward Teller)는 1950년대에 수소폭탄의 개발을 추진

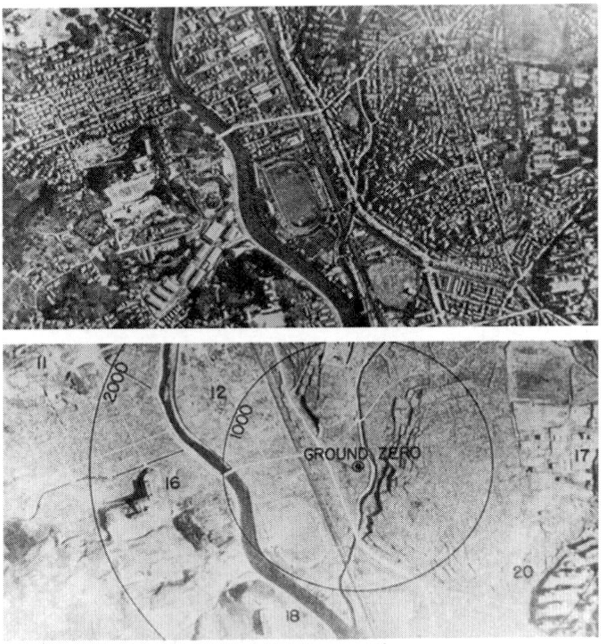

▸ 원자탄 투하 이전과 이후의 나가사키를 비교한 그림

하면서 "과학에서 중요한 것은 할 수 있는 일을 하는 것"이라고 주장했다. 만약 내가 1945년 부근에 활동한 과학자였다면 원자탄에 대해 어떤 입장을 취했을까?

30 컴퓨터
대형 컴퓨터에서 개인용 컴퓨터로

오늘날에는 컴퓨터가 없는 세상을 상상하기 어렵다. 신약 개발에서 기후변화 모형에 이르기까지 수많은 과학적 문제가 컴퓨터에 의존하고 있다. 항공기를 띄우거나 증권 거래를 하거나 의료기기를 사용하는 데에도 컴퓨터가 없으면 안 된다. 일반인들도 웹서핑, 문서작성, 게임, 쇼핑 등에 컴퓨터를 즐겨 사용한다. 심지어 컴퓨터 없이는 숙제하기도 어렵고 빨래하기도 곤란한 세상이 되었다. 그렇다면 컴퓨터는 어떤 과정을 통해 출현하고 대중화되었을까?

콜로서스와 에니악

컴퓨터는 제2차 세계대전의 산물이라고 해도 과언이 아니다. "제2차 세계대전은 계산"이라 할 정도로 전쟁을 효과적으로 수행하는 데에는 엄청난 규모의 데이터가 필요했다. 적군의 암호를 푸는 일, 탄도의 궤적을 계산하는 일, 폭탄의 실현가능성을 타진하는 일 등은 그 대표적인 예였다.

▸ 1983년 1월 ≪타임≫은 표지 모델로 개인용 컴퓨터를 선정했다. 해마다 발표하는 '올해의 인물'을 '올해의 기계'로 대체한 이례적인 조치였다.

이러한 작업을 이전처럼 수백 명의 인력이 기존의 계산기나 계산표의 도움을 받아 수행하는 데에는 한계가 있었고, 매우 빠른 계산능력을 가진 기계, 즉 컴퓨터가 요구되었던 것이다.

전자식 컴퓨터의 시초로는 콜로서스(Colossus)와 에니악(Electronic Numerical Integrator And Calculator, ENIAC) 등이 꼽히고 있다. 콜로서스는 제2차 세계대전 중에 영국군이 독일군의 암호를 해독하기 위해 개발했다. 당시 독일군은 에니그마(Enigma)라는 장치를 이용해 암호를 만들고 있었고, 이를 해독하기 위한 방법을 찾기 위해 영국군은 1939년에 울트라 프로젝트를 출범시켰다. 런던 교외의 블레츨리 파크에 1만 명이 넘는 전문가들이 모여들었는데, 그 중에는 튜링(Alan Turing)이라는 젊은 수학자도 있었다.

▸ 블레츨리 파크에서 사용되었던 암호해독기 콜로서스 마크 Ⅱ로 노르망디 상륙작전에 결정적인 역할을 담당했다.

튜링은 당시로서는 생소했던 진공관을 채택하여 1943년 12월에 콜로서스 마크 Ⅰ이라는 암호 해독기를 고안했으며, 그것은 1944년 6월에 콜로서스 마크 Ⅱ로 개량되었다. 이를 통해 영국군은 독일군의 암호 중 90% 가량을 해독할 수 있었고, 제2차 세계대전의 결정적 승기가 된 노르망디 상륙작전을 구상할 수 있었다. 콜로서스의 존재는 울트라 프로젝트에 참여했던 윈터보덤(Frederick W. Winterbotham) 대위가 1974년에 ≪울트라 시크릿≫이란 책을 내면서 세상에 알려졌다.

에니악은 탄도표를 효과적으로 만들기 위한 목적에서 비롯되었다. 1943년 봄에 미국 펜실베이니아 대학교 무어공대의 모클리(John W. Mauchly)와 에커트(J. Presper Eckert)는 국방부로부터 50만 달러의 예산을 받아 컴퓨터 제작에 나섰다. 그들은 제2차 세계대전이 끝난 후에야 에니악을 완성하여 1946년 2월에 공개할 수 있었다. 에니악은 1만 8천 개의 진공관을 사용했고, 무게가 27톤이나 나갔으며, 150킬로와트라는 무지막지한 전력을 소모하는 괴물 같은 기계였다. 에니악은 탄도 계산뿐만 아니라 다른

▸ 미 육군 탄도연구소에 설치된 에니악. '괴물'이란 별명을 얻은 에니악은 총 무게가 27톤이었고, 167제곱미터의 설치 면적이 필요했다. 에니악은 1955년 10월 2일에 벼락을 맞으면서 10년을 채우지 못한 채 세상에서 사라졌다.

문제에도 활용될 수 있었는데, 에니악이 가장 먼저 했던 작업은 수소폭탄의 이론적 가능성을 계산하는 것이었다. 콜로서스의 용도가 암호 해독에 국한되어 있었던 반면, 에니악은 특정한 목적에 국한되지 않은 범용 전자식 컴퓨터에 해당했다.74)

대통령 선거의 결과를 예측하다

그러나 에니악은 배선을 연결하여 프로그램을 입력하는 방식을 취하고 있었기 때문에 새로운 프로그램을 적용하는 것이 너무 번거롭다는 단점을

74) 1946년 3월에 IBM의 토머스 왓슨 2세(Thomas Watson, Jr.)가 진공관에서 화사의 장래를 내다보았다는 점도 흥미롭다. 당시에 그는 진공관을 이용해 급여지불명세서를 작성하고 있던 연구원에게 깊은 인상을 받은 후 세계 최초의 곱셈용 전산기(electronic multiplier)를 개발하는 일을 추진했다. 1946년 9월에는 IBM 603에 관한 전면 광고가 ≪뉴욕타임스≫에 실려 상당한 주목을 받았고, 이를 계기로 IBM은 사무기기 제조업체에서 컴퓨터 제조업체로 사업의 방향을 전환했다.

가지고 있었다. 이러한 점은 에니악 프로젝트의 막바지에 합류한 노이만(John von Neumann)이 최초의 프로그램 내장형 컴퓨터인 에드박(Electronic Discrete Variable Automatic Computer, EDVAC)을 개념화함으로써 극복될 수 있었다. 이에 따르면, 컴퓨터는 입력, 출력, 제어, 연산, 기억장치의 5개 부분으로 구성되며, 기억장치에 프로그램과 데이터가 저장되어 있다가 제어장치나 연산장치와 명령이나 데이터를 주고받을 수 있다.

노이만의 개념을 적용한 최초의 상업적 컴퓨터는 1951년에 에커트-모클리 컴퓨터 사(Eckert-Mauchly Computer Corporation)가 개발한 유니박(Universal Automatic Computer, UNIVAC)이었다. 유니박은 미국 인구조사국에 납품되었으며, 1952년에 대통령 선거의 결과를 정확하게 예측하여 명성을 날렸다. 당시의 여론조사에 따르면, 민주당의 스티븐슨 후보가 공화당의 아이젠하워 후보를 8대 7 정도로 리드하고 있었다. 그런데 유니박은 아이젠하워가 438대 93으로 압승한다는 예측을 내놓았고, 실제 결과는 아이젠하워 442표, 스티븐슨 89표로 나타났다. 유니박은 단 1%의 표본조

▸ 1952년 미국의 대통령 선거 결과를 예측한 유니박. 가운데는 유니박을 개발한 에커트이고, 오른쪽은 CBS의 앵커 크롱카이트(Walter Cronkite)이다.

사를 바탕으로 오차범위 1% 내의 정확한 예측을 내놓았던 것이다.

제2차 세계대전 이후부터 1960년대 중반까지는 '메인프레임(mainframe)'으로 불린 대형 컴퓨터가 대세를 이루었다. 당시의 컴퓨터는 가격이 수십만 달러에 이르렀기 때문에 이를 구비할 수 있는 기관은 정부, 군대, 그리고 몇몇 기업과 대학에 국한되어 있었다. 컴퓨터를 직접 접할 수 있는 사람도 관련 분야를 전공한 몇몇 전문가로 제한되어 있었다. 이러한 경향은 1960년대 이후에 다양한 형태의 소형 컴퓨터가 출현함으로써 서서히 변화하기 시작했다. 미니컴퓨터(minicomputer), 마이크로컴퓨터(microcomputer), 개인용 컴퓨터(personal computer, PC) 등이 그것이다.

소형 컴퓨터를 찾아서

1960년대에 들어서는 탁자만한 크기의 미니컴퓨터가 속속 등장했다. 그 중 가장 큰 인기를 누렸던 것은 1965년에 DEC(Digital Equipment Corporation)가 출시한 PDP-8이었다. PDP-8은 집적회로(integrated circuit, IC) 기술을 전격적으로 수용하여 크기를 크게 축소시켰고, 대형 컴퓨터 가격의 1/10에 해당하는 1만 8천 달러에 판매되었다. 이어 1971년과 1974년에는 인텔(Intel) 사가 제어, 연산, 기억장치를 하나의 칩 속에 구현한 마이크로프로세서(microprocessor)인 4004 칩과 8080 칩을 개발했다. 그것은 적절한 입출력 장치만 달면 간단한 컴퓨터의 기능을 할 수 있는 잠재력을 가지고 있었다.

마이크로프로세서에 입각한 컴퓨터를 의미하는 마이크로컴퓨터가 처음 등장한 것은 1975년의 일이었다. 그해 초에 MITS(Micro Instrumentation and Telemetry Systems) 사는 인텔 8080칩을 장착한 알테어(Altair) 8800을

▸ 세계 최초의 마이크로컴퓨터 키트에 해당하는 알테어 8800(1975년)

출시하면서 ≪파퓰러 일렉트로닉스(Popular Electronics)≫에 큼지막한 광고를 실었다. 초기의 알테어는 마이크로프로세서를 내장하고 전면에 온-오프 스위치와 네온 점등관을 갖춘 본체만 있었을 뿐 모니터와 키보드도 없었다. 이처럼 조악한 알테어가 높은 인기를 누린 것은 컴퓨터 애호가들 덕분이었다. 그들은 전자산업과 관련된 분야에서 일하는 젊은 남성들로서 알테어가 출시되자 다양한 부가장치와 소프트웨어를 직접 만들었다. 1975년에는 컴퓨터 애호가들의 모임인 홈브루 컴퓨터 클럽(Homebrew Computer Club)이 만들어져 1977년까지 정례적인 모임을 가졌다.[75)]

컴퓨터 애호가들의 취미용 기계에 불과했던 마이크로컴퓨터가 오늘날

---

75) 알테어 8800이 출시된 1975년은 컴퓨터산업의 역사에서 가장 중요한 연도로 간주되기도 한다. 이와 관련하여 ≪아웃라이어(Outlier)≫의 저자인 글래드웰(Malcolm Gladwell)은 다음과 같은 흥미로운 의견을 제시한 바 있다. "만약 1975년이 개인용 컴퓨터 혁명의 여명기라면 그 이점을 누리기 위한 최적의 나이는 얼마일까? … 1975년에 가장 적합한 나이는 다가올 혁명의 일부가 될 수 있으면서도 그것을 놓치지 않을 만큼 많지는 않은 그런 나이이다. 따라서 1954년과 1955년에 태어나 20살에서 21살에 이른 사람이 이상적이다." 글래드웰은 자신의 주장을 뒷받침하는 예로 1955년생인 빌 게이츠, 역시 1955년생인 스티브 잡스, 1954년생인 빌 조이(Bill Joy) 등을 들고 있다. 이러한 목록에는 1955년생으로 월드와이드웹을 개발한 버너스리(Tim Berners-Lee)도 포함될 수 있을 것이다. 이와 함께 글래드웰은 록펠러(John D. Rockefeller), 카네기(Andrew Carnegie), 존 피어폰트 모건(John P. Morgan) 등이 1830년대에 태어났기 때문에 엄청난 부자가 될 수 있었다고 분석했다.

▸ 컴퓨터의 대중화를 촉진한 애플 Ⅱ(1977년)

과 같은 대중적 제품으로 탈바꿈하는 데에는 1976년에 애플 컴퓨터(Apple Computer)를 창립한 잡스(Steven Jobs)와 워즈니악(Stephen Wozniak)의 공헌이 지대했다. 홈브루 컴퓨터 클럽의 회원이었던 두 사람은 1976년에는 애플 I 컴퓨터를, 1977년에는 애플 II 컴퓨터를 개발했다. 특히, 애플 II 컴퓨터는 모니터, 키보드, 본체, 플로피디스크 드라이브 등을 포함하고 있어서 일반 대중들이 편리하게 사용할 수 있었다. 애플 II는 1977년 4월 시장에 나오자마자 상당한 주목을 받았고, 1980년까지 12만 대가 팔려 마이크로컴퓨터의 대중화에 크게 기여했다.

세기의 협상

당시에 대형 컴퓨터 생산업체로서 명성을 날리고 있던 IBM(International Business Machines)은 1980년에 마이크로컴퓨터 시장으로 진입하기 위한 계획을 세웠다. IBM의 경영진은 마이크로컴퓨터를 스스로 개발할 시간이 부족하다고 판단한 후 인텔(Intel)의 마이크로프로세서와 킬달(Gary Kildall)

의 운영체제(operating system, OS)를 사용하고자 했다. 당시에 킬달은 디지털 리서치(Digital Research) 사를 이끌면서 CP/M(Control Program for Microcomputer)이라는 운영체제를 개발한 상태였다. 그러나 킬달을 끌어들이려는 IBM의 계획은 수포로 돌아가고 말았고, 그 대신에 빌 게이츠(Bill Gates)와 폴 알렌(Paul Allen)이 1977년에 창립했던 마이크로소프트(Microsoft)가 IBM의 파트너로 선택되었다.

마이크로소프트는 컴퓨터 프로덕츠(Seattle Computer Products)에게 단돈 5만 달러를 주고 CP/M이 개작된 버전인 QDOS(Quick and Dirty Operating System, '86-DOS'로도 불린다)를 구입했다. 마이크로소프트는 1년 동안의 노력 끝에 PC-DOS(Personal Computer Disk Operating System)라는 운영체제를 완성했는데, 여기서 PC는 '개인용 컴퓨터'의 약어로 IBM이 마이크로컴퓨터 시장에 진출하면서 새로 만든 이름이었다. 킬달은 PC-DOS를 본 순간 자신의 CP/M이 활용되었다는 점을 알아차렸지만, IBM의 중재안을 받아들이는 것으로 만족했다. IBM은 자신의 PC에 PC-DOS와 함께 CP/M을 옵션으로 선택할 수 있도록 했던 것이다.

처음에 IBM은 마이크로소프트에게 거액의 자금을 지불할 테니 운영체제에 대한 소유권을 넘겨 달라고 요구했다. 그러나 빌 게이츠는 마이크로소프트가 소유권을 가지고 IBM이 그에 대한 로열티를 지불하는 방식을 주장하여 이를 관철시켰다. 이로써 마이크로소프트는 MS-DOS라는 이름으로 IBM의 호환기종을 생산하는 기업에게 운영체제를 판매할 수 있는 권리를 가졌다. IBM PC용 DOS가 PC-DOS이었던 반면, IBM 호환기종에 사용되는 DOS는 MS-DOS가 되었던 것이다.

당시에 IBM은 거액의 자금을 뿌리친 빌 게이츠를 "세상 물정을 모르는 대학원생" 정도로 생각했다. 정장 차림으로 계약에 임했던 IBM의 임원들

▸ 마이크로소프트의 공동 창립자인 빌 게이츠와 폴 알렌이 함께 한 모습(1981년)

에게는 간편한 복장의 빌 게이츠가 대학원생 정도로 비추어졌지만, 빌 게이츠는 운영체제가 엄청난 가치가 있다는 선견지명을 가지고 있었다. IBM과 마이크로소프트의 계약은 훗날 "세기의 협상"으로 평가되었고, "IBM이 트로이의 목마를 끌어들였다."는 유행어를 낳기도 했다.

IBM PC의 등장

IBM은 1981년에 오늘날 PC의 원조로 평가되는 IBM 5150을 시장에 내놓았다. 하드웨어로는 인텔 8088 CPU(central processing unit)와 5.25인치 플로피디스크 드라이브를 갖추었고, 소프트웨어는 마이크로소프트가 개발한 PC-DOS를 기반으로 삼았다. IBM은 PC를 출시하면서 설계사양과 운영체제를 공개하는 전략을 구사했으며, 이를 매개로 IBM PC는 컴퓨터 산업계에서 '사실상의 표준(de facto standard)'으로 자리 잡을 수 있었다. 당시에 IBM은 운영체제를 별도의 옵션으로 제시했는데, PC-DOS를 선택하면 40달러, CP/M-86을 선택하면 240달러를 추가적으로 부담해야 했다.

▸ 1981년에 출시된 IBM 5150으로 현재 사용되는 모든 PC의 원조라 할 수 있다.

PC-DOS은 CP/M-86보다 성능이 떨어졌지만 가격이 워낙 저렴했기 때문에 많은 인기를 누렸다.

IBM은 시스템을 공개하는 전략을 바탕으로 PC 시장을 급속히 석권하면서 애플을 능가할 수 있었다. 그러나 컴팩(Compaq), 델(Dell), 휴렛팩커드(Hewlett-Packard, HP)를 비롯한 컴퓨터 제조업체들이 IBM PC를 모방한 유사 제품들을 저렴한 가격으로 출시하면서 IBM은 상당한 타격을 받았다. 예를 들어, 286 컴퓨터(인텔 80286을 탑재한 16비트 컴퓨터)는 1982년에 IBM이 먼저 개발했지만, 386 컴퓨터(인텔 80386을 탑재한 32비트 컴퓨터)는 1986년에 컴팩이 먼저 출시했던 것이다.

IBM의 시스템 공개 전략으로 덕을 본 기업은 마이크로소프트와 인텔이었다. 마이크로소프트와 인텔은 IBM PC와 호환이 가능한 컴퓨터를 만드는 업체들에게 CPU나 운영체제를 오랫동안 판매할 수 있었던 것이다. 마이크로소프트는 1995년에 '윈도 95'라는 새로운 운영체제를 출시함으로써 소프트웨어 분야의 강자임을 다시 한 번 확인했다. 이를 배경으로 1990년대 중반 이후에는 마이크로소프트의 윈도와 인텔의 칩이 결합된 컴퓨터가 인기를 끌었고, 윈도의 '윈'과 인텔의 '텔'이 결합된 '윈텔의 시대'라는 용어가 회자되기도 했다. 최근에는 스마트폰으로 상징되는 포스트 PC 시대가 도래하면서 윈텔 제국의 몰락에 대한 논의도 등장하고 있다.

우리나라에서는 삼보컴퓨터나 큐닉스와 같이 청계천 세운상가에 있던 중소기업들이 1981년에 애플 II를 복제하여 국산 PC를 처음으로 제작했다. 1980년대 중반 이후에는 IBM 호환용 PC를 중심으로 우리나라 컴퓨터 산업이 본격적으로 발전하면서 삼보컴퓨터, 삼성전자, LG전자, 대우통신, 현대전자의 5강 체제를 형성했다. 당시에 컴퓨터 1대의 가격은 100만원 정도였는데, 대학생들에게는 컴퓨터가 자산목록 1호에 들어갈 정도의 고가품이었다. 화폐 가치가 매우 하락했음에도 불구하고 요즘의 컴퓨터 가격도 비슷한 액수라는 점을 감안한다면, 그만큼 컴퓨터에 관한 제반 기술이 지속적으로 발전해 왔다고 평가할 수 있다.

31 반도체
전자산업을 이끈 마법의 돌

음식을 만드는 데 재료가 필요하듯이, 각종 산업의 성장에도 재료가 필수적이다. 철이나 반도체와 같은 재료가 '산업의 쌀'로 불리는 것도 이 때문이다. 철이 산업화 시대의 쌀이라면, 반도체는 정보화 시대의 쌀에 해당한다. 반도체 하면, 많은 사람들에게는 실리콘밸리나 삼성전자가 떠오를 것이다. 실리콘밸리는 반도체의 주원료가 실리콘이기 때문에 붙여진 이름이고,[76] 삼성전자는 메모리 반도체에서

76) 실리콘밸리의 대부로는 스탠퍼드 대학의 전기공학과 교수였던 터먼(Frederick Terman)이 꼽힌다. 그는 자신의 학생들에게 동부 지역의 업체에 취업하는 대신 스탠퍼드 대학 부근에 창업할 것을 독려했다. 이를 받아들인 휴렛(Bill Hewlett)과 패커드(David Packard)는 1938년에 팔로알토 에디슨 가 367번지의 허름한 차고에서 세계 최초의 음향발진기를 개발한 후 1939년에 휴렛패커드 회사(Hewlett-Packard Company, HP)를 설립했다. 1989년에 캘리포니아 주립공원 공단은 그 차고 앞에 '실리콘밸리의 발상지'라는 동판을 설치했으며, 2007년에는 미국 연방정부가 그 일대를 국가사적지(National Register of Historic Places)로 등록했다. 실리콘밸리라는 용어는 반도체 장비회사의 경영자였던 바에르스트(Ralph Vaerst)가 처음 만든 것으로 전해지며, 그의 친구인 회플러(Don Hoefler)가 1971년 1월 11일자 ≪마이크로일렉트로닉스 뉴스≫를 통해 <미국의 실리콘밸리(Silicon Valley in the USA)>라는 칼럼을 쓰면서 널리 확산되었다. 터먼은 1945~1953년에 스탠퍼드 대학의 공과대학 학장을 지냈으며, 1970~1975년에 한국과학원(현재의 한국과

▸ 반도체 처리 공정의 한 장면

세계를 이끄는 기업으로 성장했다. 그렇다면 반도체는 어떤 계기로 탄생했으며, 어떤 과정을 통해 진화했는가?

진공관을 넘어서

반도체가 발명되기 전에 전자산업의 원동력이 되었던 것은 진공관(vacuum tube)이었다. 1904년에 영국의 플레밍은 이극진공관(diode)을 만들었고, 1906년에 미국의 디포리스트(Lee de Forest)는 삼극진공관(triode)을 개발했다. 이극진공관은 정류 작용을, 삼극진공관은 증폭 작용을 구현한 것이었다. 플레밍이 교류를 직류로 바꾸는 진공관을 만들었다면, 디포리스트는 신호의 진폭을 크게 증대시킨 진공관을 만들었던 셈이다. 진공관은 전화, 라디오, 컴퓨터 등에 관한 기업과 산업이 성장하는 데 크게 기여했다.

그러나 1940년대에 들어와 진공관은 불편한 부품으로 간주되기 시작했다. 진공관은 바나나 반 토막 정도의 큰 부피를 차지하고 있었으며, 그것이 소비하는 전기량도 빠른 속도로 증가했다. 더욱 큰 문제점은 진공관이 전구처럼 자주 꺼진다는 데 있었다. 진공관의 경우에는 시간이 지나면 유리구의 안쪽이 까맣게 그을렸고, 그 수명도 많아야 1,000시간에 지나지

학기술원)의 설립과 운영에 관한 자문을 제공한 바 있다.

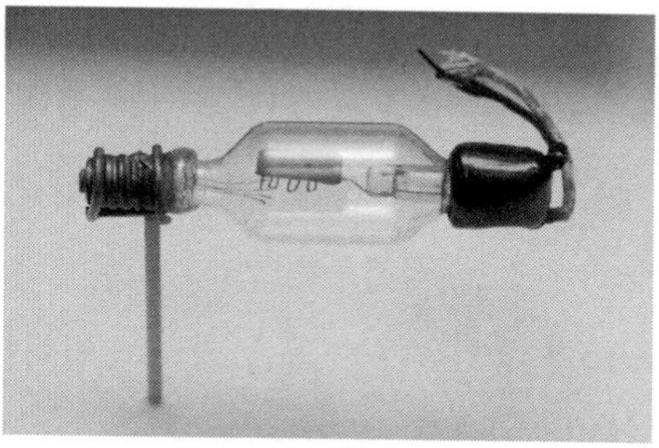

▸ 디포리스트가 개발한 삼극진공관인 오디온(Audion)

않았다. 예를 들어 1946년에 개발된 범용 전자식 컴퓨터인 에니악은 17,468개의 진공관과 150kW의 전력을 사용했다.

당시에 미국전신전화회사(American Telephone & Telegraph, AT&T)의 경영진은 통신 시스템의 획기적인 발전을 위해서는 신소재의 개발이 필수적이라고 생각했다. AT&T는 1946년에 벨연구소의 고체연구부를 독립부서로 격상시키면서 그 밑에 자기, 압전기, 반도체 등의 여러 소그룹을 두는 조직 개편을 단행했다. 특히 벨연구소는 신소재에 대한 연구를 추진하면서 여러 학문분야에 걸친 다양한 인력으로 팀을 구성하는 융통성을 보였다. 반도체연구팀의 경우에는 이론물리학자인 쇼클리(William Shockley)와 바딘(John Bardeen), 실험물리학자인 브래튼(Walter Brattain)과 피어슨(Gerald Pearson), 숙련된 물리화학자인 기브니(Robert Gibney), 전자공학 전문가인 무어(Hilbert Moore), 그리고 두 명의 기술공으로 구성되었다.

트랜지스터를 향한 기적의 한 달

벨연구소의 반도체연구팀이 연구의 출발점으로 삼았던 것은 제2차 세계대전 중에 사용된 레이더 검파기였다. 레이더 검파기는 '고양이의 수염

(cat's whisker)'으로 불렸던 초기 라디오의 검파기를 개량한 것으로 저마늄('게르마늄'으로 표기되기도 한다)을 원료로 사용하면서 인을 불순물로 첨가하고 있었다. 레이더 검파기를 통해 당시의 과학자들은 저마늄과 같은 4족 원소가 반도체의 원료로 적절하며, 인과 같은 5족 원소를 도핑하면 전류의 운반체(carriers)가 증가한다는 점을 명확히 인식할 수 있었다. 문제의 핵심은 전류의 운반체가 되는 전자나 홀의 수를 적절히 제어함으로써 전기 신호를 증폭시키는 효과를 얻어내는 데 있었다.

쇼클리는 저마늄 반도체의 박판에 수직으로 전기장을 걸어서 운반체의 수를 제어하는 방식을 고안했다. 실험 장치로는 엷은 석영 판의 윗면에 반도체의 박막을 붙이고 아래 면에 금속 막을 증착시킨 후 반도체 막과 금속 막 사이에 전극을 부착시킨 것이 사용되었다. 그는 두 개의 막 사이에 걸린 전압을 매개로 운반체의 수, 즉 전류를 제어할 수 있다고 생각했다. 이 방법을 사용하면 증폭 작용이 일어나야 했으나 쇼클리의 실험은 번번이 실패로 끝나고 말았다.

쇼클리는 바딘에게 자신의 실험이 실패한 원인을 분석해 달라고 요청했다. 거의 1년 동안의 연구 끝에 바딘은 미세한 증폭 효과가 나타나긴 하지

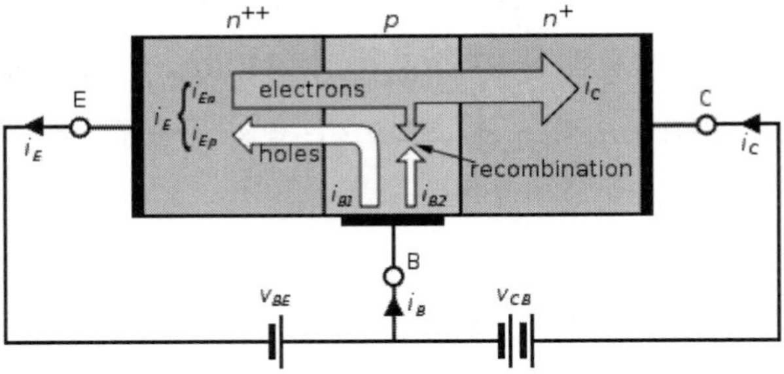

▸ npn형 트랜지스터의 개요도. E, B, C는 각각 이미터(emitter), 베이스(base), 컬렉터(collector)를 나타내고 있다.

만, 반도체의 표면 상태에 문제가 있어 그것을 관찰할 수 없다고 평가했다. 운반체의 대부분이 반도체의 표면에 잡혀 버려 반도체의 내부가 전기장에서 차단되고 말았다는 것이었다. 이러한 바딘의 가설은 브래튼의 실험에 의해 확인되었다. 반도체 표면상의 문제를 회피하기 위하여 바딘과 브래튼은 1947년 10월 17일부터 반도체를 전해액에 담근 뒤 전압을 걸어주는 실험에 착수했다. 그 결과 증폭 작용을 얻을 수 있었으나 그 효과가 너무 작다는 문제가 발생했다.

이러한 문제점을 해결하기 위해 브래튼은 플라스틱 칼을 금박으로 싼 뒤 그것을 면도날로 가느다랗게 베어 2개의 슬릿을 만들었다. 이 금박을 저마늄 본체(베이스)에다 붙인 뒤 하나의 슬릿(이미터)에는 작은 (+)전압을 걸고 다른 하나의 슬릿(컬렉터)에는 큰 (-)전압을 걸었더니 증폭 전류가 흐르는 현상이 나타났다. 바딘과 브래튼은 이러한 장치를 개량하여 금박 슬릿 대신에 금속 칩을 사용하여 반응물 사이의 거리를 더욱 가까이 접근시켰다. 이것이 바로 1947년 12월 16일에 역사상 최초로 발명된 반도체인 점접촉 트랜지스터(point contact transistor)였다.

▶ 1947년에 개발된 최초의 트랜지스터에 대한 복제품. 한때 정보기술의 전도사라는 별명을 얻었던 빌 게이츠는 "타임머신이 발명된다면 제일 먼저 가보고 싶은 순간이다."라는 말로 트랜지스터를 발명한 순간에 경의를 표했다.

이상과 같은 1947년 말의 사건을 쇼클리는 "기적의 한 달"로 표현했다. 점접촉 트랜지스터가 발명되자 벨연구소는 축제의 분위기로 가득 찼다. 그러나 그러한 분위기에서 소외된 사람이 한 명 있었다. 바로 쇼클리였다. 그는 반도체연구팀의 팀장을 맡았고 연구의 방향을 제시하긴 했지만, 점접촉 트랜지스터를 발명하는 데 실제로 기여한 바는 거의 없었다. 그는 시카고 호텔에서 은둔한 채 연말을 보내면서 오늘날 트랜지스터의 기본모형이 되는 접합 트랜지스터(junction transistor)의 개념을 정립했다. 이 이론을 토대로 만든 것이 바로 pnp형 트랜지스터와 npn형 트랜지스터이다. 바딘, 브래튼, 쇼클리 등 벨연구소 삼총사는 1956년에 노벨 물리학상 수상자로 결정되는 영광을 누렸다.

트랜지스터라디오의 등장

그러나 트랜지스터의 성공은 이별의 씨앗이 되고 말았다. 벨연구소의 변호사가 특허 신청을 준비하는 과정에서 누가 특허권을 소유하느냐에 대한 논쟁이 벌어졌던 것이다. 쇼클리는 자신이 트랜지스터에 대한 기본설계를 제공했다는 점을 들어 단독 특허를 요구했다. 반면 바딘과 브래튼은 수많은 실험을 거쳐 최초의 설계와는 다른 트랜지스터가 개발되었으므로 자신들에게 특허권이 부여되어야 한다고 주장했다. 벨연구소는 바딘과 브래튼의 이름으로 특허권을 신청하되 쇼클리를 부각시키는 홍보사진을 마련하기로 결정했다. 이 사건을 계기로 세 사람은 서로 불편한 관계를 유지했으며, 결국 뿔뿔이 흩어지고 말았다.

저마늄 트랜지스터에 이어 등장한 것은 실리콘 트랜지스터였다. 저마늄은 전 세계적으로 연간 13파운드밖에 공급되지 않았기 때문에 이를 대체할

▸ '벨연구소 삼총사'로 불리는 바딘(왼쪽), 쇼클리(가운데), 브래튼(오른쪽)이 함께 한 모습(1948년). 그중 바딘은 초전도체에 관한 이론을 정립한 공로로 1972년 노벨 물리학상을 받기도 했다.

수 있는 물질이 필요했다. 가장 이상적인 후보로는 실리콘이 거론되었으며, 실리콘으로 트랜지스터를 개발하는 연구가 경쟁적으로 추진되었다. 결국 최초의 실리콘 트랜지스터는 1954년에 텍사스 인스트루먼트(Texas Instruments, TI)의 틸(Gordon Teal)에 의해 개발될 수 있었다. 틸은 원래 벨연구소에서 근무하다가 1950년에 TI에 스카우트된 사람이었다.

트랜지스터의 잠재력을 간파한 집단은 군부였다. 트랜지스터는 미국과 소련 사이의 냉전을 배경으로 공중무기와 우주탐사에 필요한 군사용 장비를 제작하는 데 널리 사용되었다. 트랜지스터를 가전제품에 활용하는 데 앞장섰던 기업가도 있었다. 1954년에 TI의 해거티(Patrick Haggerty) 사장은 리전시(Regency)라는 라디오 업체를 매개로 자사의 트랜지스터를 활용한 라디오를 선보였다. 이어 1955년에는 이부카 마사루(Ibuka Masaru, 井深大) 사장을 중심으로 도쿄통신공업주식회사가 호주머니 크기의 트랜지스터라디오를 개발했다. 그것이 바로 우리에게 매우 익숙한 소니 라디오의 시작이며, 도쿄통신공업주식회사는 1958년에 회사명을 소니로 개명했다.[77]

▶ 세계 최초의 트랜지스터라디오인 리전시 TR-1(1954년)

8인의 배신자들

쇼클리는 1954년에 벨연구소를 사임한 후 이듬해에 베크만(Arnold Beckman)의 투자를 바탕으로 캘리포니아 팔로알토에 쇼클리 반도체 연구

---

77) 반도체의 초기 역사에서 빼놓을 수 없는 인물로는 한국 출신의 강대원(姜大元, Dawon David Kahng, 1931~1992)을 들 수 있다. 그는 1956년에 서울대학교 물리학과를 졸업했으며, 1959년에 미국 오하이오 주립대학에서 박사학위를 받았다. 그 후 강대원은 벨연구소에 입사하여 30년 동안 근무하면서 반도체의 역사에서 중요한 두 가지 기여를 했다. 1960년에는 아탈라(Martin Mohammed Atalla)와 공동으로 모스펫(Metal Oxide Semiconductor Field Effect Transistor, MOSFET)을 세계 최초로 개발했다. 모스펫은 실리콘 반도체 위에 산화물 박막(절연체)을 올리고 그 위에 금속(게이트)을 올려 만든 트랜지스터의 일종이다. 모스펫은 기존의 트랜지스터에 비해 전력 소비가 적고 소자를 작게 만들 수 있는 장점을 가진 것으로 오늘날 반도체의 기초가 되는 기술에 해당한다. 1967년에 강대원은 사이먼 지(Simon M. Sze)와 함께 플로팅 게이트(floating gate)에 대한 논문을 발표했는데, 그것은 모스펫 위에 산화물 박막과 게이트를 교차해서 쌓아놓은 형태를 띠고 있다. 플로팅 게이트는 전원이 갑자기 꺼질 경우 데이터가 사라지는 문제점을 해결했으며, 오늘날에도 플래시메모리를 비롯한 대용량 기억저장매체에 널리 활용되고 있다. 강대원은 1975년에 프랭클린 연구소에서 수여하는 스튜어트 밸런타인 메달을 받았고, 2009년에는 아탈라와 함께 미국 특허청이 운영하는 발명가 명예의 전당(National Inventors Hall of Fame)에 올랐다. 한국반도체학술대회는 2017년에 강대원상을 제정했으며, 한국 정부는 2019년에 그를 대한민국 과학기술유공자로 선정했다.

소(이후에 쇼클리 트랜지스터 회사로 변경됨)를 설립했다. 당시에 스탠퍼드 대학의 공과대학 학장이던 터먼(Frederick Terman)도 쇼클리를 고향으로 데려오기 위해 많은 노력을 기울였다. 쇼클리의 회사는 실리콘밸리에 자리 잡은 최초의 반도체업체에 해당하는데, 2002년에 스탠퍼드 대학에서 열린 정보기술에 대한 회의는 다음과 같이 규정했다. "쇼클리는 실리콘밸리에 실리콘을 가져온 사람이다(Shockley is the man who brought silicon to Silicon Valley)."

회사를 설립하면서 쇼클리는 반도체에 관심을 가진 우수한 젊은 과학자들을 끌어 들이기 위해 각별한 노력을 기울였다. 여기에는 MIT에서 전자공학을 전공한 노이스(Robert Noyce), 존스홉킨스 출신의 물리화학자 무어(Gordon Moore), 스위스 태생의 물리학자 회르니(Jean Hoerni) 등이 포함되어 있었다. 그들은 반도체에 인생을 걸기로 작정한 사람들로 창업의 길을 선택한 쇼클리를 매우 존경했다.

그러나 연구원들의 기대와 달리 쇼클리는 낙제점에 가까운 경영자의 모습을 보였다. 모든 사안을 자신의 방식대로 처리했으며, 연구원들에게 편집증적인 태도를 보였다. 한번은 자신의 비서가 엄지손가락을 베었는데, 쇼클리는 누군가의 악의적인 행동으로 생각하여 거짓말탐지기까지 동원했지만, 결국 사건의 원인은 사무실 문에 박힌 부러진 압정 때문으로 밝혀졌다. 노이스는 당시의 분위기에 대해 다음과 같이 회고했다. "쇼클리를 위해서 일했던 연구원들은 매우 불행했다. 우리는 베크만에게 가서 얘기했다. 이런 식으로는 아무 것도 안 됩니다!"

1956년에 쇼클리는 바딘, 브래튼과 함께 노벨 물리학상을 수상했지만, 쇼클리의 회사는 엉망진창이 되어 있었다. 쇼클리가 물러나지 않으면 다른 연구원들이 모두 회사를 떠날 참이었다. 노이스가 중재에 나섰지만 아무런

▸ 8인의 배신자들이 함께 한 모습(1960년). 왼쪽부터 무어, 로버츠(Sheldon Roberts), 클라이너(Eugene Kleiner), 노이스, 그리니치(Victor Grinich), 블랭크(Julius Blank), 회르니, 래스트(Jay Last)이다.

효과도 없었다. 베크만은 깊은 고민 끝에 쇼클리를 선택했고, 노이스를 비롯한 8명의 연구원은 회사를 그만 두기로 결심했다. 그들은 1957년에 쇼클리 회사에서 1마일 정도 떨어진 곳에 페어차일드 반도체 회사(Fairchild Semiconductor Corporation)를 설립했다. 쇼클리는 그들을 '8인의 배신자들(traitorous eight)'로 불렀다.

8인의 배신자들은 승승장구했다. 노이스는 1958년에 상업적으로 활용할 수 있는 집적회로(integrated circuits, IC)를 개발했으며, 무어는 1965년에 반도체의 발전 속도에 관한 경험적 법칙을 제안하기도 했다.[78] 1968년

---

78) 무어의 법칙은 "반도체의 성능이 18개월마다 두 배로 증가한다."를 의미하는 것으로 알려져 있다. 그러나 무어 자신이 18개월을 내세운 적은 없다. 그는 1965년에 "집적회로의 부품 수가 매년 2배가 될 것"으로 예측했고, 1975년에는 "앞으로 10년 동안 집적회로에 들어가는 트랜지스터의 수가 대략 2년마다 2배가 될 것"이라고 수정했다. 18개월을 기준으로 내세운 사람은 인텔의 임원으로 무어와 가깝게 지냈던 하우스(David House)로 전해지고 있다. 정보사회의 특성을 나타내는 법칙으로는 무어의 법칙 이외에도 길더

에는 노이스와 무어가 인텔(Intel, 이 명칭은 Integrated Electronics의 머리 철자를 따온 것인데 Intelligence에서 유래했다고 오해하는 경우도 있다)을 설립하여 컴퓨터 메모리용 칩을 만드는 사업을 시작했다. 이후에 8명의 배신자들이 만든 새로운 기업은 65개에 달했고, 이를 매개로 실리콘밸리는 급속히 성장할 수 있었다. 이런 점에서 페어차일드가 설립된 1957년 9월 18일이 실리콘밸리가 진정으로 탄생한 날로 평가되기도 한다.

집적회로의 동시발명

1957년은 트랜지스터가 발명된 지 10년이 되는 해였다. 그해에 벨연구소의 부소장 모튼(Jack Morton)은 엔지니어들이 '엄청난 수의 장벽(tyranny of numbers)'에 부딪히게 될 것이라고 경고했다. 그는 이듬해에 발간한 논문에서 다음과 같이 썼다. "이제 전자업계 사람들은 디지털 전송으로 모든 종류의 정보를 처리해서 자신의 시각, 촉각, 정신적 능력을 확대할 수 있는 방법을 알게 되었다. 그러나 이 모든 기능은 엄청난 수의 장벽에서 헤어나야 하는 어려움을 겪고 있다. 복잡한 디지털 기기의 속성상 수백, 수천, 그리고 때로는 수만 개의 전자부품이 요구될 것이기 때문이다."

이러한 문제는 TI의 킬비(Jack Kilby)와 페어차일드의 노이스가 집적회로를 발명함으로써 해결될 수 있었다. 킬비는 1958년 9월에 집적회로에 대한 기본적인 개념을 구현했으며, 노이스는 1959년 1월에 보다 실용적인 집적회로를 개발하는 데 성공했다. 킬비의 집적회로는 새끼손가락 크기의

(Gilder)의 법칙, 메트칼피(Metcalfe)의 법칙, 카오(Kao)의 법칙 등이 있다. 길더의 법칙은 "통신채널의 스피드가 1년에 두 배씩 증가한다."는 점을, 메트칼피의 법칙은 "네트워크의 가치가 사용자 수의 제곱에 비례한다."는 점을, 카오의 법칙은 "창조성은 네트워크에 접속되어 있는 다양성의 지수함수에 비례한다."는 점을 뜻한다.

저마늄 칩 표면에 4개의 트랜지스터와 콘덴서를 붙인 뒤 미세한 금실로 연결한 것이었다. 이에 반해 노이스는 실리콘 칩 속에 회로를 부식시키는 방법을 사용하여 매우 평평한 집적회로를 만들었으며, 그것은 이후에 집적회로 생산방식의 토대로 작용했다.

TI는 1959년 2월에, 페어차일드는 같은 해 7월에 집적회로에 대한 특허권을 신청했고, 두 회사는 발명의 우선권을 놓고 8년 동안 지루한 소송을 벌였다. 당시에 노이스의 변호사는 킬비의 발명품이 진정한 집적회로가 아니라 '휘날리는 전선(flying wire)'에 불과하다고 비꼬기도 했다. 판결 결과가 엎치락뒤치락 하는 가운데 1967년 2월에 특허중재협의회는 킬비가 '최초의 집적회로 발명가'라는 판결을 내렸다. 하지만 두 회사는 킬비와 노이스를 공동 발명자로 인정하기로 합의한 후 상호 간에 특허권 사용을 허락하는 크로스 라이선싱(cross licensing) 관계를 맺었다. 킬비는 집적회로를 발명한 공로로 2000년 노벨 물리학상을 받았지만, 노이스는 1990년에 사망하는 바람에 그런 영예를 누릴 수 없었다.

▸ 킬비가 개발한 최초의 집적회로로 전기소자 사이의 접속은 공중에서 교차하는 금속선에 의해 이루어진다.

1960년대 후반에 들어와 반도체의 용도는 군수용 장비를 넘어 통신 장비와 산업용 기기 등으로 확장되었다.79) 이를 배경으로 반도체산업은 매우 전도유망한 산업으로 자리를 잡았으며, 집적회로(IC)는 LSI(large scale integration), VLSI(very large scale integration), ULSI(ultra large scale integration) 등으로 발전했다. 많은 기업이 흥망성쇠를 겪는 가운데 미국과 일본을 거쳐 우리나라가 반도체의 주도하는 국가로 부상하게 되었다. 우리나라는 반도체 중에서 D램을 비롯한 메모리 반도체에서 강세를 보이고 있으며, 삼성전자는 1993년부터 메모리 반도체에서 세계 1위를 달리고 있다.

---

79) 사실상 1960년대까지 반도체에 대한 최대의 수요자이자 강력한 지원자였던 집단은 군부였다. 1948~1957년에 벨연구소의 트랜지스터 개발 비용은 2,230만 달러에 달했는데, 그 비용의 38%는 군에서 지원했다. 또한 1962~1968년 동안 집적회로의 총생산에서 군용이 차지하는 비중은 1962년 100%, 1963년 94%, 1964년 85%, 1965년 72%, 1966년 53%, 1967년 43%, 1968년 37%로 집계되고 있다. 이와 관련하여 저명한 과학사학자인 케블레스(Daniel Kevles)는 "냉전(cold war) 시대에도 물리학은 뜨거웠다."고 표현했으며, 포만(Paul Forman)은 군부의 개입에 따라 물리학자들의 관심이 가시적인 테크닉이나 응용지향적 연구에 집중되었다고 분석한 바 있다.

32 원자력
핵에너지의 평화적 이용

우리나라의 전력 시스템이 원자력에 크게 의존하고 있다는 것은 주지의 사실이다. 원자력에 대해서는 찬반 논쟁도 뜨겁게 전개되고 있다. 원자력발전소(원전)의 신규 건설은 물론 원전의 수명 연장과 방사성폐기물처분장(방폐장)의 설치 등을 둘러싸고 사회적 갈등이 빚어지고 있는 것이다. 우리나라 사람들의 원자력에 대한 태도는 이중적이다. "원자력이 필요한가?"는 질문에는 2/3 가량이 긍정적인 답변을 보이는 반면, "원자력이 안전한가?"라는 질문에는 2/3 가량이 부정적인 답변을 보이고 있는 것이다.

원자로의 유형

원자력 발전은 원자탄과 마찬가지로 핵분열 연쇄반응을 기본 원리로 삼고 있다. 핵분열 연쇄반응이 급격히 진행되도록 하면 원자탄이 되고, 천천히 일어나도록 제어하면 원자력 발전이 되는 것이다. 원자력발전소의

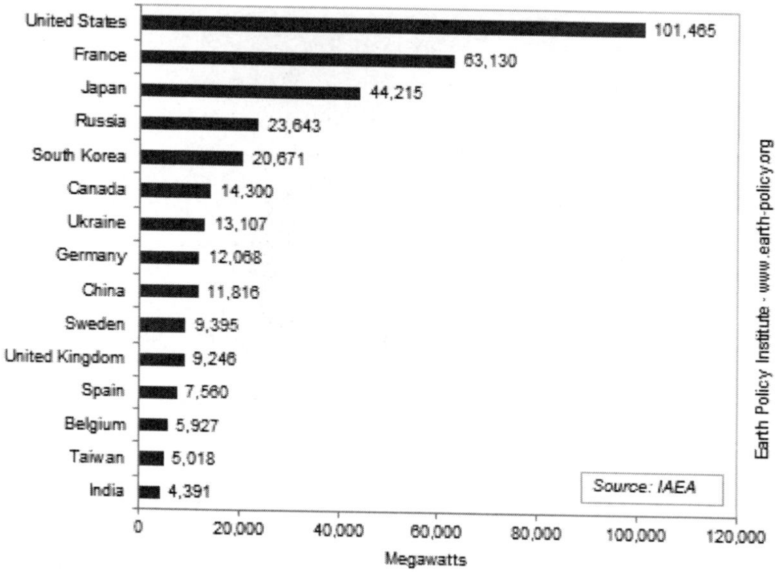

▶ 원자력 발전의 규모가 큰 15개 국가(2012년 기준)

가장 핵심적인 설비는 원자로(nuclear reactor)이다. 최초의 원자로는 1942년에 페르미(Enrico Fermi)를 비롯한 시카고 대학의 연구진이 제작한 시카고 파일-1(Chicago Pile-1, CP-1)이 꼽힌다. 그 후 원자로는 다양한 형태로 진화해 왔는데, 오늘날 원자로의 유형은 크게 경수로(light water reactor, LWR)와 중수로(heavy water reactor, HWR)로 구분된다.

경수로는 보통의 물인 경수(H_2O)를 감속재와 냉각재로 사용하는 원자로이다. 경수로는 다시 비등수로(boiling water reactor, BWR)와 가압경수로(pressurized water reactor, PWR)로 나뉜다. 비등수로는 원자로 속의 물이 핵에너지를 흡수하여 바로 수증기가 된 다음 터빈실로 전해지는 형태로 되어 있다. 이와 달리 가압경수로는 원자로에 높은 압력을 가해 핵연료와 접촉하는 물이 끓지 않도록 하고, 이 물이 증기발생기를 통과하게

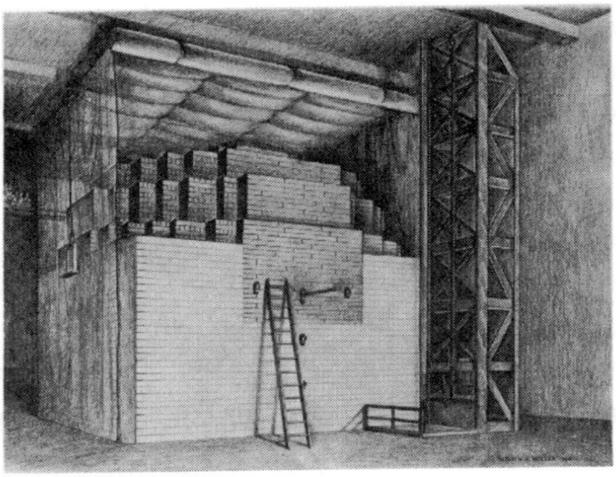

▸ 세계 최초의 원자로인 시카고파일-1(CP-1)

함으로써 수증기를 만드는 방식이다. 핵연료로는 비등수로와 가압경수로를 막론하고 약간 농축된 이산화우라늄이 사용된다.

중수로는 감속재로 무거운 물에 해당하는 중수(D_2O)를 사용하며, 냉각재로는 중수나 경수를 모두 사용할 수 있다. 중수로는 천연 우라늄을 핵연료로 사용할 수 있는데, 그것은 감속재로 작용하는 중수가 중성자를 거의 흡수하지 않기 때문이다. 또한 중수로의 경우에는 원자로 전체를 정지시키

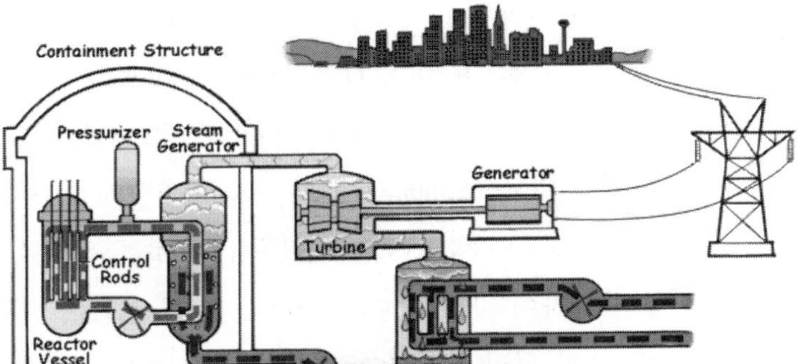

▸ 오늘날 가장 널리 사용되고 있는 가압경수로의 개념도

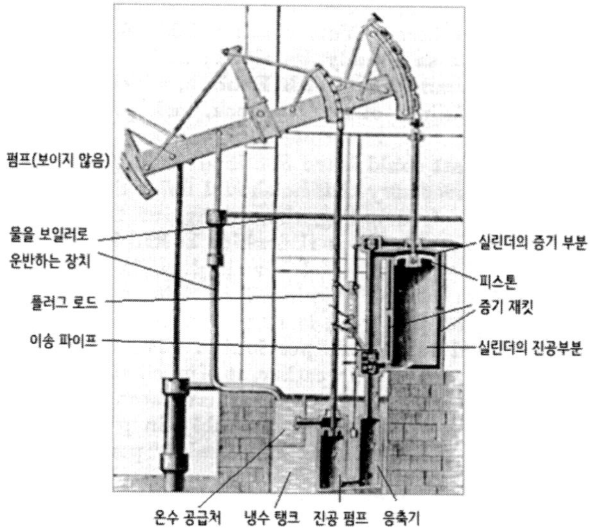

▸ 와트의 증기기관에 대한 개념도. 그림 중 아랫부분의 오른쪽에 분리응축기가 설치되어 있다.

증기를 활용하기 위한 초기의 시도들

증기기관과 관련된 최초의 기록으로는 1세기 알렉산드리아에서 활동했던 과학자이자 발명가인 헤론(Heron of Alexandria)의 '이알러파일(aeolipile, '기력구'로 변역되기도 한다)'을 들 수 있다. 이알러파일은 바람의 신인 아이올루스(Aeolus)와 공이란 뜻의 필라(pilla)에서 유래한 조그만 증기기구였다. 그것은 속이 텅 빈 구가 서로 반대쪽에 위치한 베어링 위에 올려져있어, 수평의 축 위에서 자유롭게 회전할 수 있도록 만들어졌다. 이알러파일은 증기기관의 조상으로 평가되고 있지만, 생산 현장에서 사용되지는 않았고 장난감에 가까운 성격을 띠고 있었다.

이후에도 증기기관에 대한 시도는 계속되었다. 12세기에는 끓인 물로

▶ 리코버가 노틸러스 호에 탑승하는 모습

호는 1955년 1월 17일에 시범 항해에 나선 후 1년도 되지 않아 잠수 시간, 잠수 항행 거리, 잠수 심도, 항행 속도 등 거의 모든 면에서 이전의 기록을 갈아치웠다. 리코버는 미국의 국민적 영웅으로 부상하면서 장성으로 진급하게 되었고, 핵잠수함에 이어 핵추진 항공모함을 건조하는 일을 벌이기도 했다.

평화를 위한 원자력

1949년에는 소련이 원자탄 개발에 성공함으로써 미국을 크게 긴장시켰다. 이에 못지않게 중요했던 점은 소련이 핵에너지를 민간 용도로 개발하고 있다는 사실이었다. 만약 소련이 전력생산용 원자로를 먼저 개발한다면 미국에 엄청난 타격으로 작용할 터였다. 소련의 원조로 원자력발전소를 세우게 되는 국가가 소련 쪽으로 넘어가게 되면, 소위 '자유진영'과 '공산진영' 사이의 균형이 무너질 수 있었던 것이다. 미국의 원자력위원회(Atomic

▸ '평화를 위한 원자' 선언을 기념하여 1955년에 미국에서 발행된 우표

Energy Commission, AEC)가 원자로 개발을 첫 번째 우선순위로 올려놓은 것은 당연한 수순이었다.

급기야 아이젠하워 대통령은 1953년 12월의 유엔총회 연설에서 '평화를 위한 원자(Atoms for Peace)'라는 프로그램을 선언하고 나섰다. 미국이 보유하고 있는 핵기술을 인류의 번영을 위해 사용하겠다는 약속이었다. 특히 아이젠하워는 개발도상국이 전력생산용 원자로를 건설할 때 미국이 이를 지원해주겠다는 내용을 공개적으로 천명했다.

선언의 말미에서 아이젠하워는 다음과 같이 말했다. "이러한 중대한 결정을 내림에 있어서 미국은 여러분 앞에서, 즉 전 세계 앞에서 가공할 핵의 딜레마의 해결을 돕겠다는 결심, 즉 인간의 놀라운 발명이 인간의 죽음에 공헌하지 않고 인간의 생명에 이바지하는 방법을 찾는 데 온 마음과 정신을 다 바칠 것임을 서약합니다." 아이젠하워가 표방한 '평화를 위한 원자(력)'는 '전쟁을 위한 원자탄'과 대비되는 것으로 과학의 역사상 매우 성공적인 수사적 전략으로 평가받고 있다.

아이젠하워의 선언에 따라 미국 정부는 상업용 원자로를 개발하는 작업에 착수했다. 그러나 원자로 개발의 방향에 대해 두 가지 입장이 경합하는 양상을 보였다. 리코버는 당시에 개발 중이던 항공모함용 원자로를 전력생산용으로 활용하는 방안을 제시했다. 이와 달리 경수로와 중수로의 장단점에 대해 숙고한 후 새로운 원자로를 개발하자는 의견도 제시되었다. AEC의 실무진은 전력생산의 경제적 측면에서 유리한 후자(後者)를 지지했지만, 최종적인 의사결정에서는 원자로를 시급히 확보해야 한다는 국가안보적 차원의 고려가 중시되었다. 결국 미국 정부는 리코버의 제안을 수용했고, 리코버는 미국의 원자력발전소를 건설하는 책임까지 맡게 되었다.

상업용 원자력발전소의 등장

세계 최초의 원자력발전소(원전)가 무엇인지에 대해서도 의견이 분분하다. 이에 대한 후보로는 1954년에 소련에서 가동된 오브닌스크(Obninsk) 원전, 1956년에 영국에서 가동된 콜더홀(Calder Hall) 원전, 1957년에 미국에서 가동된 시핑포트(Shippingport) 원전이 거론되고 있다.

오브닌스크 원전은 세계 최초로 민간에 의해 건설된 원전에 해당한다.

▸ 세계 최초의 상업적 원전으로 평가되고 있는 콜더홀 원전

▸ 오늘날 원전의 원형으로 작용한 시핑포트 원전

오브닌스크의 원자로는 흑연을 감속재로, 물을 냉각재로 사용했으며, 출력은 5메가와트였다. 오브닌스크 원전은 상업적 전력을 생산하는 역할과 실험용 원자로의 역할을 함께 했다는 특징을 가지고 있었다.

콜더홀 원전은 세계 최초의 상업적 원전으로 평가되고 있다. 콜더홀의 원자로는 흑연을 감속재로, 이산화탄소를 냉각재로 사용했으며, 초기 출력은 50메가와트였다. 콜더홀 원전은 상업적 목적에 주로 사용되었지만, 부산물인 플루토늄을 통해 군사적 목적에 기여하기도 했다.

시핑포트 원전은 세계 최초의 '순수' 상업적 원전으로 평가되고 있다. 시핑포트의 원자로는 감속재와 냉각재로 모두 경수를 사용했으며, 초기 출력은 60메가와트였다. 시핑포트 원전이 채택한 가압경수로는 이후 미국에서 건설된 원자로의 원형으로 작용했으며, 다른 국가들에게도 널리 보급되었다. 그것은 오늘날에도 전 세계 원자로의 70퍼센트 이상을 차지하는 '사실상의 표준(de facto standard)'으로 자리 잡고 있다.[80)]

시핑포트 원전은 전력을 판매하는 상업용 원전이었지만, 전력 생산단가가 당시의 화력발전소보다 10배나 비쌌다. 그것은 애초부터 경제성을 염두에 두지 않고 설계된 항공모함용 가압경수로를 도입할 때부터 예견된 일이었다. 실제로 시핑포트 원전의 비경제성은 오랫동안 도마에 올랐다. 군사용 원자로를 바탕으로 상업용 원자로를 성급하게 만들려고 하다가 열등한 기술로 귀결되고 말았다는 것이다.81)

반전에 반전을 거듭하는 원전

그러던 중 1963년에는 미국의 제너럴 일렉트릭과 웨스팅하우스가 '완성품 인도(turnkey)' 방식으로 원전 판매를 시작했다. 원전 건설비용을 미리 책정해 계약한 다음 이를 초과하는 비용은 모두 원전 건설 회사가 부담하고, 전력회사는 원전이 준공된 후 '열쇠'만 넘겨받아 원전을 가동하는 방식이었다. 이를 계기로 1965년부터 약 10년 동안에는 세계 각국의 전력회사들이

---

80) 사실상의 표준은 국제기구나 법률에 의해 정해진 공식적 표준과 차별되는 개념에 해당한다. 사실상의 표준은 역사적 전통, 시장의 선점, 높은 대중성 등을 바탕으로 자연스럽게 지배적인 위치를 차지한 표준을 가리킨다. 사실상의 표준에 대한 사례로는 4피트 8.5인치의 철도 궤간, QWERTY로 시작되는 키보드 자판, IBM 호환용 PC, 비디오 레코드의 VHS 포맷 등을 들 수 있다.

81) 이에 대하여 바살라(George Basalla)는 ≪기술의 진화≫에서 다음과 같이 썼다. "미국의 원자력 발전소의 발전비용을 다른 발전방식과 비교하면 어떤 결과가 나올까? 1950년대 후반에 석탄을 태우는 발전소에서 킬로와트 당 6밀(mill, 1밀은 1,000분의 1달러)의 비용을 들여 전기를 생산하고 있을 때, 시핑포트에서는 킬로와트 당 64밀의 비용이 들었다. 원자력을 이용한 발전은 새로운 기술이었기 때문에 개량을 거듭하면 비용이 감소하리라는 기대로 개량을 위한 노력이 계속되었다. 그러나 30년이 지나도 석탄을 태우는 발전소가 원자력 발전소보다 더 적은 비용으로 동력을 생산하고 있었다. … 일부 비판자들은 그 책임이 시핑포트 발전소가 비경제성을 면할 수 없는 경수 원자로를 선택했기 때문이라고 주장했다. 아무튼 분명한 사실은 최초로 원자로의 형태를 선택할 때 원자로 가동의 경제적인 측면은 마지막 고려사항이었다는 점이다."

200기가 넘는 원전을 주문할 정도로 원전 건설의 붐이 조성되었다.

1973년에 제1차 석유파동(oil shock)이 일어나는 것을 계기로 원자력은 대체에너지(alternative energy, 화석연료를 대신해서 사용할 수 있는 에너지)의 상징으로 여겨지기도 했다. 원자력 발전은 기존의 화력 발전에 비해 대량의 에너지 공급이 가능할 뿐만 아니라 대기오염을 비롯한 환경오염도 적다는 것이었다. 특히 프랑스와 일본은 제1차 석유파동 이후에 원전 건설 사업을 대대적으로 추진했는데, 당시 프랑스에서는 "석유 없고 석탄 없고 가스 없고 선택 없다."는 구호가 회자되기도 했다.

그러나 1979년의 스리마일 아일랜드 사고와 1986년의 체르노빌 사고를 계기로 원자력 발전은 심각한 위기에 봉착했다. 원자력 발전의 안전성에 대한 의문이 고개를 들기 시작했던 것이다. 예를 들어 리코버는 1982년 1월에 있었던 의회 증언에서 미국이 원전에서 나오는 방사능 유출의 잠재적 위험성을 고려하지 않고 있다고 말했다. 이어 그는 비공식 증언에서 다음과 같이 덧붙였다. "나는 원자력 발전이 방사능을 유출시킨다면 그만한 가치가 있다고 믿지 않습니다. 그러면 사람들은 아마 내게 왜 원자력으로 가동되는 선박을 만들었냐고 질문할 겁니다. 나 같으면 그것을 죄다 침몰시켜 버릴 겁니다. 질문에 대한 답변이 되었나요?"

특히 체르노빌 사고 이후에 선진 각국은 원자력 발전에 대한 전면적인 재검토에 돌입하면서 원자력 발전의 위험성은 물론 경제적·환경적 차원의 문제를 제기했다. 원자력 발전은 화력 발전보다 경제적인 것으로 평가되어 왔지만 나중에 발생할 폐기물 처리비용과 원전 폐기비용을 고려한다면 그렇지 않다는 것이었다. 이와 함께 원자력 발전은 대기오염 물질을 거의 배출하진 않지만 방사성물질과 폐기물처리로 인해 새로운 차원의 환경오염을 유발한다는 점도 지적되었다.

▸ 스리마일 아일랜드 사고 직후에 독일의 본에서는 12만 명의 인파가 집결한 가운데 대대적인 반전운동이 벌어졌다.

2000년대에 들어와 원자력은 일종의 르네상스를 맞이하기도 했다. 유가가 급등하고 석유정점이 논의되면서 원자력이 다시 주목받기 시작했던 것이다. 게다가 지구온난화의 주범으로 이산화탄소가 지목되면서 원자력에 무게가 실리는 경향도 생겨났다. 그러나 2011년 3월 11일에 후쿠시마 원전 사고가 터지면서 원자력이 과연 인류의 미래를 담보할 수 있는가에 대해 근본적인 의문이 제기되고 있다. 원전에서 전력을 생산하여 사용할 때는 편리하지만, 원전이 노후해거나 원전을 폐기할 때에는 통제하기 어려운 문제가 발생할 수 있는 것이다.

이러한 점을 고려해볼 때, 앞으로도 새로운 원전을 계속해서 건설하는 것이 좋은 정책인지는 의문이다. 이미 건설된 원전을 조기에 폐쇄하기는 어렵다 하더라도 기존 원전의 수명을 연장하거나 새로운 원전을 건설하는 데에는 신중에 신중을 기해야 한다. 지금부터라도 원자력의 비중을 점차적으로 줄이면서 재생(가능)에너지(renewable energy, 화석연료나 핵연료의 경우와 달리 고갈되지 않는 에너지)의 비중을 지속적으로 증가시키려는

▸ 2011년에 발생한 후쿠시마 원전 사고의 광경

실질적인 조치가 이루어져야 한다. 그리고 정책형성의 과정에서 원자력에 몰입된 논의를 할 것이 아니라 '에너지 전환(energy transition)'의 관점에서 전체적인 에너지 포트폴리오에 접근하는 것이 필요하다.

33 인터넷
정보기술의 탄생과 영향

정보기술(information technology)은 'IT'라는 약어가 널리 사용될 정도로 우리에게 매우 친숙한 기술이다. 더 나아가 최근의 기술발전에서는 'IT 융합'이 중요한 화두로 떠오르고 있다. 예를 들어 NBIC(Nanotechnology, Biotechnology, Information Technology, and Cognitive Science)는 나노기술, 생명공학기술, 정보기술, 인지과학의 융합에 주목하고 있다. 이처럼 정보기술은 다른 분야의 기술과 연계되고 있지만, 따지고 보면 정보기술 자체가 일종의 융합기술에 해당한다. 정보기술은 19세기부터 본격적으로 발전해 온 통신기술과 제2차 세계대전 이후에 모습을 드러낸 컴퓨터기술이 결합됨으로써 탄생했던 것이다.

추억 속의 정보기술, 모뎀

컴퓨터와 통신이 결합되면서 처음 나타난 것은 모뎀(modem)이었다. 모뎀은 컴퓨터에서 사용하는 디지털 데이터를 전화선이 활용할 수 있는

▸ 인터넷 탄생 35주년을 맞이하여 아제르바이잔에서 발행된 우표

아날로그 신호로 바꿈으로써 이미 광범위하게 설치되어 있는 전화선을 통해 컴퓨터 통신을 가능하게 하는 장치이다. 모뎀은 변조(modulation)와 복조(demodulation)의 합성어인데, 변조는 디지털 데이터를 아날로그 신호로 변환시켜 주는 것을, 복조는 그 반대의 경우를 의미한다.

모뎀은 미 국방부가 방공망 시스템을 구축하기 위해 1950년부터 MIT의 링컨연구소를 중심으로 추진했던 SAGE(Semi-Automatic Ground Environment) 계획을 통해 개발되었다. 1958년에는 연방통신위원회(Federal Communications Commission)가 컴퓨터 사용자들이 공공전화선을 사용해 데이터를 전송하는 것을 허용했다. 당시에 벨연구소는 세계 최초의 상업용 모뎀인 '데이터폰'을 출시한 후 1962년에는 초당 300비트(300bps)의 데이터를 전송할 수 있는 '벨 103'을 보급하기에 이르렀다.

1970년대에 들어서는 몇몇 열정을 가진 일반인들이 '소비자 네트워크(consumer network)'를 구성하기 시작했다. 그들은 BBS(bulletin board system, 사람들이 모여서 글을 올리고 읽고 찾을 수 있는 게시판)라는 소프트웨어를 PC에 설치하고 자신의 PC를 호스트로 삼는 네트워크를 구성했는데, BBS 운영자는 흔히 '시삽(sysop)'으로 불렸다. 호스트에 접속

▸ 버클리에 설치된 커뮤니티 메모리의 터미널에 모인 사람들(1973년)

할 때 나는 "삑-끽-"하는 소리는 아직도 많은 사람들에게 추억으로 각인되어 있다.

최초의 소비자 네트워크로는 1973년에 캘리포니아 주 버클리에서 탄생한 커뮤니티 메모리(community memory)를 들 수 있다. 그것은 터미널들을 유선으로 연결한 시스템으로 터미널 사용자들이 동전을 넣고 호스트 PC와 연결하는 식으로 운영되었다. 공중전화선을 이용해서 모뎀으로 연결하는 소비자 네트워크는 1978년 시카고에서 크리스텐센(Ward Christensen)에 의해 개발되었다. 그 후 이와 유사한 시스템은 BBS로 불리면서 급속히 번성했는데, 1993년 미국에서는 6만 개가 넘는 BBS가 운영되고 있었다.

우리나라에서는 소비자 네트워크나 BBS 대신에 'PC 통신'이란 용어가 널리 사용된 바 있다. 우리나라의 PC 통신 서비스는 1986년 서울아시안게임을 계기로 탄생했다. 한국경제신문사가 제공한 케텔(Ketel, Korea Economy Telepress)과 한국데이터통신(이후 데이콤을 거쳐 LG유플러스에 합병됨)이 출시한 천리안이 그것이다. 케텔은 무료서비스로 통신기능 위주였던 반면, 천리안은 유료서비스로 데이터베이스에 중점을 두었다. 1990년대에 들어와 우리나라는 하이텔(케텔의 후신), 천리안, 나우누리로 대표되는 PC 통신의 전성시대를 구가했다. 당시에 PC 통신을 통해 형성된 동호회는 정모(정기 모임)나 번개(갑자기 만나는 모임)와 같은 신조어를 만들어내기도 했다.

냉전의 분위기에서 탄생한 아르파넷

그러나 모뎀을 컴퓨터 통신망의 주요 장치로 활용하기에는 몇 가지 문제점이 있었다. 우선 장거리 전화시스템을 이용해 컴퓨터 통신망을 구성하는 데에는 많은 비용이 소요되었다. 그 이유는 전화가 데이터의 전송보다는 음성을 전달하는 데 최적화되어 있기 때문이었다. 또한 모뎀은 중앙집중적 연결방식을 취하고 있어 한 전화국이 파괴되면 그 전화국이 연결해주는 모든 통신이 두절되는 단점을 가지고 있었다. 그것은 전시상황에서 매우 심각한 문제가 될 수 있었고, 이를 극복하기 위해 미 국방부는 모뎀 방식이 아닌 새로운 컴퓨터 통신망을 모색하기 시작했다.

이러한 시도의 결과로 등장한 것은 고등연구계획국(Advanced Research Projects Agency, ARPA)이 주도한 아르파넷(ARPAnet)이었다. ARPA는 '스푸트니크 충격(Sputnik shock)'의 여파로 국방연구를 보다 체계적으로 수행하기 위해 1958년 미 국방부에 의해 설립되었다.[82] 아르파넷에 대한 아이

82) 소련이 1957년 10월 4일에 세계 최초의 인공위성인 스푸트니크 1호를 발사하자 미국은 큰 충격을 받았다. 원자폭탄에서는 4년, 수소폭탄에서는 2년 앞섰는데 인공위성에서는 뒤졌던 것이다. 미국은 즉시 대통령 직속 과학자문회원회(President's Science Advisory Committee, PSAC)를 설치하여 과학기술과 국방에서 우위를 점하기 위해 총력을 기울이기 시작했다. 1958년에는 ARPA(1972년에 D(defense)가 붙은 DARPA로 변경된 후 1993년에 다시 ARPA로 명명됨)의 발족, <국가방위교육법>의 제정, 국립항공우주국(National

디어는 1963년에 ARPA 정보처리기술국(Information Processing Techniques Office, IPTO)의 국장으로 부임했던 릭라이더(Joseph C. R. Licklider)가 처음으로 제안했다. 그는 이미 1962년부터 모든 컴퓨터를 서로 연결해 데이터를 공유하자는 아이디어인 '은하간 컴퓨터 네크워크(Intergalactic Computer Network)'를 주장해 온 인물이었다. 당시에 아르파넷을 만들려고 했던 동기는 주로 경제적인 것이었다. ARPA가 지원하고 있던 13개 대학연구소들을 네트워크로 연결하여 값비싼 대형컴퓨터를 보다 효율적으로 사용하고자 했던 것이다.

그러던 중 1964년에 랜드연구소의 바란(Paul Baran)은 <분산적 통신에 대하여>라는 문건을 통해 기존의 전화나 모뎀이 채택했던 방식과는 전혀 다른 새로운 통신방법을 제안했다. 그는 분배 네트워크 토폴로지(distribution network topology)와 패킷 스위칭(packet switching)이라는 두 가지 개념에 입각하여 새로운 통신시스템을 설계했다. 전자(前者)는 하나의 컴퓨터가 다른 컴퓨터와 적어도 두 가지 이상의 경로를 통해 접속될 수 있다는 것을 의미하며, 후자(後者)는 한 메시지를 여러 개의 조각, 즉 패킷으로 분할할 수 있다는 것을 뜻한다. 바란의 연구는 소련의 핵 공격에도 생존할 수 있는 통신시스템을 설계해 달라는 미 공군의 요청에 대한 대답이었다. 분배 네트워크를 사용하면 특정한 데이터를 전송하는 한 경로가 적의 공격에 의해 파괴된다 할지라도 여분의 경로를 통하여 전달될 수 있으며, 패킷 스위칭을 사용하면 데이터가 패킷으로 분할되어 전송되기

Aeronautics and Space Administration, NASA)의 설치 등과 같은 후속조치가 이어졌다. 그중 <국가방위교육법>은 과학 교과과정의 개편, 이공계 대학생에 대한 장학금 지원, 과학교사의 처우 개선, 대학의 과학연구 활성화, 외국인 유학생의 유치 등이 대대적으로 추진되는 계기를 제공했다. 우리나라의 과학자 1세대가 미국에서 유학을 할 수 있었던 데에도 미국의 과학교육 개혁이 중요한 배경으로 작용했다.

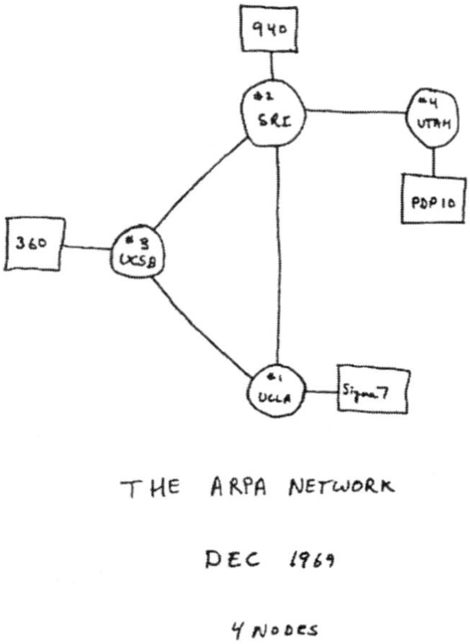

▸ 4개의 노드로 구성된 최초의 아르파넷에 대한 개념도

때문에 적의 공격에 의해 데이터가 손상된 경우에도 전체 데이터가 아닌 해당 부분만 보내면 되는 것이다.

1966년에 IPTO의 신임 국장이 된 테일러(Bob Taylor)는 ARPA와 계약을 맺은 연구기관들을 연결하는 새로운 네트워크를 만드는 계획을 수립했다. 곧이어 합류한 링컨연구소 출신의 로버츠(Lawrence Roberts)는 아르파넷에 바란의 개념을 적용할 것을 제안했다. 1967년에는 ARPA가 주관한 회의가 미시건 대학에서 열렸지만, 참석자들은 아르파넷의 구축에 시큰둥한 반응을 보였다. 회의를 마친 후 공항으로 향하던 차 안에서 워싱턴 대학의 클라크(Wesley Clark)는 라우터(router, 패킷 데이터로 구성된 정보를 주고받을 때 다양한 경로를 검색하여 수신처 주소로 정확하게 전달시켜 주는 장치) 역할을 하는 IMP(Interface Message Processor)를 만들어 아르파

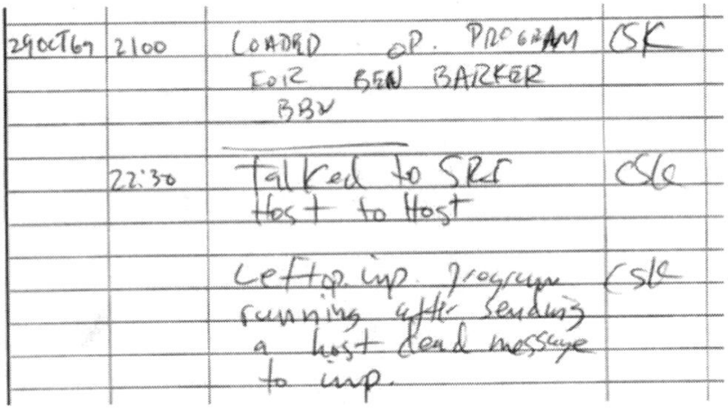

▸ 1969년 10월 29일에 아르파넷을 이용해서 이루어진 통신에 대한 기록. CSK는 당시 UCLA의 프로그래머였던 찰리 클라인의 이니셜이다.

넷을 구축하자는 아이디어를 제안했다. 이어 1968년에 ARPA는 캘리포니아 대학 로스앤젤레스 캠퍼스(UCLA), 스탠퍼드 연구소(SRI), 산타바바라 대학(UCSB), 유타 대학(UTAH)을 아르파넷의 연결 지점으로 선정했다.

아르파넷이 실제로 탄생한 것은 1969년 10월 29일의 일이었다. 그날 오후 9시에 UCLA의 학생 프로그래머 클라인(Charley S. Kline)은 SRI에 아르파넷 명령어를 보냈다. 그가 보낸 메시지는 'LOGIN'이었다. 'L'과 'O'는 문제없이 보내졌지만, 공교롭게도 그때 시스템이 엉켜버리고 말았다. 이에 따라 아르파넷 최초의 메시지는 'LO'로 기록되는 촌극이 발생했다. UCLA 팀과 SRI 팀은 1시간 30분 동안 노력한 끝에 'LOGIN'이란 메시지를 모두 전송하는 데 성공할 수 있었다.

아르파넷에서 인터넷으로

아르파넷은 시험가동을 거친 후 1972년 10월에 워싱턴에서 개최된 제1회 국제컴퓨터통신학술회의에서 시연되었다. 이를 계기로 아르파넷에 대한 관심이 더욱 커지면서 많은 대학과 연구소들이 아르파넷에 편입하기 시작했다. 국제컴퓨터통신학술회의에서 '네트워크들의 네트워크'를 의미하는 오늘날과 같은 인터넷(internet)의 개념이 제기되었다는 점도 주목할 만하다. 이를 바탕으로 ARPA의 서프(Vinton Cerf)와 칸(Robert Kahn)은 1974년에 <패킷 네트워크 인터커뮤니케이션을 위한 프로토콜>이란 논문을 발간했는데, 그것은 인터넷계의 고전으로 꼽힌다.

아르파넷의 시연보다 인터넷의 확산에 더욱 크게 기여한 것은 1971년에 톰린슨(Ray Tomlinson)이 시범적으로 개발한 전자우편(e-mail)이었다. 전자우편이 폭발적인 인기를 누리면서 이를 사용하기 위해 아르파넷에 편입하지 못한 기관들이 새로운 네트워크를 구축하는 일이 생겨났던 것이다. 유즈넷(Usenet), 텔넷(Telnet), 엔에스에프넷(NSFnet), 에듀넷(Edunet), 비트넷(Bitnet) 등은 그 대표적인 예이다.

이와 같은 다양한 네트워크들이 등장하면서 그것들을 서로 연결하는 것은 더 이상 미룰 수 없는 과제가 되었다. ARPA의 서프와 칸은 다양한 프로토콜(protocol, 통신시스템이 데이터를 교환하기 위해 사용하는 규약) 중에서 TCP(Transmission Control Protocol)와 IP(Internet Protocol)를 결합한 TCP/IP를 선택했다. 1982년에는 TCP/IP를 활용한 인터넷 테스트가 실시되었고, 1983년에 미국의 방위통신청(Defense Communication Agency)은 네트워크 업자들에게 TCP/IP의 사용을 강제하는 조치를 내렸다. 이를 통해 TCP/IP는 인터넷의 표준 프로토콜로 자리 잡았으며, 그 후 인터넷은 TCP/IP를 통해 서로 연결된 네트워크를 의미하게 되었다.

TCP/IP를 통해 인터넷의 기술적 표준은 마련되었지만, 기존의 네트워크들을 연결하는 작업은 빨리 진척되지 못했다. 당시의 인터넷 문서들은 각각 독립적인 개체들이어서 연결된 검색이 가능하지 않았다. 이러한 한계

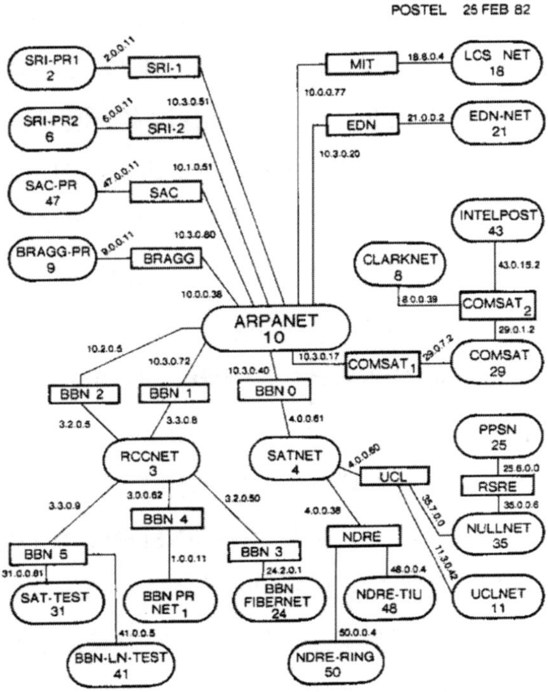

▸ 1982년에 TCP/IP를 통해 연결된 네트워크의 개념도

를 돌파한 사람은 유럽입자물리연구소(European Organization for Nuclear Research, CERN)의 버너스리(Tim Berners-Lee)였다. 그는 1980년에 CERN의 방문 연구원으로 있으면서 '인콰이어(Enquire)'라는 하이퍼텍스트(hypertext, 연결된 순서에 관계없이 사용자들이 원하는 정보에 접근할 수 있도록 제공되는 텍스트) 프로그램을 만든 적이 있었는데, 1984년에 CERN의 정식 연구원이 되면서 하이퍼텍스트와 인터넷을 결합하는 일에 몰두하기 시작했다. 버너스리는 5년 동안의 시행착오를 거친 후 1989년에 '월드와이드웹(World Wide Web)'이라는 거창한 이름을 붙인 프로젝트 제안서를 CERN에 제출했다. 결국 1991년 8월 6일에는 월드와이드웹이

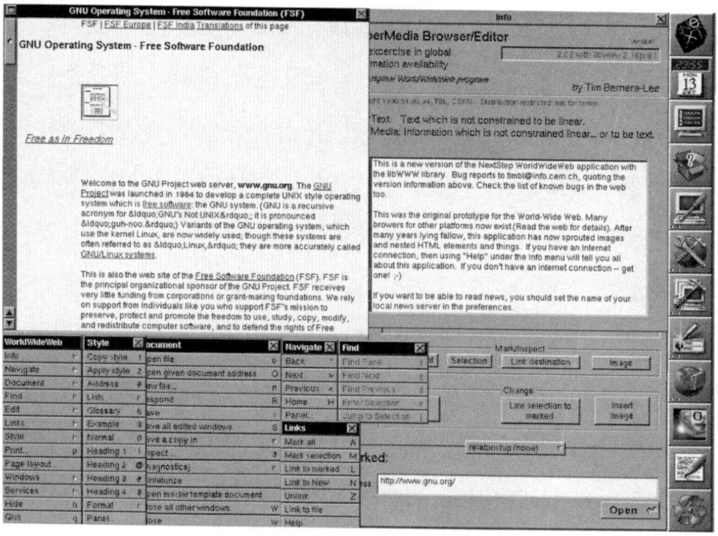

▸ 버너스리가 개발한 월드와이드웹(1993년경)

세상에 모습을 드러냈으며, 곧이어 하이퍼텍스트들을 연결하는 규약인 HTTP(Hyper Text Transfer Protocol)가 만들어졌다.

인터넷의 기회와 위협

군사용이나 연구용에 국한되어 있던 인터넷이 일반인의 필수품으로 자리 잡기 시작한 것은 1994년을 전후하여 발생한 일이었다.[83] 1993년에 일리노이 대학의 학부생이던 앤드리슨(Marc Andressen)은 하이퍼텍스트

83) 인터넷은 군사적 목적으로 개발된 후 민간 부문에서도 활용된 기술에 해당한다. 20세기 후반의 비슷한 사례로는 컴퓨터, 반도체, 원자력, 전자레인지, 위성항법장치(GPS) 등을 들 수 있다. 이처럼 군사기술이 민간 분야에 이전되는 현상은 스핀오프(spin-off)로 개념화되고 있다. 이에 반해 민간기술이 군사 분야에 새롭게 적용되는 현상은 스핀온(spin-on), 민간과 군이 공동으로 사용할 목적으로 개발하는 기술은 민군겸용기술(dual-use technology)로 불린다.

를 쉽게 볼 수 있는 모자이크(Mosaic)란 프로그램을 제작했는데, 그것이 1994년에 넷스케이프(Netscape)로 탈바꿈하면서 수많은 사람들을 인터넷으로 유인했다. 넷스케이프를 사용하면 누구나 손쉽게 몇 번의 클릭만으로 전 세계의 웹사이트를 돌아다닐 수 있었다. "정보의 바다를 항해한다."는 구절도 넷스케이프의 로고가 항해사의 키였기 때문에 생겨난 것이었다.

이 무렵에 미국 백악관은 홈페이지를 만들어 대대적인 선전에 나섰으며, 빌 게이츠(Bill Gates)는 마이크로소프트를 인터넷 중심으로 변모시킨다고 공언했다. 그 후 인터넷은 빠른 속도로 확산되었고 인터넷에서 얻을 수 있는 정보의 양도 급속히 증가했다. 인터넷에 연결된 컴퓨터의 수는 1990년에 약 30만대에 불과했지만, 1995년에 1천만 대를 넘어선 후 2000년에는 1억 대를 돌파했다.

인터넷이 폭발적으로 성장하면서 월드와이드웹을 항해하는 데 필요한 웹브라우저를 놓고 치열한 경쟁이 전개되었다. 1995년만 해도 넷스케이프가 웹브라우저 시장의 70% 이상을 점유하는 등 절대적인 우위를 지키고 있었다. 이에 도전장을 내민 기업은 마이크로소프트였다. 마이크로소프트는 매년 1억 달러 정도의 연구비를 쏟아 부었으며, 인터넷 익스플로러(Internet Explorer) 4.0이 개발된 1998년에는 넷스케이프와 기술적으로 동등한 수준에 도달했다. 익스플로러는 같은 해에 출시된 윈도 98에서 컴퓨터 운영체제의 일부로 포함되어 제공되었기 때문에 사용자들의 접근성도 훨씬 높았다.

그러나 1998년 10월 20일에 미국의 법무부는 반(反)독점법을 위반했다는 이유로 마이크로소프트를 법원에 고소했다. 마이크로소프트가 윈도라는 강력한 운영체제를 무기로 삼아 인터넷 익스플로러를 끼워서 판매한다는 것이었다. 우여곡절 끝에 마이크로소프트는 소위 '브라우저 전쟁

▸ 넷스케이프와 익스플로러 사이의 브라우저 전쟁을 상징화한 그림. 넷스케이프는 다윗에, 익스플로러는 골리앗에 비유되기도 했다.

(browser war)'에서 승리할 수 있었지만, 기업의 이미지는 최악으로 치달았다. 당시에는 '마이크로소프트 효과'라는 용어도 생겨났는데, 그것은 어떤 업체가 새로운 기술을 앞세워 시장을 장악하더라도 마이크로소프트가 뛰어들면 곧바로 몰락한다는 의미를 가지고 있었다.84)

인터넷은 새로운 사업에 대한 기회를 제공하기도 했다. 야후!(Yahoo!)는 스탠퍼드 대학의 대학원생이던 파일로(David Filo)와 양(Jerry Yang)이 만든 목록 서비스로 시작된 후 얼마 지나지 않아 세계적인 포털 사이트로 성장했다. 온라인 서점인 아마존닷컴(Amazon.com)은 단지 책을 사고파는 공간을 넘어 책에 대한 다양한 정보와 다른 사람의 서평을 접할 수 있는

84) 오라클의 최고경영자인 래리 앨리슨(Larry Ellison)은 마이크로소프트가 질이 떨어지는 물건으로 세계 시장을 장악했다고 평가하면서 "자신의 제품이 혁신적이라고 주장하는 빌 [게이츠]의 새빨간 거짓말은 정말 경멸스럽습니다."고 쏘아 붙였다. 그리고 앨리슨은 마이크로소프트의 수법을 다음의 네 단계로 나누어 설명했다. "1단계, 마이크로소프트는 다른 사람이 창안한 아이디어를 실용적이지 않다며 무시한다. 2단계, 그 아이디어를 실용화할 수 있을지도 모른다고 인정하기 시작한다. 3단계, 마이크로소프트가 경쟁 제품을 출시한다. 4단계, 그것이 원래 자신의 아이디어였다고 주장한다."

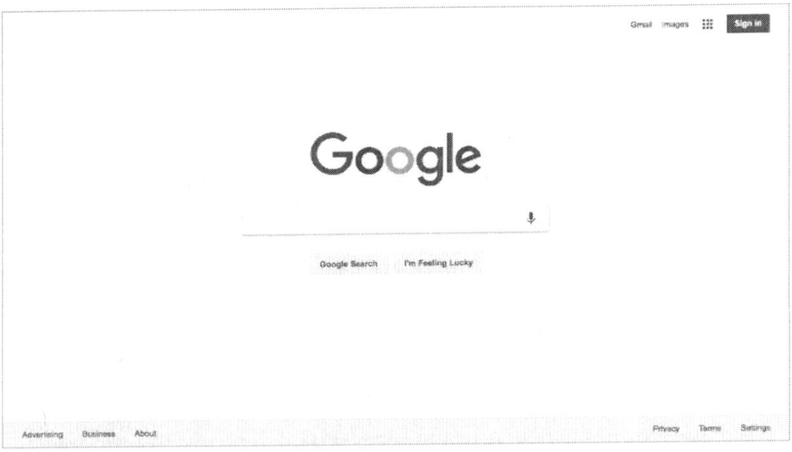

▸ 구글의 검색 화면(2016년). 페이지와 브린은 새로운 검색 엔진의 이름으로 10의 100제곱을 의미하는 구골(googol)을 염두에 두었지만, 이미 도메인이 선점당한 상태였기 때문에 구글로 바꾸었다.

가상공동체로 발전했다. 이베이(eBay) 경매 사이트는 인터넷이라는 쌍방향 매체의 특징을 반영한 전자상거래의 모델을 제시하여 엄청난 인기를 누렸다. 스탠퍼드 대학의 학부생이던 페이지(Larry Page)와 브린(Sergey Brin)이 개발한 구글(google)은 원래의 페이지 링크뿐만 아니라 링크에 연결된 링크까지 계산하는 검색 엔진으로 “구글 신은 모든 것을 알고 있다.”와 같은 유행어를 낳았다.

인터넷의 확산을 매개로 새로운 유형의 사회적 문제도 전면적으로 부상하고 있다. 스팸 메일로 다른 사람을 괴롭히는 것은 물론 컴퓨터 바이러스로 인해 인터넷 대란도 발생하고 있다. 쿠키 파일로 다른 사람의 정보를 수집하고 이를 악용함으로써 프라이버시를 침해하는 것도 빈번한 일이 되었다. 음악 파일의 공유를 둘러싼 냅스터(Napster) 사건에서 잘 드러났듯이, 인터넷상의 지적재산권 분쟁도 뜨겁게 전개되고 있다. 인터넷을 지나치게 사용하여 중독의 증세를 보이는 사람도 있고, 현실세계와 사이버세계 사이에서 자기정체성에 혼란을 겪는 사람도 있다. 인터넷 공간에 음란물이 얼마나 많은지 인터넷의 수요가 '군사에서 섹스로(from military to sex)' 바뀌었다는 지적도 있다. 더 나아가 정보에 접근하는 기회에 격차가 발생하고 정보기술을 감시의 도구로 활용하는 것은 민주주의를 위협하는 요소로 작용하고 있다.

34

인공지능
인간에 필적하는 기계는 가능한가?

인공지능(artificial intelligence, AI)은 자연지능(natural intelligence)에 대비되는 개념이다. 자연지능은 인간을 포함한 동물이 가진 지능을 의미하는 반면 인공지능은 기계가 발휘하는 지능에 해당한다. 인공지능이 일상생활에서 활용되기 시작한 것은 최근의 일이지만, 인공지능의 역사는 제법 길다. 인공지능이란 용어는 1956년에 개최된 다트머스 회의에서 처음 채택되었으며, 이후에 인공지능은 제1차 붐(boom), 첫 번째 침체기(winter), 제2차 붐, 두 번째 침체기, 제3차 붐을

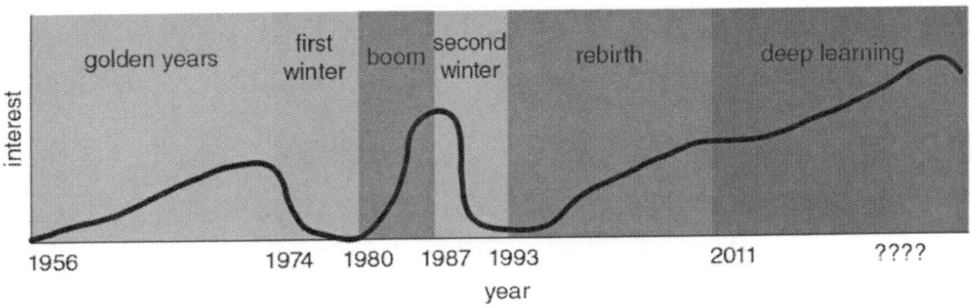

▶ 인공지능에 관한 관심도의 변화

거쳐 왔다. 여기서 제1차 붐은 1956~1974년, 제2차 붐은 1980~1987년, 제3차 붐은 1990년대 중반 이후에 해당한다고 볼 수 있다.

인공지능의 탄생

인공지능에 처음 주목한 사람으로는 영국의 수학자인 튜링(Alan Turing)이 꼽힌다. 그는 1950년에 <계산 기계와 지능(Computing Machinery and Intelligence)>이란 논문을 출판했다. 그 논문에서 튜링은 "기계가 생각할 수 있는가"라는 대담한 질문을 던진 후 자신이 고안한 테스트를 통과하면 기계가 생각하는 것으로 평가할 수 있다고 주장했다. 오늘날 '튜링 테스트'로 불리는 유명한 실험은 다음과 같다. 서로 보이지 않는 방 세 개에 인간 두 명과 컴퓨터 한 대가 있다. 그 중 한 명이 실험 팀장 혹은 심판관을 맡는다. 팀장이 텔렉스로 다른 두 방에 질문을 보내고 답변을 받는다. 이 때 팀장이 인간이 보낸 것과 컴퓨터가 보낸 것을 가려내지 못하거나, 컴퓨터를 인간으로 간주하는 상황이 벌어지면 컴퓨터가 지능을 가진다고 볼 수 있다.[85)]

---

85) 튜링 테스트에 대한 반론으로는 미국의 언어철학자 설(John Searle)이 1984년에 제안한 '중국어 방 논증(Chinese room argument)'이 있다. 중국어를 전혀 모르는 사람이 어떤 방 안에 있다. 그 방에는 펜과 종이, 그리고 중국어 질문과 그에 대한 대답 목록에 준비되어 있으며, 종이만 주고받을 수 있을 정도의 작은 구멍이 나 있다. 방 밖의 중국인이 중국어로 질문을 써서 구멍을 통해 방 안으로 넣으면 방 안의 사람은 미리 준비된 질문과 대답 목록을 보고 답변서를 작성하여 방 밖으로 보낸다. 방 안에 누가 있는지 모르는 중국인의 입장에서는 방 안의 사람이 중국어를 잘 하는 것처럼 보인다. 그러나 방 안에 있는 사람은 실제로는 중국어를 전혀 모르며, 중국어 질문의 의미를 이해하지 않은 상태에서 주어진 목록에 따라 답변할 뿐이다. 이로부터 중국어로 답변을 완벽히 해도 방 안의 사람이 진짜로 중국어를 이해하는지 판정할 수 없다는 결론을 얻을 수 있다. 이와 마찬가지로 질문에 대한 답변을 수행할 수 있는 기계가 있어도 튜링 테스트로는 그 기계가 지능을 가졌는지를 판정할 수 없다.

▸ 1956년 다트머스 회의를 주관한 존 매카시

인공지능이란 용어를 처음 사용한 사람은 미국의 수학자 매카시(John McCarthy)였다. 그는 1955년에 사람처럼 생각하는 컴퓨터에 '인공지능'이란 이름을 붙인 후 이에 관한 워크숍을 개최하기 위해 록펠러 재단에 제안서를 제출했다. 그 결과 1956년 7월에는 다트머스대학에서 세계 최초의 인공지능 회의가 개최되었다. 그 회의에 초대된 사람은 매카시, 민스키(Marvin Minsky), 사이먼(Herbert Simon), 뉴얼(Allen Newell)을 포함한 10명에 불과했다. 다트머스대학은 2006년에 다트머스 회의 50주년을 기념하는 동판을 설치했는데, 거기에는 "이 자리에서 최초의 인공지능 워크숍이 열렸다."는 글귀가 담겨져 있다.

1959년에는 매카시와 민스키의 주도로 MIT에 인공지능 연구소가 설립되었고, 1960년대에는 스탠퍼드대학, 카네기공과대학, 에든버러대학, IBM 등에도 인공지능 연구소가 설치되었다. 미국 국방부의 고등연구계획국(Advanced Research Projects Agency, ARPA)은 로켓의 발사와 제어에 활용한다는 기대를 바탕으로 인공지능에 대한 연구를 후하게 지원했다. 당시의 인공지능 연구자들은 인간과 구분되지 않는 기계가 머지않아 도래할 것으로 내다봤다. 예를 들어 사이먼은 1965년에 "20년 안에 기계는 사람이 하는 일은 무엇이든 할 수 있게 될 것"이라고 했으며, 민스키는

1970년에 "3~8년 안에 평균적인 인간의 지능을 가진 기계가 탄생할 것"이라고 했다. 이러한 기계는 오늘날의 어법으로 하면 '강한 인공지능(strong AI)'에 해당했다.

제1차 붐 시기에 이루어진 인공지능 연구의 경향은 '상징적 인공지능(symbolic AI)' 혹은 '계산주의(computationalism)'로 불렸다. 당시의 연구자들은 인간의 뇌가 논리적 기호들을 조작하는 일종의 계산 과정을 통해 작동한다고 간주했고, 초기의 인공지능 프로그램들은 인식의 대상을 컴퓨터의 기억장치에 저장된 기호로만 취급했다. 그러나 상징적 인공지능이 다룰 수 있는 기호적 세계와 현실이 작동하는 실제 세계 사이의 간극은 예상보다 훨씬 큰 것으로 드러났다. 예를 들어 1959년에 제작된 범용 문제 해결기(General Problem Solver, GPS)는 하노이의 탑(Tower of Hanoi)과 같은 문제를 스스로 풀 수 있었지만, 인식하는 대상이 기하학적 입체가 아니라 고양이나 사과와 같은 물체인 경우에는 효과를 발휘하지 못했다. 또한 1966년에 선보인 대화식 상담 프로그램인 일라이자(ELIZA)가 수행한 작업은 상담을 원하는 사람들이 타이핑해 넣은 단어들을 일정한 규칙에 의해 재배열해서 다시 제시하는 데 지나지 않았다.

전문가 시스템의 출현

1970년대에 들어서는 인공지능 연구에 대한 지원이 급속히 줄어들기 시작했다. 이에 대한 이유로 로봇공학 전문가인 모라벡(Hans Moravec)은 "많은 연구자들이 과장을 증가시키는 게임에 휘말렸다."는 점을 들었다. 철학자들도 인공지능에 대한 낙관론을 경계했다. 예를 들어 루카스(John Lucas)는 인간의 마음이 부분으로 환원되지 않는다는 점에서 기계의 메커니즘과 본질적으로 다르며, 따라서 아무리 인공지능이 발전해도 인간의 마음을 흉내 낼 수 없다고 주장했다. 보다 직접적인 계기로는 1969년에 미국의 군사권한법안(Military Authorization Bill)에 대한 맨스필드 수정안이 통과되었다는 점을 들 수 있다. "이 법에 의해 지출이 승인된 자금은 특별한 군사적 기능 및 작용과 명백한 관계가 없는 연구를 수행하는 데 사용될 수 없다."는 것이었다. 맨스필드 수정안이 적용되면서 고등연구계획국은 기초연구에 대한 지원을 축소하고 임무지향적 연구를 수행하라는 압력을 받게 되었다.

이러한 배경에서 인공지능 연구자들은 세상의 모든 것을 수학적으로 해결하려는 미련을 접고 매우 좁은 범위 내에서 인간의 의사결정에 도움을 주는 소위 '전문가 시스템(expert system)'에 주목하기 시작했다. 전문가 시스템은 의사, 법률가, 과학기술자 등 전문가들이 내리는 판단을 알고리즘으로 구현해 기계가 대신 결정을 내려주는 시스템을 뜻한다. 인공지능 연구자들은 해당 분야의 전문가들과 광범위한 인터뷰를 수행한 후 전문가들이 어떤 근거로 어떤 판단을 도출하는지에 대한 규칙을 도출한 다음 다양한 조건들과 최종 결과의 관계를 '만약-그렇다면(if-then)'의 방식으로 프로그램을 만들었다.

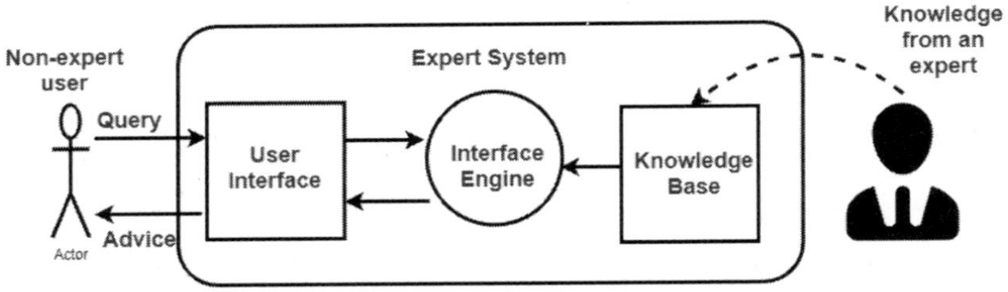

▸ 전문가 시스템의 개념도

세계 최초의 전문가 시스템은 1965년에 개발된 덴드럴(Dendral)이다. 덴드럴은 분광계의 관측 결과를 바탕으로 유기화합물의 종류를 판독할 수 있는 일종의 '인공지능 화학자'였다. 1970년대에 들어서는 세균 감염에 의한 질병을 진단하고 적절한 항생제를 추천해 주는 마이신(MYCIN, 1970년), 미국 연방세법의 규칙을 기반으로 사건에 대한 대책을 추론하는 택스맨(TAXMAN, 1977년), 컴퓨터를 조립하는 데 필요한 부품을 선별해주는 엑스콘(XCON, 1978년) 등이 만들어졌다. 특히 마이신 프로그램은 비록 임상에서 사용되지는 못했지만, 모의시험에서 인간 의사보다 우수한 진단 정확도를 나타내어 세간의 주목을 받기도 했다.

1980년대에 들어와 주요 선진국은 인공지능과 관련된 연구에 다시 많은 자금을 지원하기 시작했다. 일본의 제5세대 프로젝트, 영국의 알베이(Alvey) 프로젝트, 미국의 전략적 컴퓨팅 계획 등이 그것이다. 그러나 전문가 시스템은 오래 가지 못했다. 전문가들이 가진 지식을 추출하는 데는 엄청난 시간과 비용이 소요되었고, 시간이 흐르면서 변화한 지식을 시스템 속에 반영하는 것도 만만치 않았다. 게다가 전문가 시스템은 범위가 넓은 문제를 다루는 데 적합하지 않았다. 가령 '어쩐지 배가 아프다'거나 '위 주변이 메스껍다'고 말하는 애매한 증상에 대해 진단하는 것은 전문가 시스템에게 매우 난이도가 높았던 것이다. 인간에게 상식적 수준의 지식이 컴퓨터 시스템에게는 난적으로 작용했던 셈이다.86)

---

86) 인공지능의 능력에 관한 유명한 비유로는 '모라벡의 역설(Moravec's paradox)'을 들 수 있다. 모라벡은 1988년에 발간한 ≪마음의 아이들(Mind Children)≫에서 "기계는 사람이 어려워하는 일을 잘 하는 반면 우리에게 쉬운 일은 잘 처리하지 못한다."라고 썼다. 그것은 이후에 "인간에게 쉬운 것은 컴퓨터 시스템에게 어렵고 인간에게 어려운 것은 컴퓨터 시스템에게 쉽다."는 식으로 각색되었다. 이에 대한 예로 인공지능은 체스 대국에서 어른의 실력을 능가하는 모습을 보여주지만, 운동 능력의 측면에서는 한 살짜리 아기에 상응하기 어렵다는 점이 줄곧 거론되어 왔다.

규칙 기반에서 학습 기반으로

인공지능 연구는 1987년 이후에 혹독한 겨울을 맞이했다. "인공지능 연구자는 언제나 거짓말을 한다."는 말이 생길 정도로 인공지능은 기피의 대상이 되었다. 그러던 중 고등연구계획국은 1993년에 슈퍼컴퓨터와 시뮬레이션 분야에 대한 지원을 강화하기 시작했다. 당시에 인공지능 연구자들이 주목한 것은 기계학습(machine learning)이었다. 기계학습은 컴퓨터가 외부의 프로그램에 좌우되지 않고 대량의 데이터를 바탕으로 스스로 학습하는 것을 의미한다. 이미 1958년에 미국의 뇌과학자 로젠블랫(Frank Rosenblatt)이 인간의 뉴런 구조를 모사한 '퍼셉트론(Perceptron)'을 개발하여 기계학습의 원형을 제시한 바 있었지만, 민스키를 비롯한 상징적 인공지능 연구자들이 퍼셉트론과 같은 신경망 컴퓨터를 강하게 비판하면서 세간의 관심에서 멀어졌다. 1990년대에 들어와 기계학습에 대한 연구는 로지스틱 회귀(logistic regression), 의사결정 나무(decision tree), 나이브 베이지안(naive Bayesian), 서포트 벡터 머신(support vector machine), 인공 신경망(artificial neural network) 등 다양한 갈래로 진행되었다.

1997년에는 인공지능에 대한 기대가 한층 고양되는 사건이 발생했다. IBM이 개발한 딥블루(Deep Blue)가 당시 세계 체스 챔피언이던 카스파로프(Garry Kasparov)를 물리쳤던 것이다. 게임의 결과도 놀라웠지만, 더 놀라운 것은 딥블루가 작동한 방식이었다. 딥블루는 인간이 사고하는 과정을 모방하지도 않았고 추론하는 방식을 흉내 내지도 않았다. 대신에 엄청난 처리 능력과 저장 용량을 활용해 1초에 무려 3억 3천수를 계산했다. 딥블루의 승리를 계기로 인공지능 연구의 패러다임은 규칙 기반 인공지능에서 학습 기반 인공지능으로 변경되는 양상을 보였다. 여기에는 슈퍼컴퓨터가 속속 등장하면서 계산 속도가 매우 빨라지고 인터넷을 매개로 대량의

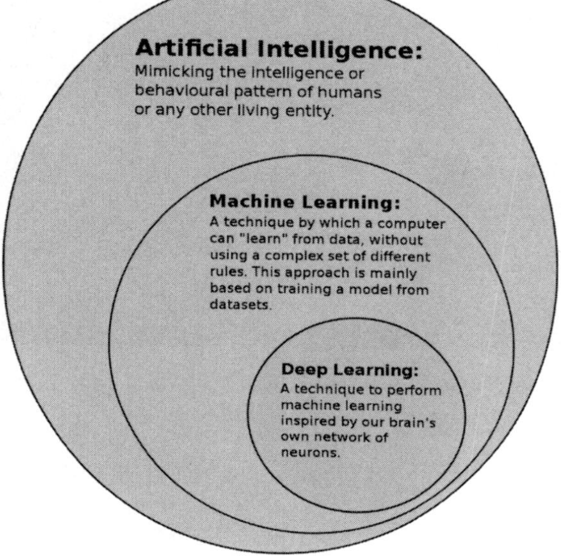

▸ 인공지능, 기계학습, 딥러닝의 개념도

데이터가 생성되었다는 점이 중요한 배경으로 작용했다. 2011년에는 IBM의 왓슨(Watson)이 퀴즈쇼 프로그램 제퍼디!(Jeopardy!)에서 제닝스(Ken Jennings)와 러터(Brad Rutter)를 물리치면서 일반인들도 인공지능에 본격적인 관심을 기울이기 시작했다.

2006년에는 토론토 대학의 힌튼(Geoffrey Hinton)이 '딥러닝(deep learning)'을 현실화시켰는데, 그것은 심층기계학습으로 번역되기도 한다. 딥러닝은 여러 개의 은닉층(hidden layers)으로 구성된 인공 신경망을 활용한 것으로 기존의 기계학습에 비해 스스로 필요한 특징을 찾아 적절하게 표현하는 능력을 가지고 있다. '딥(deep)'이란 용어는 하나의 층이 아닌 복수의 층을 거치면서 심도 있는 학습이 이루어진다는 점에 주목하는 셈이다. 딥러닝의 우수성이 널리 알려진 것은 2012년의 일이었다. 그 해에

▸ 인공지능의 위력을 각인시킨 알파고와 이세돌의 대국 장면(2016년)

토론토대학 팀은 세계적인 이미지 인식 경연대회인 이미지넷(ImageNet)에서 현격한 차이로 우승을 차지했고, 스턴퍼드대학의 연구진은 유튜브 동영상에서 고양이의 이미지를 식별해 내는 구글 브레인 프로젝트를 성공적으로 수행했다.

2014년에 구글은 딥마인드(DeepMind)라는 스타트업을 6억 달러에 인수했고, 구글 딥마인드가 개발한 인공지능 바둑 프로그램인 알파고는 2016년에 이세돌 9단과 5번을 겨뤄 4번을 이겼다. 알파고와 이세돌의 대국은 한국 사회에서도 인공지능에 관한 열광을 부추겼다. 알파고보다 성능이 향상된 알파고 마스터(AlphaGo Master)는 2017년에 커제 9단과의 대국에서 3전 전승을 거두었다. 같은 해에 선보인 알파고 제로(AlphaGo Zero)는 알파고와의 대국에서 100전 전승을, 알파고 마스터와의 대국에서 89승 11패를 기록했다. 여기서 주목할 사실은 알파고와 알파고 마스터는 지도학습(supervised learning), 알파고 제로는 비지도학습(unsupervised learning)을 수행했다는 점이다. 지도학습은 인간이 먼저 인공지능의 학습 방식을 설계한 후 표본이 되는 학습 데이터를 제공해 인공지능의 정확도를 높이는 식으로 이루어지는 반면, 비지도학습은 인공지능이 가공을 거치지 않은 빅데이터 속에서 스스로 패턴이나 모델을 만들고 정확도를 계속 높여가는 방식에 해당한다.

인공지능의 진화는 어디까지

이제는 인공지능에 심심찮게 접할 수 있는 세상이 되었다. 인공지능 화가가 그린 초상화가 크리스티 경매에서 높은 가격에 낙찰되었고, 인공지능을 활용하여 만든 노래에는 저작권까지 부여되었다. 애플의 시리(Siri)는 개인 비서 노릇을 톡톡히 수행하고 있고, 아마존의 알렉사(Alexa)는 사용자들로부터 많은 청혼을 받기도 했다. 핸슨 로보틱스의 소피아(Sophia)는 얼굴 표정으로 수십 개의 감정을 표현하고 있으며, 2017년에 사우디아라비아의 시민권을 얻은 바 있다. 일명 '리컬테크(legaltech)'로 불리는 인공지능 법률 서비스도 모습을 드러내고 있는데, 부동산 업무를 담당하는 인공지능인 로빈(LAWBIN)과 인공지능 변호사로 유명한 로스(ROSS)가 여기에 속한다. 오늘날의 인공지능은 특정한 영역의 문제를 푸는 데 국한된 '약한 인공지능(weak AI)' 혹은 '좁은 인공지능(artificial narrow intelligence, ANI)'으로 평가되며, 제조, 금융, 운송, 물류, 법률, 의료, 교육, 오락 등의 다양한 분야에서 활용되고 있다.

인공지능이 속속 등장하면서 인간의 노동을 급속히 대체할 것이라는 논변도 확산되고 있다. "인간은 필요 없다"거나 "노동의 시대는 끝났다"라는 섬뜩한 제목을 단 책자들이 등장하고 있는 것이다. 그러나 인공지능이 전면적으로 인간의 노동을 대체하는 것은 쉽지 않다. 예를 들어 자율주행차량의 경우에 완전 자동화에 해당하는 무인 차량이 현실화되기에는 수많은

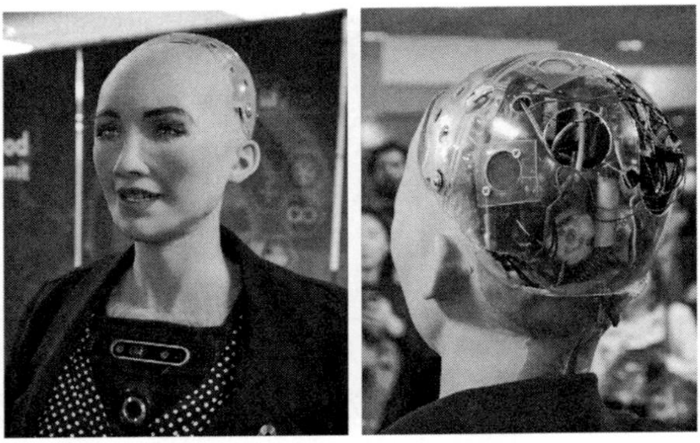

▸ 인공지능 로봇 소피아의 앞모습과 뒷모습

과제가 해결되어야 한다. 자동화 시스템 자체가 발전되어야 할 뿐만 아니라 이동통신의 고도화, 빅데이터의 축적, 도로 상황의 개선 등과 같은 제반 여건이 갖추어져야하는 것이다. 물론 수준이 높은 자율주행차량이 부분적으로 실현될 가능성은 제법 존재하는데, 많은 전문가들은 특정한 구간을 왕복하는 셔틀차량이나 군집주행을 하는 자율주행트럭에 주목하고 있다.87)

인공지능 자체가 가진 문제점도 있다. 이에 관한 대표적인 사례로는 미국의 구속적부심사 인공지능 알고리즘인 컴파스(COMPAS)를 들 수 있다. 2017년에 위스콘신 주 대법원은 컴파스가 유용한 정보를 제공했다고

87) 미국 자동차공학회(Society of Automotive Engineers, SAE)는 2014년에 주행 자동화의 수준을 0, 1, 2, 3, 4, 5의 여섯 가지로 구분한 바 있다. 비자동화(no automation), 운전자 보조(driver assistance), 부분 자동화(partial automation), 조건부 자동화(conditional automation), 고도 자동화(high automation), 완전 자동화(full automation)가 그것이다. 여기서 수준 0, 1, 2는 인간 운전자가 운전 환경을 모니터하는 단계에, 수준 3, 4, 5는 자동화된 주행시스템이 운전 환경을 모니터하는 단계에 해당한다. 현재로서는 수준 0, 1, 2의 자동차가 도로 위를 달리고 있으며, 선도적인 기업들은 수준 3과 수준 4의 자율주행차량을 개발하고 있다. 글자그대로의 무인자동차는 수준 5에 국한되며, 수준 0에서 수준 4의 경우에는 여전히 인간 운전자가 필요하다. 수준 3과 수준 4의 자율주행차량을 적절히 운행하기 위해서는 이를 감독하는 일자리가 요구된다는 점에도 주목할 필요가 있다.

▸ 인공지능 컴파스는 백인보다 흑인에게 높은 범죄 등급을 매기고 있다.

인정함으로써 재판에서 인공지능의 역할을 공식적으로 인정했다. 그러나 컴파스가 백인 집단보다 흑인 집단을 차별하는 판단을 하고 있다는 의혹이 제기되면서 심각한 논쟁이 전개되고 있다. 인공지능은 주어진 데이터의 한계를 벗어날 수 없는데, 기존 데이터의 특성과 규모가 특정 집단에 불리한 것이라면 계속해서 편향성 혹은 공정성 문제가 제기될 수밖에 없다. 또한 인공지능 알고리즘을 개발하는 과정에서도 세부적 코드마다 특정한 가정과 선택이 요구되며, 이러한 과정에는 개발자의 편견이나 사회적 압력이 부지불식간에 스며들 수 있다. 더 나아가 현재의 인공지능은 판단의 이유를 제시하지 않기 때문에 이에 불이익을 받았다고 간주하는 사람들의 반발이 불가피하다. 기존의 블랙박스 인공지능(black box AI) 대신에 설명 가능한 인공지능(eXplainable AI, XAI)'이 개발되고 활용된다면 사람이 이해할 수 있는 판단의 근거를 제시할 수 있겠지만 이 경우에도 인공지능에게 판단의 책임을 묻는 것은 매우 어려운 과제이다.

급기야 강한 인공지능(strong AI)이나 초지능(superintelligence)에 대한 논의도 등장하고 있다. 강한 인공지능은 인간과 동일한 수준으로 생각하고 행동할 수 있는 인공지능으로 특정한 영역을 넘어 다양한 영역을 과제를 처리할 수 있기 때문에 '범용 인공지능(artificial general intelligence, AGI)'으로도 불린다. 초지능은 기계의 지능이 특이점(singularity)에 도달하여 인간의 지능을 넘어서기 시작한다는 점에 주목하고 있는데, 그 시기로는 2030년, 2040년, 2045년 등으로 다양하게 제기되고 있다. 강한 인공지능이나 초지능의 출현은 소위 '로보 사피엔스'와 같은 새로운 종이 등장하는 것에 비유될 수 있는 곤혹스러운 사건이 될 것이다.[88] 강한 인공지능 혹은 초지능이 구현가능한지, 언제 실현될 것인지, 그럴 경우에 인간이 노예로 전락할 것인지 등은 흥미로운 질문이긴 하지만, 우리가 당면하고 있는 현실적인 과제를 간과하거나 외면하게 하는 결과를 초래할 수 있다. 사회적 영향이 가시화되고 있고 대안의 제시가 요구되는 약한 인공지능의 문제를 해결하는 데도 엄청난 노력이 필요한데, 실현가능성 자체가 의문시되고 그 시기도 가늠할 수 없는 어려운 문제에 곧바로 몰두하는 것은 우물가에서 숭늉 찾는 격이라 할 수 있다.

88) 제임스 배럿(James Barrat)은 2013년에 발간한 ≪파이널 인벤션(Our Final Invention: Artificial Intelligence and the End of the Human Era)≫에서 다음과 같이 주장하고 있다. "지금까지 존재한 어떤 인간보다 현명하고, 모든 지능적인 활동을 모두 뛰어넘는 기계를 초지능 기계라 정의하자. 기계의 설계는 이런 지능적인 활동을 통해 이뤄지기 때문에 초지능 기계는 자신보다 더 나은 기계를 설계할 수 있다. 그렇다면 의문의 여지없이 '지능폭발'이 발생해 인간의 지능은 한참 뒤처지게 된다. 첫 번째 초지능 기계는 인간이 필요해서 만들어낸 마지막 발명품이 될 것이다."

참고문헌

◈ 국내 서적

강신익 외, 『의학 오디세이』 (역사비평사, 2007).

과학세대 편, 『컴퓨터를 만든 천재들』 (벽호, 1993).

김경렬, 『시간의 의미』 (생각의 힘, 2013).

김도연, 『우리 시대 기술혁명』 (생각의 나무, 2004).

김명진, 『야누스의 과학: 20세기 과학기술의 사회사』 (사계절, 2008).

김명진, 『20세기 기술의 문화사: 핵, 우주, 인공지능, 생명공학으로 본 야누스의 과학기술』 (궁리, 2018).

김명진, 『세상을 바꾼 기술, 기술을 만든 사회』 (궁리, 2019).

김문상, 『로봇 이야기』 (살림, 2005).

김영식, 『과학혁명: 전통적 관점과 새로운 관점』 (아르케, 2001).

김영식 편, 『근대사회와 과학』 (창작과 비평사, 1989).

김종현, 『영국 산업혁명의 재조명』 (서울대학교출판부, 2006).

김종현, 『경영사: 근대기업발전의 국제비교』 (서울대학교출판문화원, 2015).

김지룡, 갈릴레오 SNC, 『사물의 민낯: 잡동사니로 보는 유쾌한 사물들의 인류학』 (애플북스, 2012).

김토일, 『소리의 문화사: 축음기에서 MP3까지』 (살림, 2005).

박미경 편저, 『천년의 역사를 뒤흔든 대사건 100』 (고려문화사, 1998).

박성래, 『한국사에도 과학이 있는가』 (교보문고, 1998).
박용진, 『철강의 역사와 인간』 (한국철강신문, 2002).
백욱인, 『컴퓨터 역사』 (커뮤니케이션북스, 2013).
송성수, 『사람의 역사, 기술의 역사』 제3판 (부산대학교출판문화원, 2019).
송성수, 『한 권으로 보는 인물과학사: 코페르니쿠스에서 왓슨까지』 제2판 (북스힐, 2015).
송성수 엮음, 『우리에게 기술이란 무엇인가: 기술론 입문』 (녹두, 1995).
송성수 엮음, 『과학기술은 사회적으로 어떻게 구성되는가』 (새물결, 1999).
송성수, 최경희, 『과학기술로 세상 바로 읽기』 제2판 (북스힐, 2017).
오진곤, 『화학의 역사』 (전파과학사, 1993).
유신, 『인공지능은 뇌를 닮아 가는가』 (컬처룩, 2014).
유창준, 『한국 인쇄 문화사』 (지학사, 2014).
이상욱 외, 『욕망하는 테크놀로지』 (동아시아, 2009).
이은희, 『하리하라의 청소년을 위한 의학 이야기』 (살림FRIENDS, 2014).
이인식 외, 『세계를 바꾼 20가지 공학기술』 (글램북스, 2015).
이장규, 홍성욱, 『공학기술과 사회』 (지호, 2006).
이재구, 『IT 천재들』 (미래의 창, 2011).
이재현, 『인터넷』 (커뮤니케이션북스, 2013).
이정익, 『원자력 이야기』 (살림, 2015).
이정임, 『인류사를 바꾼 100대 과학사건』 제2판 (학민사, 2011).
이종호, 『과학자들의 돈 버는 아이디어』 (사과나무, 2012).
이필렬, 『에너지 대안을 찾아서』 (창작과 비평사, 1999).
이필렬, 이중원, 『인간과 과학』 (한국방송통신대학교출판부, 2001).
이호준, 『유레카! 발명의 인간』 (김영사, 1996).
임경순, 정원, 『과학사의 이해』 (다산출판사, 2014).

정인경, 『뉴턴의 무정한 세계: 우리의 시각으로 재구성한 과학사』 (돌베개, 2014).

정지훈, 『거의 모든 IT의 역사』 (메디치미디어, 2010).

정지훈, 『거의 모든 인터넷의 역사』 (메디치미디어, 2014).

주동혁, 『세상을 바꾼 과학기술자들: 첨단기술의 빅뱅, 실리콘밸리 60년』 (지성사, 2016).

한양대학교 과학철학교육위원회 편, 『과학기술의 철학적 이해』 제6판 (한양대학교출판부, 2017).

홍성욱, 『생산력과 문화로서의 과학기술』 (문학과 지성사, 1999).

홍성욱, 『포스트휴먼 오디세이』 (휴머니스트, 2019).

홍성욱, 『모던 테크』 (EBS, 2020).

홍성욱 외, 『융합이란 무엇인가』 (사이언스북스, 2012).

황상익, 『인물로 보는 의학의 역사』 (어문각, 2004).

황진명, 김유향, 『과학과 인문학의 탱고』 (사과나무, 2014).

◈ 번역 서적

거트너, 존(정향 옮김), 『벨연구소 이야기』 (살림, 2012).

고든, 존(안진환, 왕수민 옮김), 『부의 제국』 (황금가지, 2007).

고지, 미타니(전경아 옮김), 『세상을 바꾼 비즈니스 모델 70』 (더난출판사, 2015).

그로스, 다니엘 외(장박원 옮김), 『미국을 만든 비즈니스 영웅』 (세종서적, 1997).

글래드웰, 말콤(노정태 옮김), 『아웃라이어: 성공의 기회를 발견한 사람들』 (김영사, 2009).

노왁, 피터(이은진 옮김), 『섹스 폭탄 그리고 햄버거: 전쟁과 포르노, 패스트푸

드가 빚어낸 현대 과학기술의 역사』(문학동네, 2012).
니콜리, 리카르도(유자화 옮김), 『비행기의 역사: 레오나르도 다빈치의 비행기계에서 우주 정복까지』(예담, 2007).
다다시, 이시이(이해영 옮김), 『세계를 바꾼 발명과 특허』(기파랑, 2015).
달루이시오, 페이스(신상규 옮김), 『새로운 종의 진화, 로보사피엔스』(김영사, 2002).
데이비스, 마틴 (박정일 외 옮김), 『수학자, 컴퓨터를 만들다』(지식의 풍경, 2005).
드 시옹, 기욤(박정현 옮김), 『비행선, 매혹과 공포의 역사』(마티, 2005).
라이트, 오빌(정병선 편역), 『우리는 어떻게 비행기를 만들었나』(지호, 2003).
레비, 스티븐(김동광 옮김), 『해커, 그 광기와 비밀의 기록』(사민서각, 1996).
렌, 다니엘, 로날드 그린우드(정현경 옮김), 『경영혁신자: 현대 비즈니스의 틀을 다진 인물들과 아이디어』(범문사, 2003).
로젠, 윌리엄(엄자현 옮김), 『역사를 만든 위대한 아이디어』(21세기북스, 2011).
로즈, 리차드(문신행 옮김), 『원자폭탄 만들기』 총2권 (사이언스북스, 2003).
루이스, 엘머(김은영 옮김), 『테크놀로지의 걸작들』(생각의 나무, 2006).
리드, 토머스(김의동 옮김), 『디지털 세상의 지배자, 칩』(바다출판사, 2003).
리발, 미셸(강주헌 옮김), 『역사상 가장 위대한 발명 150』(예담, 2013).
리제베로, 빌(오덕성 옮김), 『서양 건축 이야기』(한길아트, 2000).
마르크스, 칼(김수행 옮김), 『자본론 Ⅰ』 총3권 (비봉출판사, 1989).
마사카츠, 미야자키(오근영 옮김), 『하룻밤에 읽는 물건사』(랜덤하우스중앙, 2003).
매즐리시, 브루스(김희봉 옮김), 『네 번째 불연속』(사이언스북스, 2001).
망뚜, 뽈(정윤형, 김종철 옮김), 『산업혁명사』(창작과 비평사, 1987).

매시니스, 피터(이수연 옮김), 『100 디스커버리』 (생각의 날개, 2011).
매즐리시, 브루스(김희봉 옮김), 『네 번째 불연속』 (사이언스북스, 2001).
매컬로, 데이비드(박중서 옮김), 『라이트 형제』 (승산, 2017).
매클렐란, 제임스, 해러드 도른(전대호 옮김), 『과학과 기술로 본 세계사 강의』 (모티브북, 2006).
맥그레인, 섀런(이충호 옮김), 『화학의 프로메테우스』 (가람기획, 2002).
맥길리브레이, 알렉스(이충호 옮김), 『세계를 뒤흔든 침묵의 봄』 (그린비, 2005).
맥닐, 윌리엄(김우영 옮김), 『세계의 역사』 총2권 (이산, 2007).
맨, 존(남경태 옮김), 『구텐베르크 혁명』 (예지, 2003).
머튼, 로버트(석현호, 양종회, 정창수 옮김), 『과학사회학』 총2권 (민음사, 1998).
멀케히, 로버트(강윤재 옮김), 『질병: 세균과의 전쟁』 (지호, 2002).
멈퍼드, 루이스(문종만 옮김), 『기술과 문명』 (책세상, 2013).
멈퍼드, 루이스(유명기 옮김), 『기계의 신화 1: 기술과 인류의 발달』 (아카넷, 2013).
미사, 토머스(소하영 옮김), 『다빈치에서 인터넷까지』 (글램북스, 2015).
바루디오, 귄터(최은아 옮김), 『악마의 눈물, 석유의 역사』 (뿌리와 이파리, 2004).
바살라, 조지(김동광 옮김), 『기술의 진화』 (까치, 1996).
발명연구단(이미영 옮김), 『위대한 발명, 탄생의 비밀』 (케이앤피북스, 2009).
배럿, 제임스(정지훈 옮김), 『파이널 인벤션: 인공지능, 인류 최후의 발명』 (동아시아, 2016).
버드, 카이, 마틴 셔윈(최형섭 옮김), 『아메리칸 프로메테우스: 로버트 오펜하이머 평전』 (사이언스북스, 2010).
버크, 제임스(구자현 옮김), 『커넥션』 (살림, 2009).

벌리너, 돈(장석봉 옮김), 『비행: 목숨을 건 도전』 (지호, 2002).
벌링게임, 로저(홍영백 옮김), 『미국문명과 기계』 (전파과학사, 1975).
베니거, 제임스(윤원화 옮김), 『컨트롤 레벌루션』 (현실문화, 2009).
베어, 에슬리, 그레그 파섹(장석영 옮김), 『브래지어에서 원자폭탄까지: 잊혀진 여성들의 잊을 수 없는 아이디어』 (현실과 미래사, 2002).
베이어, 릭(오공훈 옮김), 『과학편집광의 비밀 서재』 (알에이치코리아, 2012).
보더니스, 데이비드(김영남 옮김), 『일렉트릭 유니버스』 (생각의 나무, 2005).
로버츠, 로이스톤(안병태 옮김), 『우연과 행운의 과학적 발견 이야기』 (국제, 1994).
볼, 필립(정옥희 옮김), 『실험에 미친 화학자들의 무한도전』 (살림FRIENDS, 2012).
볼드린, 미셸, 데이비드 러바인(김평수 옮김), 『지식 독점에 반대한다』 (에코리브르, 2013).
볼크만, 어니스트(석기용 옮김), 『전쟁과 과학, 그 야합의 역사』 (이마고, 2003).
브라운, 조지(이충호 옮김), 『발명의 역사』 (세종서적, 2000).
브라운, 한스 요아힘(김현정 옮김), 『세계를 바꾼 가장 위대한 101가지 발명품』 (플래닛미디어, 2006).
브라이슨, 빌(정경옥 옮김), 『빌 브라이슨 발칙한 영어산책: 엉뚱하고 발랄한 미국의 거의 모든 역사』 (살림, 2009).
브래그, 멜빈(이원경 옮김), 『세상을 바꾼 12권의 책』 (랜덤하우스코리아, 2007).
브로델, 페르낭(주경철 옮김), 『물질문명과 자본주의』 총6권 (까치, 1995~1997).
브린욜프슨, 에릭, 앤드루 맥아피(이한음 옮김), 『제2의 기계 시대』 (청림출판, 2014).
샤를, 마리 노엘(김성희 옮김), 『세상을 바꾼 작은 우연들』 (웜컴퍼니, 2014).

세이이치로, 요네쿠라(양기호 옮김), 『경영혁명: 제임스 와트에서 빌 게이츠까지』 (소화, 2002).
셔킨, 조엘(과학세대 옮김), 『컴퓨터를 만든 영웅들』 (풀빛, 1992).
섯클리프, 아서 외(조경철 옮김), 『청소년을 위한 케임브리지 과학사』 총4권 (서해문집, 2005~2006).
소벨, 데이바(김진준 옮김), 『경도: 해상시계 발명이야기』 (생각의 나무, 2002).
순야, 요시미(송태욱 옮김), 『소리의 자본주의: 전화, 라디오, 축음기의 사회사』 (이매진, 2005).
쉴링, 멜리사(김길선 옮김), 『기술경영과 혁신전략』 제5판 (교보문고, 2017).
슈, 베른트(이온화 옮김), 『클라시커 50: 발명』 (해냄, 2004).
슈나이더, 마르틴(조원규 옮김), 『테플론, 포스트잇, 비아그라』 (작가정신, 2004).
슈미츠, 알프리트(송소민 옮김), 『인류사를 가로지른 스마트한 발명들 50』 (서해문집, 2014).
슈트라이스구트, 토머스(이민아 옮김), 『통신: 더 멀리 더 가까이』 (지호, 2002).
슐만, 세스(강성희 옮김), 『지상 최대의 과학 사기극(The Telephone Gambit)』 (살림, 2009).
시노부, 도쿠마루(이정한, 손영수 옮김), 『전파기술에의 초대』 (전파과학사, 1982).
아데어, 진(장석봉 옮김), 『위대한 발명과 에디슨』 (바다출판사, 2002).
아이젠슈타인, 엘리자베스(전영표 옮김), 『근대 유럽의 인쇄미디어 혁명』 (커뮤니케이션북스, 2008).
아이켄슨, 벤(전광수 옮김), 『패턴츠(PATENTS): 독창적인 발명품의 탄생 과정』 (미래사, 2005).
애들러, 로버트(조윤정 옮김), 『의학사의 터닝 포인트 24』 (아침이슬, 2007).
야노시, 페터(이은희 옮김), 『피라미드 속의 과학』 (도솔, 2007).

에이거, 존(이정 옮김), 『수학 천재 튜링과 컴퓨터 혁명』 (몸과 마음, 2003).

에이더스, 마이클(김동광 옮김), 『기계, 인간의 척도가 되다』 (산처럼, 2011).

에저턴, 데이비드(정동욱, 박민아 옮김), 『낡고 오래된 것들의 세계사: 석탄, 자전거, 콘돔으로 보는 20세기 기술사』 (휴먼사이언스, 2015).

엠슬리, 존(허훈 옮김), 『화학의 변명 3: PVC, 다이옥신, 질소비료』 (사이언스북스, 2000).

엥겔스, 프리드리히(한승완, 이재영, 윤형식 옮김), 『자연변증법』 (새길아카데미, 2012).

옌, 빌(김희봉 옮김), 『세계 역사를 바꾼 100대 발명』 (사민사, 1994).

오웬, 브루스(이은미 옮김), 『인터넷과 텔레비전』 (한울아카데미, 2001).

와이즈먼, 쥬디(조주현 옮김), 『페미니즘과 기술』 (당대, 2001).

워쇼프스키, 프레드(특허청 특허분쟁연구회 옮김), 『특허전쟁』 (세종서적, 1996).

월러, 존(이미리나 옮김), 『왜 하필이면 세균이었을까』 (몸과 마음, 2004).

웨이트먼, 개빈(강창헌 옮김), 『마르코니의 매직박스: 무선혁명을 이룩한 아마추어 발명가』 (양문, 2005).

유타카, 마쓰오(박기원 옮김), 『인공지능과 딥러닝』 (동아엠앤비, 2015).

융크, 로버트(이필렬 옮김), 『원자력 제국』 (따님, 1991).

잭슨, 톰(김희봉 옮김), 『냉장고의 탄생』 (MID, 2016).

리제베로, 빌(오덕성 옮김), 『서양 건축 이야기』 (한길아트, 2000).

존스, 질(이충환 옮김), 『빛의 제국: 에디슨, 테슬라, 웨스팅하우스 그리고 전류전쟁』 (양문, 2006).

존스턴, 밥(박정태 옮김), 『반도체에 생명을 불어넣은 사람들』 총2권 (굿모닝북스, 2003).

존슨, 스티브(강주헌 옮김), 『우리는 어떻게 여기까지 왔을까』 (프런티어, 2015).

지로, 곤도(오동훈 옮김), 『비행기는 어떻게 진화할까』 (아카데미서적, 2004).
지무쇼, 조(고진원 옮김), 『30가지 발명품으로 읽는 세계사』 (시그마북스, 2017).
찬클, 하인리히(전동열, 이미선 옮김), 『과학사의 유쾌한 반란』 (아침이슬, 2006).
찬클, 하인리히(박규호 옮김), 『노벨상 스캔들: 세계 최고의 영광 노벨상의 50가지 진실과 거짓』 (랜덤하우스코리아, 2007).
챈들러, 알프레드(한유진 옮김), 『전자산업 100년사』 (베리타스북스, 2006).
첼로너, 잭(이사빈 외 옮김), 『죽기 전에 꼭 알아야 할 세상을 바꾼 발명품 1001』 (마로니에북스, 2010).
치엔웨이챵(오일환 옮김), 『중국 역사 속의 과학발명』 (전파과학사, 1998).
치폴라, 카를로(최파일 옮김), 『시계와 문명』 (미지북스, 2013).
카슨, 레이첼(김은령 옮김), 『침묵의 봄』 (에코리브르, 2011).
카플란, 제리(신동숙 옮김), 『인공지능의 미래: 상생과 공존을 위한 통찰과 해법들』 (한스미디어, 2017).
칼슨, 버나드(남경태 옮김), 『말랑하고 쫀득한 세계사 이야기(Technology in World History)』 총3권 (푸른숲, 2009).
캔턴, 제임스(박수성 외 옮김), 『퓨처 스마트』 (비즈니스북스, 2016).
코완, 루스(김명진 옮김), 『미국 기술의 사회사』 (궁리, 2012).
콜리어, 브루스(이상헌 옮김), 『컴퓨터의 아버지, 배비지』 (바다출판사, 2006).
크라울리, 데이비드, 폴 헤이어 엮음(김지운 옮김), 『인간 커뮤니케이션의 역사: 기술, 문화, 사회』 (커뮤니케이션북스, 2012).
크로웰, 토머스(이경아 옮김), 『워 사이언티스트』 (플래닛미디어, 2011).
크리스텐슨, 클레이튼(이진원 옮김), 『혁신기업의 딜레마(The Innovator's Dilemma)』 (세종서적, 2009).
클레이턴, 피터 외(김훈 옮김), 『세계 7대 불가사의』 (가람기획, 2002).

클렘, 프리드리히(이필렬 옮김), 『기술의 역사』 (미래사, 1992).
테들로우, 리차드(안진환 옮김), 『사업의 법칙 1: 리더십·경영전략 편』 (청년정신, 2003).
파커, 배리(김은영 옮김), 『전쟁의 물리학』 (북로드, 2015).
파커, 스티븐(이충호 옮김), 『세계를 변화시킨 12명의 과학자』 (두산동아, 2002).
팽, 어빙(심길중 옮김), 『매스커뮤니케이션의 역사: 6단계 정보혁명』 (한울아카데미, 2011).
퍼거슨, 찰스(주홍렬 옮김), 『원자력 재난을 막아라: 원자력에 대해 알아야 할 모든 것』 (생각의 힘, 2014).
페링거, 안드레아 외(전재민 옮김), 『게임 오버: 자신의 아이디어로 다른 사람을 부자로 만든 '페히포겔'들』 (참솔, 2000).
프레스턴, 다이애나(류운 옮김), 『원자폭탄, 그 빗나간 열정의 역사』 (뿌리와 이파리, 2006).
플래토우, 이라(김철구 옮김), 『인간의 삶을 뒤바꾼 위대한 발명들』 (여강출판사, 2002).
하비, 데이비드(이현주 옮김), 『에펠, 상상의 힘으로 근대 유럽을 건설한 19세기의 공학 천재』 (생각의 나무, 2005).
허드슨, 존(고문주 옮김), 『화학의 역사』 (북스힐, 2004).
헤드릭, 대니얼(김우민 옮김), 『과학기술과 제국주의: 증기선, 키니네, 기관총』 (모티브북, 2013).
헤드릭, 다니엘(김영태 옮김), 『테크놀로지: 문명을 읽는 새로운 코드』 (다른세상, 2016).
헤슬러, 마르티나(이덕임 옮김), 『기술의 문화사』 (생각의 나무, 2013).
홉스봄, 에릭(정도영 외 옮김), 『혁명의 시대』 (한길사, 1998).
화이트, 마이클, 『과학자 빌 게이츠, 부자가 되다』 (사이언스북스, 2003).

휴즈, 토머스(김명진 옮김), 『현대 미국의 기원: 발명과 기술적 열정의 한 세기, 1870~1970』 총2권 (나남, 2017).
히로타카, 야마다(김자영 옮김), 『천재과학자들의 유쾌한 발상』 (함께, 2006).
히틀리, 마이클, 콜린 솔터(곽영직 옮김), 『누구나 알아야 할 모든 것, 발명품』 (Gbrain, 2014).

◈ 외국 문헌

Bijker, Wiebe E., Thomas P. Hughes, and Trevor J. Pinch (eds.), *The Social Construction of Technological Systems: New Directions in the Sociology and History of Technology* (Cambridge, MA: MIT Press, 1987).

Bunch, Bryan and Alexander Hellemans, *The Timetables of Technology* (New York: Simon & Schuster, 1993).

Chandler, Alfred D., Jr., *The Visible Hand: The Managerial Revolution in American Business* (Cambridge, MA: Harvard University Press, 1977).

Constant, Edward W., *Origins of the Turbojet Revolution* (Baltimore: Johns Hopkins University Press, 1980).

David, Paul A., "The Mechanization of Reaping in the Ante-bellum Midwest", Henry Rosovsky (ed.), *Industrialization in Two Systems: Essays in Honor of Alexander Gerschenkron* (New York: John Wiley & Sons, 1966), pp. 3-39.

Day, Lance and Ian McNeil (eds.), *Biographical Dictionary of the History of Technology* (London: Routledge, 1996).

Forman, Paul, "Behind Quantum Electronics: National Security as Basis for Physical Research in the United States, 1940-1960", *Historical Studies in the Physical and Biological Sciences*, Vol. 18 No. 1 (1987), pp. 149-229.

Gillispie, Charles C., *The Montgolfier Brothers and the Invention of Aviation* (Princeton: Princeton University Press, 1983).

Gillispie, Charles C. (ed.), *Dictionary of Scientific Biography*, 18 vols. (New York: Charles Scribner's Sons, 1970~1990).

Hounshell, David A., *From the American System to Mass Production, 1800~1932: The Development of Manufacturing Technology in the United States* (Baltimore: Johns Hopkins University Press, 1984).

Hounshell, David A., "Elisha Gray and the Telephone: On the Disadvantages of Being an Expert", *Technology and Culture*, Vol. 16, No. 2 (1975), pp. 133-161.

Hughes, Thomas P., *Networks of Power: Electrification in Western Society, 1880~1930* (Baltimore: Johns Hopkins University Press, 1983).

Joy, Bill, "Why the Future Doesn't Need Us", *Wired*, Vol. 8, No. 4 (2000), pp. 238-262.

Kevles, Daniel, "Cold War and Hot Physics: Science, Security, and the American State, 1945-56", *Historical Studies in the Physical and Biological Sciences*, Vol. 20 No. 2 (1990), pp. 239-264.

Kranzberg, Melvin, "Technology and History: Kranzberg's Law", *Technology and Culture*, Vol. 27, No. 3 (1986), pp. 544-560.

Kranzberg, Melvin and Carroll W. Pursell (eds.), *Technology in Western Civilization*, 2 vols. (New York: Oxford University Press, 1967).

Latour, Bruno, *The Pasteurization of France* (Cambridge, MA: Harvard University Press, 1988).

Latour, Bruno, "Give Me a Laboratory and I Will Raise the World", Karin Knorr-Cetina and Michael Mulkay (eds.), *Science Observed: Perspectives on the Social Study of Science*, (London and Beverly Hills; Sage, 1983), pp. 141-170.

McNeil, Ian (ed.), *An Encyclopaedia of the History of Technology* (London: Routledge, 1990).

Schaffer, Simon, "Making Up Discovery", Margaret Boden (ed.), *Dimensions of Creativity* (Cambridge, MA: MIT Press, 1994), pp. 13-51.

Singer, Charles, E. J. Holmyard, A. R. Hall, and Trevor I. Williams (eds.), *History of Technology*, Vol. 1-5 (Oxford: Clarendon Press, 1954~1958).

Thompson, Edward P., "Time, Work-discipline and Industrial Capitalism", *Past and Present*, Vol. 38, No. 1 (1967), pp. 56-97.

Usher, Abbott P., *A History of Mechanical Inventions*, 2nd ed. (Cambridge, MA: Harvard University Press, 1954).

Williams, Trevor I. (ed.), *History of Technology*, Vol. 6-7 (Oxford: Clarendon Press, 1978).

http://en.wikipedia.org/wiki/ (Wikipedia, The Free Encyclopedia)

세상을 바꾼 발명과 혁신
피라미드에서 인공지능까지

초판 1쇄 발행 | 2022년 5월 25일
초판 2쇄 발행 | 2024년 2월 10일

지은이 | 송성수
펴낸이 | 조승식
펴낸곳 | (주)도서출판 북스힐

등 록 | 1998년 7월 28일 제22-457호
주 소 | 서울시 강북구 한천로 153길 17
전 화 | (02) 994-0071
팩 스 | (02) 994-0073

홈페이지 | www.bookshill.com
이메일 | bookshill@bookshill.com

정가 20,000원

ISBN 979-11-5971-437-5